Hrsg. Manfred Engel

Erfolgreiche Unterrichtsentwürfe

Mathematik Band 1

Manfred Engel, geb. 1951, studierte Mathematik und Physik an der Universität Kassel. Seit 1977 unterrichtet er an der Jakob-Grimm-Schule in Rotenburg a.d.F. in der Mittel- und Oberstufe. Darüber hinaus ist er als Ausbilder für das Fach Mathematik und den Bereich „Methoden und Medien" am Studienseminar Kassel (Gymnasien) tätig.

In fachdidaktischen Zeitschriften und auf MNU- und GdM-Tagungen hat er mit zahlreichen Unterrichtsbeispielen für eine neue Unterrichtskultur geworben. Sein Plädoyer für einen schülerorientierten Mathematikunterricht mit offenen Ansätzen wurde der Öffentlichkeit bundesweit am 22. März 2002 in der ZDF-Dokumentation „Die Deppen der Nation?" von Annette Hoth vorgestellt.

Herstellung: schwarz auf weiss Litho- und Druck GmbH, Freiburg

Printed in Germany

ISBN 978-3-86814-110-8

Erfolgreiche Unterrichtsentwürfe

Mathematik Band 1

Hrsg. Manfred Engel

Mit einem Grußwort von Prof. Dr. Werner Blum

Arbeitsmaterialien auf CD-Rom

Freiburger Verlag

Inhalt

Einleitung

Unterrichtsentwürfe

Anhang

Vorwort des Herausgebers

Das Kernziel von Unterrichtsentwürfen ist es, unsere Schülerinnen und Schüler einen anregenden und motivierenden Unterricht in angenehmer Lernatmosphäre erleben zu lassen. Aus verschiedenen Blickwinkeln geplante Unterrichtsarrangements ermöglichen neben inhaltlichen Lernzuwächsen eine nachhaltige Ausprägung eines vielschichtigen Kompetenzprofils, das nur in einem langfristigen Prozess aufgebaut werden kann. Dabei geht es auch um die Grundlegung einer methodischen Handlungsvielfalt bei den Lernenden selbst. Der bewusste Einbau von Elementen aus dem Bereich sozialer Kompetenzen stärkt eigenverantwortliches Handeln für den eigenen Lernprozess, der in vielfältige Gruppenprozesse der gesamten Lerngruppe eingebunden ist.

Der vorliegende Band besteht aus Unterrichtsentwürfen, die neben einem innermathematischen Fortschritt auch den langfristigen Aufbau eines vielschichtigen Kompetenzprofils bei den Schülerinnen und Schülern ansteuern. Auswahlkriterium für die weitgehend unverändert übernommenen Entwürfe ist die Tatsache, dass sie im Rahmen von Unterrichtsbesuchen zu höchst erfolgreichen Stunden geführt haben. Es wurde bewusst darauf verzichtet, die Terminologie zu vereinheitlichen. Es hat z.B. keine wesentliche Bedeutung, ob man von Verlaufsplan oder Ablaufskizze, von Rahmenbedingungen oder Bedingungsfeldern spricht. Streng gesehen ist es wohl schon ein Unterschied, ob man von einer Lerngruppenbeschreibung oder einer Lerngruppenanalyse spricht. Wohnt aber beiden der Geist inne, aus ihnen auf die Lerngruppe bezogene Planungsentscheidungen abzuleiten, dann ist eine Begriffsabgrenzung eher eine akademische Übung als eine praxisrelevante Notwendigkeit. Gut verlaufene Unterrichtsstunden untermauern dies.

Alle Entwürfe sind kompetenzorientiert formuliert, sie tragen somit der heutigen allgemein- und fachdidaktischen Diskussion Rechnung. Es ist mir an dieser Stelle aber auch ein Anliegen, deutlich zu sagen, dass auch schon früher über die Verbindung fachlicher Lernziele mit allgemeinen und prozessbezogenen Lernzielen vielerorts ein ergiebiger Unterricht stattgefunden hat. Dieser beschränkte sich auch keineswegs auf den alleinigen fachbezogenen Inhaltszuwachs, vielmehr hatten auch hier schon engagierte Lehrerinnen und Lehrer eine breite Entfaltung ihrer Schülerinnen und Schüler im Blick.

An dieser Stelle wird auch nicht verschwiegen, dass ausführliche Unterrichtsentwürfe wie in der hier vorliegenden Form ihren Stellenwert vor allem in der zweiten Ausbildungsphase, dem Referendariat, haben und im späteren Alltagshandeln weitgehend verschwinden. Mit ihnen wird aber ein Grundstein dafür gelegt, in der Eingangsphase eines jahrzehntelangen Berufslebens erfolgreich zu unterrichten und „ihren Geist“ immer wieder gewinnbringend für alle Beteiligten einzubringen.

Eine Zuordnung der einzelnen Entwürfe zu Jahrgangsstufen ist nicht immer eindeutig möglich. Im Rahmen der föderalen Struktur und in einzelnen Bundesländern politisch gewollter individueller schulischer Entwicklungen muss die didaktische Verortung vor Ort geschehen. Dabei ist zu bedenken, dass nicht allein die Inhalte, sondern auch die Kompetenzen verortet werden müssen.

Die zahlreichen farbigen Abbildungen senden Grundbotschaften, regen zum Lesen der Entwürfe an und lenken den Blick auf eine reichhaltige Sammlung von Arbeitsblättern, Hilfe- und Jokerkarten auf der CD. Hier befindet sich auch ein zehnminütiger Ausschnitt einer ZDF-Dokumentation vom 24. März 2002. Sie zeigt einen auf Handlungsorientierung ausgerichteten Mathematikunterricht in einer 10. Klasse.

An dieser Stelle richte ich meinen Dank an:

das Autorenteam der Entwürfe,
Alexander Arnecke
Matthias Block
Carolin Boulnois
Christian Dockhorn
Nadine Heine
Karin Helle
Ramona Helmig
Carsten Henkel
Katrin Herr
Axel Inacker
Benjamin Jeske
Michael Koslowski
Kristin Kromrei
Kathrin Melsheimer
Daniela Müller
Dr. Wolfgang Neß
Imke Roggemann
Eveline Stöber
Jörg Steiper
Esta Wendelborn

den Autor des Grußwortes,
Prof. Dr. Werner Blum,
er bereitete vor über drei Jahrzehnten bei mir den Nährboden für einen solchen Mathematikunterricht,

die Autorin des Basisartikels zur Kompetenzorientierung im Mathematikunterricht,
Christiane Besser,

die Autorin der kleinen Methodenübersicht,
Claudia Bohn.

Mein besonderer Dank gilt Reimar Sillmann und Peter Blaurock vom Freiburger Verlag für die verlagstechnische Umsetzung dieser Buchidee in einer stets vertrauensvollen Zusammenarbeit.

Manfred Engel

Grußwort

Der Mathematikunterricht ist in Bewegung. Seit der ersten Veröffentlichung der Ergebnisse der internationalen Vergleichsstudie TIMSS im Jahre 1997 mit den für deutsche Schülerinnen und Schüler äußerst unbefriedigenden Befunden steht die Verbesserung der Unterrichtsqualität unübersehbar auf der Tagesordnung.

Den ersten großen Schub erhielt die unterrichtliche Qualitätsentwicklung durch das bundesweite Modellversuchsprogramm „Steigerung der Effektivität des mathematisch-naturwissenschaftlichen Unterrichts“ (SINUS, 1998-2003, mit Fortsetzung SINUS-Transfer 2003-07), das als Reaktion auf TIMSS zeitnah implementiert wurde. Der Herausgeber dieses Bandes war als Mathematik-Koordinator einer hessischen SINUS-Schule von Beginn an aktiv an diesem Programm beteiligt. Ansatzpunkt für die Unterrichtsentwicklung war in SINUS die „Neue Aufgabenkultur“, d.h. mithilfe einer schüleraktivierenden Behandlung eines breiten Spektrums von herausfordernden Aufgaben sollte die herkömmliche, inhaltlich und methodisch einseitige, oft stark am Training für die jeweils nächste Klassenarbeit orientierte Unterrichtskultur nachhaltig ergänzt und erweitert werden. Dabei war der – regional in Nordhessen konzentrierte – hessische Modellversuch Mathematik auch überregional richtungweisend. Die Spuren, die dieser Modellversuch hinterlassen hat, sind noch heute zu sehen. Dass die Autorinnen und Autoren dieses Bandes in großer Zahl aus ehemaligen SINUS-Schulen kommen, ist auch Ausdruck der prägenden Kraft der durch SINUS initiierten Reformbewegung. Dabei haben die von A. Jordan u.a. durchgeführten begleitenden Evaluationen gezeigt, dass dieser Modellversuch insofern höchst erfolgreich war, als die Schülerinnen und Schüler der Modellversuchsklassen weit überdurchschnittliche Leistungssteigerungen im Verlaufe der untersuchten vier Schuljahre hatten, und zwar in allen Schulformen, also nicht nur (wie auch bundesweit anhand von PISA-Daten festgestellt) an Haupt- und Realschulen, sondern auch (entgegen dem Bundestrend) an Gymnasien. Dass Hessen bei der PISA-Studie unter allen westdeutschen Flächenländern von 2000 bis 2006 die größten Zuwächse in Mathematik vorzuweisen hat (mehr als eine viertel Standardabweichung), ist auch ein Indiz dafür, dass sich hier etwas bewegt hat, und SINUS war bestimmt nicht unbeteiligt daran.

Der nächste Schub für die unterrichtliche Qualitätsentwicklung war erneut eine Konsequenz von enttäuschenden Ergebnissen einer internationalen Vergleichsstudie. Nach Veröffentlichung der ersten PISA-Ergebnisse in 2001 beschlossen die Kultusminister die Einführung von Bildungsstandards für einige Kernfächer, darunter Mathematik. Seit 2003 bzw. 2004 sind die Standards für den mittleren Schulabschluss bzw. den Hauptschulabschluss ebenso wie für die Grundschule bundesweit verbindlich, wobei alle Mathematik-Standards eine einheitliche Konzeption haben und durch Kompetenzen, Leitideen und Anforderungsbereiche strukturiert werden. Seitdem stehen die von Lernenden zu erreichenden Kompetenzen im Mittelpunkt des Interesses und sind der Fokus aller unterrichtlichen Anstrengungen. Diese Kompetenzen lassen sich nur in einem Unterricht fördern, der Schülerinnen und Schüler geistig aktiviert und ihnen vielfältige Gelegenheiten bietet, diese Kompetenzen auch wirklich konkret-handelnd zu praktizieren und zu festigen. Kurz: in einem Mathematikunterricht, der den wichtigsten Qualitätskriterien genügt: fachlich gehaltvolle Unterrichtsgestaltung, kognitive Aktivierung der Lernenden, effektives und schülerorientiertes Klassen-Management. Implementation der Bildungsstandards bedeutet demnach Praktizierung eines qualitätvollen, kompetenzorientierten Unterrichts. Hätte es SINUS noch nicht gegeben, hätte man ein entsprechendes Programm zur

Implementation der Bildungsstandards erfinden müssen. Sicherlich ist noch sehr viel zu tun, um diese Intentionen tatsächlich in der ganzen Breite des alltäglichen Unterrichts zu realisieren. Die Beiträge im vorliegenden Band zeigen aber in eindrucksvoller Weise, wie selbstverständlich Kompetenzorientierung in Unterrichtsplanungen berücksichtigt werden kann.

Die wichtigste Bedingung, um einen qualitätvollen Mathematikunterricht zu realisieren, ist, dass die Lehrkraft die hierfür nötigen Kompetenzen besitzt. Studien wie COACTIV haben gezeigt, dass die Professionskompetenz der Lehrenden, insbesondere die fachdidaktische, eine entscheidende Gelingensbedingung für guten Unterricht ist und das Ausmaß der Leistungsfortschritte der Schülerinnen und Schüler massiv beeinflusst. Hier ist die Lehrerbildung in allen Phasen gefordert. Unterrichtsqualität und Kompetenzorientierung müssen verbindliche Themen der Ausbildungscurricula sein, sowohl in der Universität als auch im Referendariat, und natürlich auch in der Fortbildung. Der vorliegende Band zeigt, wie solche Ideen des kompetenzorientierten Unterrichtens in der zweiten Phase der Lehrerbildung fruchtbar werden können. Die Autorinnen und Autoren geben mit ihren Unterrichtsentwürfen nicht nur Anregungen für das Referendariat, sondern auch für den Alltagsunterricht. Ob es thematisch um Radarkontrollen, Hurrikane oder Bonbons geht, stets machen die Autorinnen und Autoren dieses Bandes deutlich, dass die kompetenzbezogene Aktivierung der Schülerinnen und Schüler das wichtigste Ziel der Unterrichtsplanung ist. Es ist zu wünschen, dass diese und ähnliche Ideen eine weite Verbreitung finden und dazu beitragen, dass der Unterricht und mit ihm die Schülerleistungen und -einstellungen sich weiter verbessern.

Werner Blum, Kassel

Christiane Besser

Langfristiger Kompetenzaufbau im Mathematikunterricht

Ziel dieses Artikels ist es, ausgehend von Bruders Verständnis eines kompetenzorientierten Unterrichts an Beispielen, insbesondere an einer ausgewählten Stunde sowie der zugehörigen Einheit, aufzuzeigen, was eine kompetenzorientierte Unterrichtsplanung für die Umsetzung in der Praxis konkret bedeuteten kann, wie eine kompetenzorientiert geplante Stunde entsprechend durchgeführt werden und inwiefern sie zum langfristigen Kompetenzaufbau eines jeden Schülers beitragen kann.

Die Ausführungen basieren auf meinen eigenen Erfahrungen bei der Durchführung dieser Einheit sowie der weiteren angeführten Beispiele in zwei 9ten Gymnasialklassen sowie einem 12er Grundkurs und konzentrieren sich beispielhaft auf das Problemlösen[1] in Verbindung mit der Einführung neuer mathematischer Inhalte.

1 Was ist ein langfristiger Kompetenzaufbau?

Bei meinen Überlegungen beziehe ich mich auf Ausführungen Bruders zum langfristigen Kompetenzaufbau[2], insbesondere in *Bildungsstandards Mathematik: konkret*, der zufolge die folgenden Aspekte hierfür charakteristisch sind:

- Alle Schülerinnen und Schüler profitieren optimal vom Unterricht bzw. haben die Gelegenheit dazu und nehmen dies auch entsprechend wahr.
- Die Schülerinnen und Schüler erwerben neues Wissen, das sowohl mathematische Begriffe, Sätze und Verfahren umfasst als auch Strategien, die nachhaltig erlernt werden sollen, damit sie dieses in inner- und außermathematischen Situationen anwenden und Ergebnisse interpretieren und präsentieren können.

Hierzu bietet es sich an, dass die Schülerinnen und Schüler zum Beispiel zunächst allein, dann mit dem Partner und schließlich in der Gruppe und Klasse arbeiten (→ *Kooperatives Lernen*[3]).

Wichtig ist die Reflexion eingesetzter mathematischer Werkzeuge und Strategien, ihre explizite Herausarbeitung als Mittel zur Mathematisierung im jeweiligen Anwendungskontext, um diese

1 vgl. BÜCHTER, A.; LEUDERS, T. Mathematikaufgaben selbst entwickeln [2005];
PÓLYA, G. Schule des Denkens [1995]
ZECH, F. Grundkurs Mathematikdidaktik [2002]
LEUDERS, T. Mathematik-Didaktik [2005], S. 119ff.

2 vgl. BLUM, W.; DRÜKE-NOE, C., et al. Bildungsstandards Mathematik: konkret [2006], S. 135ff.
BRUDER, R.; LEUDERS, T., et al. Mathematikunterricht entwickeln [2008], S. 18ff.

3 vgl. BRÜNING, L.; SAUM, T. Strategien zur Schüleraktivierung [2006]
GREEN, N.; GREEN, K. Kooperatives Lernen im Klassenraum und im Kollegium [2005]

wieder einsetzen zu können sowie Systematisierungen. Das „Abarbeiten“ von Aufgaben alleine reicht nicht. **„Besonders wertvoll für das bewusste Erfahren eines Lernzuwachses an Mathematisierungsmustern sind solche Aufgaben, mit denen sich die Schülerinnen und Schüler ein weiteres Lösungsverfahren selbstständig aneignen können. Dadurch werden die Art des Lernzuwachses und die Verknüpfung mit bisherigem Wissen über das verallgemeinerte Anwendungsproblem besonders deutlich.“**[4]

Nach Bruder wird damit ein Rahmen zur langfristigen Kompetenzentwicklung deutlich:

Lernangebote, die dies ermöglichen, geboten durch entsprechende Aufgabenformate, wobei nicht immer alle Kompetenzen gleich stark thematisiert werden, Inhalte und Strategien wiederholt vorkommen, reflektiert bzw. thematisiert werden und eine Binnendifferenzierung stattfindet.

2 Was bedeutet langfristige Kompetenzorientierung für die Planung?

2.1 Verteilung und Kombination der mathematischen Inhalte und Kompetenzen auf die Schuljahre (einschließlich ihrer Vernetzung)

Da man nicht immer alle Kompetenzen gleichermaßen fördern und fordern kann, muss man Schwerpunkte setzen, z.B. das Problemlösen beim Kreis fokussieren wie bei der Hurrikan-Aufgabe (Abbildung 1) oder das Modellieren bei linearen Funktionen. Es wird sicher auch Aufgabe der Fachkonferenzen sein, hier eigene Profile zu bilden, wobei dem einzelnen Lehrer an den verschiedenen Schulen sicherlich unterschiedlich viel Spielraum gelassen werden wird.

Die Kombination der mathematischen Inhalte und Kompetenzen sowie deren Verteilung auf die Schuljahre, sofern dies freigestellt ist, einschließlich ihrer Vernetzung ist daher nicht Thema dieses Artikels. Dies wäre ein eigenes Thema, das auch nicht nur eine Lösung zuließe.

Darauf hingewiesen sei aber, dass bei relativ wenigen verbindlichen Festlegungen sich die Lehrer im Sinne der Kompetenzorientierung sehr gut absprechen und gute diagnostische Fähigkeiten besitzen sollten – der Lehrer dürfte dann im Hinblick auf die langfristige Kompetenzentwicklung m.E. idealer Weise nicht oft wechseln.

Auf jeden Fall wichtig ist die <u>langfristige Planung</u>, die bei häufigen Klassen- bzw. Kurswechseln z.B. für Unterrichtsbesuche häufig in den Hintergrund tritt, d.h. man sollte

a) Kompetenzen langfristig verteilen,

b) Schwerpunkte setzen,

c) Inhalte und Strategien wiederholt aufgreifen.

4 BLUM, W.; DRÜKE-NOE, C., et al. Bildungsstandards Mathematik: konkret [2006] S. 144

2.2 Aufgabenformat, Differenzierung und Reflexion

Ein zentraler Bestandteil des Mathematikunterrichtes sind Aufgaben. Über diese, insbesondere solche, die die auch von Bruder beschriebenen Lernbedingen ermöglichen, z.B. offene Aufgaben[5], gibt es inzwischen zahlreiche Publikationen, sodass auch die Aufgaben als solche hier nicht im Mittelpunkt der Betrachtungen stehen sollen, sie aber selbstverständlich zur Kompetenzorientierung entscheidend beitragen. Bruder betont, dass die Aufgabe alleine nicht reicht, sondern erst die angeführte Herausarbeitung der eingesetzten mathematischen Inhalte und Strategien für die nochmalige Anwendung und eine Binnendifferenzierung zur möglichst optimalen Förderung einer jeden Schülerin und eines jeden Schülers einen (langfristigen) Kompetenzaufbau ermögliche, wofür auch das Aktivierungspotential einer Aufgabe hoch genug sein müsse. Eine entsprechende Aufgabe zum Problemlösen, zu der meine Schülerinnen und Schüler mit großer Begeisterung zahlreiche Lösungswege entwickelt haben und die ihnen und mir sehr viel Spaß gemacht hat, ist z.B. die im Folgenden betrachtete Hurrikan-Aufgabe (Abbildung 1).

2.3 Planung einer Einheit und Stunde

Die langfristige kompetenzorientierte Planung sowie die genannten Aufgabenformate und ihr entsprechender Einsatz haben Auswirkungen auf die Planung einer Einheit und Stunde. Offensichtlich ist dies besonders, wenn etwas Neues mit Hilfe einer Aufgabe erarbeitet wird. Eine solche Aufgabe, z.B. die Hurrikan-Aufgabe, mit Hilfe derer die Schülerinnen und Schüler jeweils die Formel für den Flächeninhalt und Umfang des Kreises selbstständig erarbeiten bzw. das Problem, diese zu entwickeln, lösen können, wird oft am Anfang einer Einheit stehen. Als Grundlage können sich hieran individuelle Übungen, Vertiefungen, Anwendungen und Erweiterungen anschließen. Stundenplanungen werden neben geeigneten Aufgabenformaten die Reflexion, Binnendifferenzierung und angemessene Sozialformen berücksichtigen. Dies entspricht auch dem von Bruder geforderten Umdenken, dass die Schülerinnen und Schüler nicht mehr alles schrittweise, beginnend mit dem Einfachen, im Laufe einer Einheit lernen oder sogar präsentiert bekommen.

Die kompetenzorientierte Planung einer Einheit oder Stunde ist, auch unter Berücksichtigung der Reflexion und Binnendifferenzierung, noch keine Garantie dafür, dass auch die Einheit oder Stunde kompetenzorientiert durchgeführt wird.

Dies soll am Beispiel der Hurrikan-Aufgabe und damit der Einführung neuer mathematischer Inhalte sowie dem Problemlösen erläutert werden, die sich ebenso wie die skizzierte Einheit auf andere Einheiten, Kompetenzen, Inhalte und Stunden übertragen lässt.

5 vgl. BÜCHTER, A.; LEUDERS, T. Mathematikaufgaben selbst entwickeln [2005]
LEUDERS, T. Qualität im Mathematikunterricht in der Sekundarstufe I und II [2005]

3 Exemplarische Planung und Durchführung kompetenzorientierten Unterrichts

3.1 Planung und Durchführung einer kompetenzorientierten Einheit und Stunde

Einheit: Der Kreis – Flächeninhalt und Umfang (Leitidee 3: Raum und Form)

Thema der Stunde: Der Hurrikan – Selbstständige Entwicklung von Strategien zur Berechnung der Fläche eines Kreises

Die Einheit[6]

Ein Hurrikan

Maßstab: 1: 24.000.000, d.h. 1 cm entspricht 240 km

Wir wählen für den Hurrikan das mathematische Modell des Kreises.

Bestimmt die Größe, d.h. die Fläche, des Hurrikans.

Formuliert und reflektiert eure Vorgehensweise bzw. Lösungsstrategie(n).

Zum Weiterdenken:
Überlegt, ob bzw. wie ihr eure Vorgehensweise so verallgemeinern könnt, dass ihr die Fläche eines beliebigen Kreises berechnen könnt.

Abbildung 1: Hurrikan-Aufgabe

Im Sinne der Kombination von Inhalten und Kompetenzen sowie einer Schwerpunktsetzung steht das Problemlösen im Vordergrund, da so die Formeln für den Flächeninhalt und den Umfang des Kreises von den Schülerinnen und Schülern selbst hergeleitet werde können, wobei die Aufgabenstellung offen im Lösungsweg und teilweise in der Lösung ist (Größe des Hurrikans, die Verallgemeinerung (Formel) ist festgelegt). Sie ist somit selbstdifferenzierend und die jeweiligen Strategien und mathematische Inhalte sollen reflektiert werden.
Die Schülerinnen und Schüler sollen ausgehend von einem Hurrikan, den ich aus Gründen der Schülerorientierung und Motivation (Aktivierungspotential!) sowie zur Verfolgung der übergeordneten Zielsetzungen der Schule gewählt habe, zunächst dessen Größe und verallgemeinernd die Formel für den Flächeninhalt entwikkeln (Einzel-, Partner-, Gruppenarbeit / Klasse), dann entsprechend den Umfang und die Formel für diesen, dabei jeweils die angewandten Strategien und Inhalte reflektieren und vergleichen. Die Modellierung des Hurrikans als Kreis wird zu Beginn gemeinsam vorgenommen und kann später vertieft werden. Es folgen Anwendungen / Übungen.

6 vgl. BESSER, C. Unterrichtsvorbereitung [2008], auf der CD-ROM enthalten
Die Idee, einen Hurrikan zu betrachten, basiert auf einer anderen Aufgabe in:
DRÜKE-NOE, C.; LEISS, D. Standard Mathematik von der Basis bis zur Spitze [2004]

Kompetenzen

Die geförderten und geforderten Kompetenzen sind das Problemlösen (K2), außerdem das Argumentieren (K1) und Kommunizieren (K6) in der Gruppenarbeit sowie im Präsentieren und Besprechen der Ergebnisse, wobei unterschiedliche Anforderungsbereiche vorliegen können je nach Lösungsansatz, Eigenständigkeit, Grad der Argumentation ... Modellieren ist ebenfalls notwendig (K3 I), steht aber nicht im Mittelpunkt. Das Verwenden mathematischer Darstellugen kann berücksichtigt werden, indem die Schülerinnen und Schüler im Rahmen der Anwendungen die entsprechenden Abhängigkeiten als Funktion darstellen.

Die Hurrikan-Aufgabe ist somit die zentrale Aufgabe der gesamten Einheit, anhand der das Neue zunächst binnendifferenziert erarbeitet wird und sowohl eingesetzte mathematische Inhalte als auch Strategien einzelner Lösungswege reflektiert werden und an die dann leicht differenzierte Übungen und Anwendungen angeschlossen werden können, sodass jeder seine individuellen Kompetenzen ausbauen kann – eine Vorstellung vom kompetenzorientierten Unterrichten sowie ihre Übertragbarkeit auf andere Einheiten, nicht nur solche mit dem Schwerpunkt Problemlösen, werden hier deutlich.

Die erste Stunde der Einheit

Die Schülerinnen und Schüler sollen in der ersten Stunde erste Problemlösungsstrategien entwickeln. Sie modellieren den Hurrican als Kreis,kommunizieren mit ihren Mitschülerinnen und Mitschülern, präsentieren ihre Lösungsstrategien, diskutieren, begründen argumentativ, vergleichen und reflektieren, und dies unter Umständen bereits im Hinblick auf eine Verallgemeinerung.

Die Stunde beginnt im Sinne des langfristigen Kompetenzaufbaus zunächst mit Kopfübungen, zum einen zur Förderung des Kopfrechnens (K5), zum anderen zur langfristigen Sicherung des bereits Gelernten und Stärkung der Selbstständigkeit der Schülerinnen und Schüler, da sie auftretende Schwächen aufarbeiten sollen. Die Aufgaben werden meistens von einer Schülerin oder einem Schüler vorbereitet und von zwei weiteren Schülerinnen oder Schülern auch verdeckt an die Tafel geschrieben. Beim Vergleichen ist es für den langfristigen Kompetenzaufbau förderlich, nicht nur die Ergebnisse zu vergleichen, sondern zu betonen, was bei der jeweiligen Aufgabe von Interesse ist.

Der Einstieg in die Hurrikan-Aufgabe erfolgt mit Hilfe eines Bildes, um die Schülerinnen und Schüler zunächst eigene Fragestellungen formulieren zu lassen. Zu beachten für den Erfolg ist m.E., dass die gewünschte Aufgabenstellung auch gemeinsam bzw. von den Schülerinnen und Schülern formuliert wird und nicht vom Lehrer, womöglich nach zahlreichen anderen Schülervorschlägen, d.h. **man sollte sich verschiedene Impulse zur Entwicklung der Fragestellung überlegen (zentraler Punkt einer entsprechenden Stunde!)**.

Da das Modellieren im Sinne der für den Kompetenzaufbau notwendigen Schwerpunktsetzung hier nicht im Mittelpunkt steht, ist der Hurrikan – auch im Sinne der Zielorientierung – recht „rund" gewählt und die Modellierung als Kreis, die eine sehr offensichtliche Möglichkeit ist, im Unterrichtsgespräch gemeinsam vorgenommen worden (K3 I). Aus dem gleichen Grund ist der Maßstab bereits angegeben.

Das Modellieren wird so im Hinblick auf den langfristigen Kompetenzaufbaus auch in diesem Zusammenhang zur Erweiterung der bekannten Fälle des Auftretens angewandt ohne durch zahlreiche Modellierungsvorschläge den Blick für das Eigentliche zu verlieren. Hier (und damit auch in der Aufgabenstellung) sowie in der Besprechung der Aufgabe (siehe unten) wird besonders deutlich, dass mit Kompetenzorientierung nicht gemeint sein kann, immer alle Kompetenzen gleichermaßen zu fördern und zu fordern.

Die Schülerinnen und Schüler bearbeiten die Aufgabe zunächst kurz alleine, dann mit dem Nachbarn und schließlich in der Gruppe (*Kooperatives Lernen: Think-Pair-Share / Ich-Du-Wir*), bevor sie ihre Ergebnisse in der Klasse vorstellen, um jedem die Gelegenheit zum eigenständigen Denken zu geben und gleichzeitig die Möglichkeit, gemeinsam Lösungsansätze zu entwickeln und von Anregungen anderer zu profitieren bzw. diesen zu helfen. Auf diese Weise sowie durch die selbstdifferenzierte Aufgabe und eventuell Hilfen (auch in Form von Materialien) kann jeder einzelne entsprechend seinen Fähigkeiten gefördert und gefordert werden, und zwar im Problemlösen (K2) je nach eingeschlagenem Lösungsweg, Eigenständigkeit und Hilfen, Verallgemeinerung der Lösung, Anzahl der Lösungswege ... im Anforderungsniveau I-III, außerdem durch das gemeinsame Arbeiten im Argumentieren (K1), je nach Schwierigkeit, Genauigkeit ... der Argumentation im Anforderungsbereich I-III sowie (nebenbei, nicht schwerpunktmäßig) im Kommunizieren (K6) durch eventuelles Darstellen der Lösung für die Gruppenmitglieder. Das nicht im Mittelpunkt stehende Argumentieren und Kommunizieren kann von den Schülerinnen und Schülern z.B. auch in diesem Zusammenhang im Sinne des langfristigen Kompetenzaufbaus geübt werden.

Beim Problemlösen können die Schülerinnen und Schüler zum einen auf ihnen bekannte mathematische Inhalte zurückgreifen (Flächenberechnungen, Maßstab, K5 I), die somit im Sinne des langfristigen Kompetenzaufbaus nicht in Vergessenheit geraten und in einem anderen Kontext wieder angewandt werden können, zum anderen auf ihnen vertraute Problemlösestrategien[7], was nur möglich ist, wenn die Strategien, Prinzipien und Hilfsmittel langfristig und schrittweise eingeführt und in verschiedenen Zusammenhängen immer wieder reflektiert werden.

Meine Schülerinnen und Schüler haben zahlreiche verschiedene Lösungsansätze gefunden:[8]

- *Kreis mit beliebigen Flächen auslegen und deren Flächeninhalt bestimmen,*
- *Kästchen zählen (Kästchen- oder Millimeterpapier) (Folie, Butterbrotpapier, Fenster),*
- *Kreis in Streifen einteilen (kleiner oder/und größer als der Kreis und deren Flächeninhalt berechnen, evtl. auch näherungsweise den der Differenzflächen,*
- *Kreis in Tortenstücke einteilen, die kleiner oder / und größer als der Kreis sind und deren Flächeninhalt berechnen,*
- *Kreis einschachteln durch zwei Quadrate / Rechtecke / Sechsecke / n-Ecke und evtl. den Mittelwert berechnen,*
- *Kreis einbeschreiben in ein Quadrat / Rechteck / Sechseck / n-Eck und evtl. die überstehenden Flächen (als Dreieck) abziehen,*
- *dem Hurrikan ein Quadrat / Rechteck / Sechseck / n-Eck einschreiben und evtl. weitere Flächen addieren,*

7 BRUDER, R.; LEUDERS, T., et al. Mathematikunterricht entwickeln [2008], S. 18ff.

8 Abbildungen hierzu auf der CD-ROM.

- *Kreis in ein Quadrat einbeschreiben, dieses in vier gleiche Quadrate mit dem Flächeninhalt r^2 einteilen,*
- *Kreis durch zwei Quadrate einschachteln mit dem Flächeninhalt $4r^2$ und $2r^2$,*
- *Fläche zerschneiden und zu einer neuen Figur bzw. neuen Figuren zusammenlegen.*

Erste Lösungsansätze basierten somit insbesondere auf bekannten Strategien zur Herleitung einer Flächeninhaltsformel von Vielecken sowie zur näherungsweisen Berechnung einer Fläche, damit also dem Analogie- und Rückführungsprinzip sowie speziell dem Zerlegungs- und Ergänzungsprinzip einschließlich dem Kästchenprinzip (Sonderfall des Zerlegungsprinzips) bei der Einteilung des Kreises in verschiedene Flächen oder Einfügen des Kreises in eine oder mehrere Flächen sowie die Kombination aus beidem, dabei auch dem Invarianzprinzip mit der Annäherung an den Kreis von außen und innen, sowie dem Zerschneiden und Legen neuer Flächen, außerdem dem Extremal- und Symmetrieprinzip, bei allem jeweils dem Vorwärtsarbeiten sowie dem Analogie- und Rückführungsprinzip ebenso wie der Figur und Zeichnung.

Speziell bestand ein enger Bezug zur „Antarktisaufgabe"[9] aus dem Jahrgang 8: Berechnung der Fläche der Antarktis nach der vorausgegangenen Herleitung der Flächeninhaltsformeln von Trapez, Parallelegramm. Dreieck ..., außerdem der Einschachtelung der Wurzel in der vorherigen Einheit reelle Zahlen.

Insbesondere haben die Schülerinnen und Schüler die Formel für den Flächeninhalt durch Einschachtelung des Kreises in zwei Quadrate mit dem Flächeninhalt $4r^2$ und $2r^2$ (*Invarianzprinzip, Zerlegungs- und Ergänzungsprinzip*) näherungsweise als $3r^2$ bestimmt und sind durch Untersuchung des Zusammenhanges vom Radius und Flächeninhalt zur Zahl Pi und der Formel für den Flächeninhalt des Kreises gelangt.

Beachtenswert ist außerdem die Streifenmethode, da sie später bei der Integralrechnung und dem Volumen von Rotationskörpern besonders gut wieder angewandt werden kann.

Deutlich wird die langfristige Kompetenzentwicklung: zurückliegende mathematische Inhalte und Strategien werden in gewohnter und neuer Kombination wieder angewandt, wobei im Sinne der Binnendifferenzierung neben der kooperativen Arbeitsform zahlreiche Lösungsansätze zur Auswahl stehen, die wiederum unterschiedlich exakt durchgeführt werden können und argumentativ auf unterschiedlichen Anforderungsniveaus begründet, verglichen und bewertet werden sowie dargestellt werden können (K6 Kommunizieren).

Das Gelingen zeugt im Sinne des langfristigen Kompetenzaufbaus von der vollzogenen Verknüpfung von Inhalten und Strategien zum Erreichen der Handlungskompetenz.

Von entscheidender Bedeutung für das Gelingen und damit einen optimalen individuellen Kompetenzaufbau ist es m.E., dass der Lehrer die Schüler mit Hilfe minimaler (individueller) Hilfen[10] zu Ergebnissen führen kann - während der Arbeitsphase, aber auch der Auswertung / Vorstellung (erster) Ergebnisse. Ohne Hilfen erhalten Schülerinnen und Schüler eventuell keine Ergebnisse, zu weitreichende Hilfen nehmen der Schülerin oder dem

9 LEUDERS, T. Mathematik-Didaktik [2005], S. 51

10 vgl. ZECH, F. Grundkurs Mathematikdidaktik [2002]

Schüler das Problemlösen, das eigentliche Ziel, ab, und nicht alle Schüler(gruppen) brauchen die gleichen Hilfen:

Überwindet ein Lehrer mit seinen Hilfen die Barriere des Problemlösens dagegen selbst, nimmt er den betroffenen Schülerinnen und Schülern zumindest mit dem eingeschlagenen Lösungsweg die Chance, ihre Problemlösekompetenz weiter auszubauen. Damit wäre die Aufgabe, sofern die Schülerinnen und Schüler nicht einen anderen Lösungsweg einschlagen, zumindest hinsichtlich des Problemlösens nicht mehr kompetenzorientiert.

Zu überlegen dabei ist m.E. auch, wie man mit Hilfsmaterialien umgeht. Insbesondere beim Problemlösen gibt man mit der Vergabe von Hilfsmitteln unter Umständen bereits Lösungswege vor. Dies kann je nach Schwierigkeit des Problems und Lernstand einzelner Schülerinnen und Schüler bzw. der Klasse gewollt sein. Ansonsten besteht die Möglichkeit, Materialien nicht direkt zu vergeben, sondern im Raum bereit zu legen, sodass Schülerinnen und Schüler bei Bedarf nachschauen können, ob es die von ihnen benötigten Materialien gibt.

An dieser (und anderen Stellen) wird sehr deutlich, dass eine vermeintlich kompetenzorientierte Aufgabe oder Stunde noch keine Garantie dafür ist, dass auch der Unterrichtsablauf kompetenzorientiert ist und ein optimaler langfristiger Kompetenzaufbau einer jeden Schülerin und eines jeden Schülers ermöglicht wird.

Für den Lehrer bedeutet dies, dass er das Vorwissen seiner Schülerinnen und Schüler gut kennen sollte, die Aufgabe selbst mit verschiedenen Lösungswegen im Kopf haben muss, um während der Arbeitsphase und der nun folgenden Auswertung/Vorstellung der Ergebnisse Hilfen geben zu können, und den Überblick über die verschiedenen Lösungswege zu behalten und zu überlegen, wie man aus diesen das eigentliche Ziel bzw. Ergebnis bei / nach der Vorstellung von Ergebnissen jetzt herausarbeiten kann.

Die Vorstellung und Besprechung der ersten Lösungen (Strategien, mathematische Inhalte, Vergleich, erste Bewertung: Genauigkeit, Verallgemeinerungsfähigkeit, Arbeitsaufwand ...) erfolgt zunächst mit dem Ziel, (einige) bisherige Ergebnisse festzuhalten, neue Ideen zu erhalten und, eventuell bereits jetzt, zu überlegen, wie es weitergehen könnte, also am Ende (mindestens) ein Teilergebnis, denkbar auch in Form einer Hypothese, formulieren zu können. Die Formulierung der gesuchten Formel ist nicht notwendig das Ziel der Stunde, kann in einer leistungsstarken, im Problemlösen erfahrenen Klasse aber auch denkbar sein.

Hierfür kann es im Sinne der Zielorientierung hilfreich sein, die Reihenfolge und/oder Auswahl der vorgestellten Ergebnisse vorzugeben.

Mögliche Ergebnisse der ersten Stunde (außer der Formel oder einer entsprechenden Hypothese), die man aus verschiedenen Lösungsansätzen gewinnen könnte, wären z.B. die folgenden Aussagen:

- Der Flächeninhalt ist abhängig vom Radius.
- Je größer der Radius, desto größer ist der Flächeninhalt.
- Eine Formel zur Berechnung der Kreisfläche wird mit dem Radius möglich sein.

Die für einen langfristigen Kompetenzaufbau förderliche Verallgemeinerung der Ergebnisse ist hier bereits in der Aufgabenstellung enthalten.

Äußerst wichtig im Sinne der Kompetenzorientierung ist an dieser Stelle zu beachten, dass man als Lehrerin oder Lehrer nicht am Ende der Stunde das bzw. ein (Teil-)Ergebnis (Aussage oder Hypothese) selbst formuliert, nur um ein Stundenergebnis zu haben. Hier nimmt man den Schülerinnen und Schülern wieder die Chance, ihre eigene Kompetenz auszubauen und widerspricht dem vorherigen Ansatz. Auch während der Präsentation sollte man als Lehrerin oder Lehrer nicht alle Ergebnisse gleich kommentieren und den Schülerinnen und Schülern somit das Denken und die Reflexion abnehmen, aber (fragend) eingreifen, wenn etwas nicht stimmt. Fehler sollten (möglichst von den Schülerinnen und Schülern) verbessert werden, Fragen zu mathematischen Inhalten unter Umständen an anderer Stelle geklärt werden, um nicht von der eigentlichen Problemfindung abzukommen und/oder sogar zusätzliche Unklarheiten bzw. Fragen aufzuwerfen, hier z.B. Umrechnungsschwierigkeiten beim Maßstab, die später ausführlicher geklärt wurden.

Bisherige Ergebnisse lassen sich zu Hause z.B. gut festhalten, was meine Schülerinnen und Schüler auch tun sollten (Kommunizieren: K6). Je nach Stundenende, Leistungsstand der Klasse, ... können die Schülerinnen und Schüler hier z.B. die vorgestellten Lösungen selbst notieren (nur Skizzen, Stichpunkte oder auch einen Text), eigene Lösungsansätze weiter bearbeiten bzw. fertig stellen, außermathematische Fragen klären, sich hier z.B. über Hurrikans informieren, offene Fragen formulieren, evtl. bereits Ansätze vergleichen und bewerten, weitere Ansätze entwickeln oder weiterarbeiten. Das Kommunizieren wird geübt, wobei die schriftliche Form gerade schwächeren Schülerinnen und Schülern mehr Zeit zum Überlegen lässt als die mündliche Kommunikation.

Die folgende Stunde kann dann unmittelbar an die vorherige anschließen. Meine Schülerinnen und Schüler haben die verschiedenen Ansätze in Gruppen geordnet und bewertet und dann an der Tafel mit Hilfe von Karten eine Übersicht entwickelt. Die gesamten Ergebnisse mussten von jeder Schülerin und jedem Schüler im Anschluss verschriftlicht werden.

4 Übertragung der exemplarischen Planung und Durchführung einer kompetenzorientierten Stunde auf die Oberstufe

Die „Ei-Aufgabe“

Das Ei

Bestandteil	Gewichtsanteil
Wasser	74 %
Eiweiß	12,8 %
Fette	11,5 %
Kohlenhydrate	0,7 %
Mineralstoffe	1 %

Die Dichte beträgt ungefähr 1,08 g/cm3.

Bestimmen Sie, wie viel Gramm Wasser, Eiweiß, Fette, Kohlenhydrate und Mineralstoffe ein Ei enthält.

Formulieren und reflektieren Sie Ihre Vorgehensweise(n) und Lösungsstrategie(n).

Zum Weiterdenken
Überlegen Sie, ob und wie Sie Ihre Vorgehensweise verallgemeinern können.

Alternative Aufgabenstellung:
Bestimmen Sie das Volumen eines Eies.

Abbildung 2: Ei-Aufgabe

Die „Ei-Aufgabe“ habe ich in einem 12er Grundkurs als Problemlöseaufgabe zur Entwicklung der Formel für das Volumen eines Rotationskörpers eingesetzt[11].

Hierfür von Bedeutung ist, vor allem im Hinblick auf die langfristige Kompetenzentwicklung, dass die Schülerinnen und Schüler zu Beginn des Schuljahres zur Einführung in die Integralrechnung die Fläche des Bodensees[12] bestimmt haben, wobei sie auf die z.B. bereits bei der Hurrikan-Aufgabe bzw. einer vergleichbaren Aufgabe eingesetzten Strategien und Lösungswege zurückgreifen oder aber hier neu kennenlernen konnten – je nach vorherigem Unterricht, insbesondere natürlich auch die beim Hurrikan oder der Antarktis verwendete Streifenmethode angewandt haben, die dann zu den Ober- und Untersummen der Integralrechnung führte, außerdem Streifen und Trapeze kombiniert haben, was an die Trapezmethode erinnert. Allein bei den Streifen tritt das Zerlegungs-. und Ergänzungsprinzip sowie das Invarianzprinzip ganz deutlich wieder auf.

All dies kann nun ebenfalls wieder zur Bestimmung des Volumens eines Eies und damit zur Entwicklung der Formel für das Volumen eines Rotationskörpers beitragen:

Das Ei als Körper finde ich geeignet, da es im Gegensatz zu vielen anderen entsprechenden Körpern, etwa Flaschen oder Gläsern, von den Schülerinnen und Schülern in gekochtem Zustand gut zu zerschneiden und auch nicht hohl ist und außerdem leicht und billig in ausreichender Anzahl gekauft werden kann.

11 Aufgabenstellung: vgl. JAHNKE, T.; WUTTKE, H., et al. Analysis [2009]

12 Die Idee stammt aus GRIESEL, H. Elemente der Mathematik [2007], Aufgabenblatt und Lösung auf der CD-ROM

Der Ablauf der Einheit und ersten Stunden ist vergleichbar mit dem der Hurrikan-Aufgabe bzw. Kreiseinheit.

Die Schülerinnen und Schüler haben das Volumen auf zahlreichen Wegen bestimmt, was ihnen so viel Freude bereitet hat, dass sie jeweils verschiedene Wege ausprobieren wollten (bei mehr als einer Stunde Zeit), z.B.

- experimentell mit Hilfe einer Waage, z.T. mit und ohne Schale,
- durch Wasserverdrängung,
- durch Zerschneiden des Eis in Würfel oder Quader,
- durch Zerschneiden in Streifen (horizontal und vertikal), teilweise unter Ausnutzung der Symmetrie.

Die vorhandene Modellierung (Ist die Dichte von Eiweiß und Eigelb gleich?) wurde berücksichtigt, aber nicht in den Mittelpunkt des Interesses gestellt.

Die Lösungswege zeigen, dass die oben genannten Lösungsstrategien unmittelbar wieder angewandt werden können – diesmal nicht in der Fläche, sondern im Raum: in erster Linie das Zerlegung- und Ergänzungsprinzip, das Invarianzprinzip, aber auch das Symmetrieprinzip, mit allem natürlich das Analogie und Rückführungsprinzip sowie die Tabelle und Zeichnung oder Figur als heuristisch Hilfsmittel. Das Kästchenprinzip etwa ist vergleichbar mit dem Zerlegen in Würfel oder dem Legen eines entsprechenden Gitters auf Scheiben des Eies.

Wieder angewandt werden können auch die Erkenntnisse, dass eine kleinere Einteilung zu besseren Ergebnissen führt, während möglichst ähnliche Flächen oder Körper eher die Chance bieten, zu einer allgemeinen Formel zu gelangen. Die Überlegungen zur Genauigkeit, Exakthei, und der Wunsch zur Verallgemeinerung führen auch hier wieder zur erfolgreichen Streifenmethode.

Wenn man bedenkt, dass man z.B. schon im Jahrgang 5 im Rahmen der Größen und ersten Flächen vor oder nach einer Klassenfahrt z.B. die Fläche des Edersees näherungsweise bestimmen kann (z.B. mit der Kästchenmethode), wird deutlich, dass z.B. die hier betrachteten Kompetenzen langfristig während der gesamten Schulzeit erworben und ausgebaut werden können und die sichere Beherrschung der Problemlösestrategien eine wirkliche Hilfe für zahlreiche Aufgabenstellungen ist.

4.1 Weitere Beispiele kompetenzorientierter Stunden / Aufgaben

Auch die weiteren Aufgaben waren für meine Schülerinnen und Schüler Problemlöseaufgaben, die auf neue Inhalte geführt haben. Sie entsprechen ebenfalls dem von Bruder genannten Aufgabentyp, sind in sich differenziert und lassen eine Verallgemeinerung und Reflexion der Ergebnisse, mathematischen Inhalte und Lösungsstrategien zu.

Die Hochhaus-Aufgabe

Bestimmt die Höhe des Hochhauses gegenüber der Schule.

Unterschiedliche Lösungswege sind wie immer erwünscht.

Notiert eure Vorgehensweise, die verwendeten Strategien und Hilfsmittel. Vergleicht und bewertet eure Lösungswege.

Die Form der Präsentation eurer Ergebnisse ist euch freigestellt.

Abbildung 3: Hochhaus-Aufgabe

Mit Hilfe der „Hochhaus-Aufgabe" haben die Schülerinnen und Schüler meiner beiden 9er Mathematikkurse die Strahlensätze selbst hergeleitet, nachdem zuvor die Ähnlichkeit thematisiert worden ist.

Auch hier waren neben der Herleitung der Strahlensätze zahlreiche Lösungen, wie beim Ei auch sehr handlungsorientierte im Sinne der Differenzierung, möglich. Der Fantasie waren keine Grenzen gesetzt, wovon selbst gebastelte Winkelmesser und ausgefallene Konstruktionen z.B. mit Cornflakes-Packungen zeugen. Umso größer war das Erstaunen, dass wirklich alle Lösungswege fast genau zu dem gleichen Ergebnis geführt haben und uns die Wohnungsbaugesellschaft dieses auf unsere Nachfrage bestätigt hat – ein prägendes Erlebnis für die Schüler und mich.

Die Aufgabe war darüber hinaus auch insofern differenziert, da die Schülerinnen und Schüler hier äußerst unterschiedliche Vorkenntnisse hatten: Im Einzelfall waren die Winkelfunktionen oder der Pythagoras oder das Försterdreieck bereits aus zusätzlichen Mathematikveranstaltungen unserer Schule bekannt.

Lösungsmöglichkeiten waren z.B. die folgenden:

- Höhe eines Stockwerkes schätzen und diese zählen,
- Treppenstufen zählen und so die Höhe berechnen,
- Lösung mittels Försterdreieck / Anpeilung über ein Geodreieck,
- Bau eines eigenen Winkelmessers,
- Lösung mittels Ähnlichkeit,
- Pythagoras,
- Winkelfunktionen (war einem Schüler schon bekannt).

Auch hier hilft das Analogie- und Rückführungsprinzip, das Zerlegungsprinzip, eine Zeichnung sowie Schätzmethoden.

Die Bus-Aufgabe (alternativ z.B. auch Freibad- oder Kino-Aufgabe)

Mit Bustarifen zum Gewinn

Die Gemeinde Wucherhausen finanziert eine Busverbindung nach Großhausen, die jeden Tag Kosten in Höhe von 2000 Euro verursacht. Die Verbindung nutzen täglich 200 Personen. Ein Fahrschein für die Hin- und Rückfahrt kostet 10 Euro. Da die Gemeinde dringend Geld benötigt, versucht sie, durch eine Änderung des Fahrpreises ihre Einnahmen zu erhöhen. Bei der Gemeinderatssitzung stellen die Wirtschaftspartei und die Umweltpartei ihre unterschiedlichen Konzepte vor.

Wirtschaftspartei
Unsere Partei beantragt eine Fahrpreiserhöhung. Die Einnahmen werden voraussichtlich steigen, obwohl einige Leute auf das Auto umsteigen werden. Eine Umfrage hat ergeben, dass bei einer Preissteigerung um jeweils 1 Euro pro Tag jeweils 10 Personen weniger mitfahren würden, d.h. bei 2 Euro mehr 20 Personen weniger usw.

Die Umweltpartei
Unsere Partei beantragt eine Fahrpreissenkung, weil wir den öffentlichen Nahverkehr fördern wollen. Wir rechnen damit, dass bei einer Preissenkung um jeweils 1 Euro pro Tag jeweils 40 Personen auf ihr Auto verzichten und mit dem Bus fahren würden.

Abbildung 4: Bus-Aufgabe

Anhand der Bus- bzw. Kino-Aufgabe[13] habe ich im Jahrgang 9 quadratische Funktionen eingeführt; im Jahrgang 11 habe ich sie so wiederholt. Bereits im Jahrgang 9 ist hier besonders im Hinblick auf lineare Funktionen das Analogie- und Rückführungsprinzip anwendbar, in erster Linie die drei „klassischen Ansätze" Tabelle, Graph / Zeichnung und Funktionsgleichung.

Die Aufgabe bietet sich im Sinne der Kompetenzorientierung und Schüleraktivierung (vor allem als Bus- oder Freibad-Aufgabe) auch zu einem Rollenspiel zweier Parteien an, die jeweils die Situation ergründen und dann ihre konträre Position argumentativ begründen – eine spannende Möglichkeit zur Förderung der Argumentations- und Kommunikationskompetenz. Als Bus-Aufgabe bietet die Aufgabe m.E. dabei das größte Argumentationspotential.

5 Weitere Faktoren, die zu einem kompetenzorientierten Unterricht beitragen (vgl. auch Bruder)[14]

Neben den hervorgehobenen (Aufgaben-)Merkmalen eines kompetenzorientierten Unterrichts gibt es weitere Faktoren, die hierzu ebenfalls entscheidend beitragen, zum Beispiel das Üben:

Die Problemlösekompetenz alleine reicht auch nicht, sie selbst ist ebenfalls auf andere Kompetenzen angewiesen, gäbe es nur Stunden dieser Art, hätten die Schülerinnen und Schüler wiederum Defizite in anderen Bereichen.

Weitere hilfreiche Aspekte (neben den verbindlichen Inhalten sowie den sechs Kompetenzen) für die langfristige Kompetenzorientierung sind m.E. unter anderem die folgenden, die weitgehend auch bei Bruder zu finden sind:

13 vgl. UNIVERSITÄT BAYREUTH. SMART Aufgabensammlung

14 vgl. BLUM, W.; DRÜKE-NOE, C., et al. Bildungsstandards Mathematik: konkret [2006], S. 135ff.

- Wiederholungen,
- angekündigte Wiederholungen in der Arbeit,
- intelligentes / produktives Üben,
- Erfinden eigener Aufgaben (durch die Schüler),
- Wozu ist das gut? Wo kann ich es gebrauchen?
- Regelheft oder Ähnliches,
- Diagnose (mehrere Funktionen).

Keinesfalls zu vernachlässigen ist m.E. die Lehrerpersönlichkeit.

Zahlreiche weitere wichtige Faktoren, die ebenfalls nicht nur auf den Mathematikunterricht bezogen sind, z.B. das Klassenraummanagement, sind in verschiedenen Studien untersucht worden, zum Beispiel von Helmke, die Bruder ebenfalls anführt.[15]

Weiteres Material auf CD-ROM unter dem Stichwort „Kompetenzaufbau"

15 vgl. BLUM, W.; DRÜKE-NOE, C., et al. Bildungsstandards Mathematik: konkret [2006] S. 135ff. Neben der Veröffentlichung von Helmke sind m.E. insbesondere die zehn Merkmale guten Unterrichts von Meyer erwähnenswert in MEYER, H. Was ist guter Unterricht? [2004]

Manfred Engel

Kompetenzorientierung: eine kleine Einordnung für das unterrichtliche Geschehen

Mittlerweile kristallisiert sich heraus, dass die Kompetenzorientierung, die Umkehr vom Input zum Output, ihren Niederschlag in ministeriellen Vorgaben findet. Dies geschieht in der Absicht, die Kolleginnen und Kollegen zu stärken, denen schon längst nicht überfüllte Stoffkataloge sondern die vielfältige Persönlichkeitsentwicklung unserer Schülerinnen und Schüler am Herzen liegt. Mit den Bildungsstandards und Kerncurricula will man auch jene Kolleginnen und Kollegen mit ins Boot nehmen, die bisher in den Lehrplänen noch zu sehr eine Dominanz von Stoffkatalogen gesehen haben. Die in diesen Plänen ebenso enthaltenen allgemeinen Grundlegungen haben nicht hinreichend Mut gemacht, stärker exemplarisch auf bedeutsame Inhalte zu setzen, um mit diesen übergeordnete Ziele zu erreichen.

Eine treffende Beschreibung, Lehrerinnen und Lehrer eher als Impulsgeber für eigenständige Lernprozesse unserer Schülerinnen und Schüler zu sehen, sich mit diesen über einen schrittweisen Aufbau zum eigenverantwortlichen Lernen zu bewegen, sie für eine Lebenswelt tauglich zu machen, in der einzelne Wissenselemente eines Schulfaches nur kleine Mosaiksteinchen sein können, finden wir in den allgemeinen Grundlegungen des Konzeptes der Bildungsstandards und Kerncurricula in Hessen.

„Kompetenzorientierter Unterricht wird dabei nicht mehr in erster Linie von den tatsächlichen oder angenommenen Notwendigkeiten des Stoffes her geplant, sondern von den Strukturen des Lernens aus entwickelt und von den Erfordernissen der Lernenden her gestaltet. Selbstverständlich sind hierbei aus der Struktur der jeweiligen Inhalte stammende sachlogische Aspekte angemessen zu berücksichtigen: Kompetenzerwerb ist ohne Inhalte nicht möglich; Kompetenzen werden in der aktiven Auseinandersetzung mit bedeutsamen Inhalten erworben. Dies geschieht im Horizont einer konstruktivistischen Lerntheorie, in der davon ausgegangen wird, dass Lernprozesse immer den individuellen Aufbau entsprechender – an bereits vorhandenes Vorwissen anschließender – mentaler Modelle im Lernenden voraussetzen und neue Inhalte somit nicht „von außen", ohne einen solchen individuellen Aneignungsprozess, erfolgreich vermittelt werden können: Kompetenzen werden daher individuell erworben, nicht „gelehrt". Aufgabe der Lehrpersonen in einem solchen Lehr-/Lernverständnis ist es, durch interessante – möglichst komplexe und herausfordernde – Aufgabenstellungen und geeignete Materialien in dialogisch angelegten, anregenden Lernarrangements Bedingungen zu schaffen, in denen es erfolgreich zum Kompetenzerwerb der Schülerinnen und Schüler kommen kann. Von zentraler Bedeutung ist hierbei, dass es beim Erwerb von Kompetenzen nicht um einen abstrakten Wissenserwerb geht, sondern dass Können und Wissen in anwendungsrelevanten Bezügen zur Problemlösung genutzt und durch intelligentes Üben gefestigt werden können. Dabei geht es auch darum, mit den erworbenen Kompetenzen zunehmend ausdifferenziert neues Wissen erwerben zu können.

Bei der Entwicklung von Lernarrangements ist es unabdingbar, dass auf eine überzeugende Passung der jeweils aktuellen Unterrichtsinhalte geachtet wird: Die Lernarrangements müssen an die Lernausgangslagen der Lernenden anknüpfen, auf vorhandenes Können und Wissen aufbauen, zum Verständnis des neuen Inhalts geeignet sein und eine Anschlussfähigkeit für die Fortführung des Lernprozesses in der Zukunft im Sinne einer erweiterten Komplexität ermöglichen. Ein solches „situiertes Lernen" ist dann auch die Grundlage für Nachhaltigkeit und Transfermöglichkeit. Dies bedeutet, dass erworbene Kompetenzen – anders als abstrakt erlerntes „Kurzzeit"-Wissen – durch ein nachhaltiges anwendungsbezogenes Können charakterisiert sind, das auch auf andere, bislang unbekannte, aber strukturell ähnliche Problemlagen übertragen werden kann. Der Erwerb von Kompetenzen kann somit als ein kumulativer Prozess gefasst werden. Welche Kompetenzen – oder auch Entwicklungsschritte beim Erwerb komplexer Kompetenzen – die Schülerinnen und Schüler dabei in welchen Jahrgangsstufen erreicht haben sollen, wird – differenziert nach Lernbereichen und Unterrichtsfächern – in Bildungsstandards beschrieben. Diese erfassen die gewünschten Lernergebnisse der Schülerinnen und Schüler altersbezogen als deren Problemlösungskompetenz." *Auszug aus ‚Das hessische Konzept, Bildungsstandards/Kerncurricula', http://www.iq.hessen.de/*

Dabei kann man sich auch von zwei Zitaten leiten lassen:

- **„Bildung ist nicht das Befüllen von Fässern, sondern das Entzünden von Flammen."** (Heraklit)
- **„Jugend ist in erster Linie eine Ansammlung von Möglichkeiten."** (Albert Camus)

Eine unbestrittene Grundlegung in der fachdidaktischen Diskussion zum Mathematikunterricht sind die Grunderfahrungen nach Heinrich Winter:

- (GE 1) Erscheinungen der Welt um uns, die uns alle angehen oder angehen sollten, aus Natur, Gesellschaft und Kultur, in einer spezifischen Art wahrzunehmen und zu verstehen,
- (GE 2) mathematische Gegenstände und Sachverhalte, repräsentiert in Sprache, Symbolen, Bildern und Formeln, als geistige Schöpfungen, als eine deduktiv geordnete Welt eigener Art kennen zu lernen und zu begreifen,
- (GE 3) in der Auseinandersetzung mit Aufgaben Problemlösefähigkeiten (heuristische Fähigkeiten), die über die Mathematik hinausgehen, zu erwerben.

Diese lassen auch eine Einbettung des Mathematikunterrichtes in ein Beziehungsgeflecht der allgemeinen Kompetenzen zu, sie fordern sie geradezu.

Spinnenanalyse allgemeine Kompetenzen

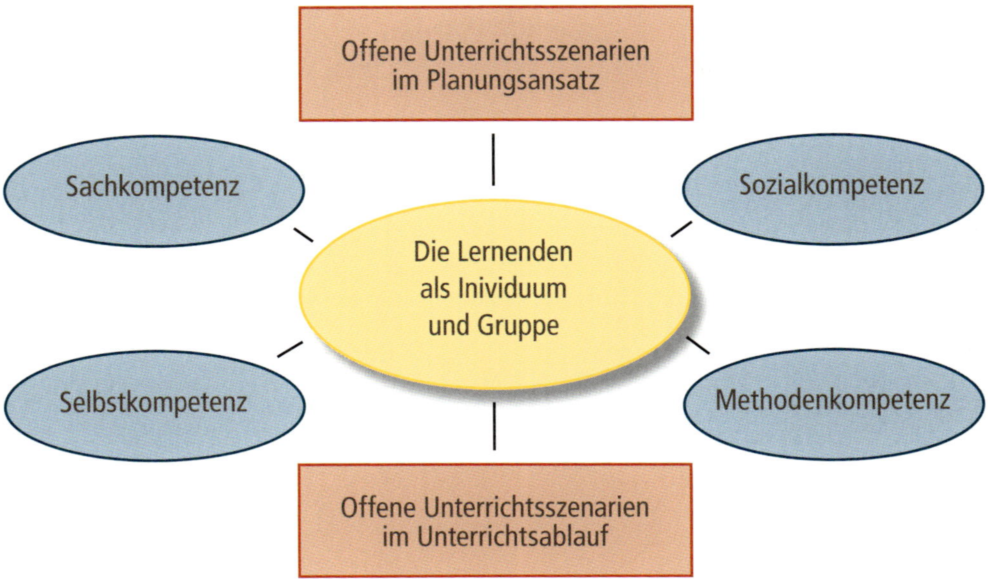

Für die Planung einzelner Zeitabschnitte des unterrichtlichen Geschehens kann man Schwerpunkte setzen, sich aus einer Rückschau ein Bild über den Ausprägungsgrad der vier allgemeinen Kompetenzen verschaffen.

Die Kopplung mit dem Beziehungsgeflecht der mathematischen Kompetenzen nach Blum et al. löst den Anspruch ein, eine allgemeine Kompetenzorientierung mit der gezielten Ausrichtung des Mathematikunterrichtes zu erreichen.

Spinnenanalyse mathematische Kompetenzen[16]

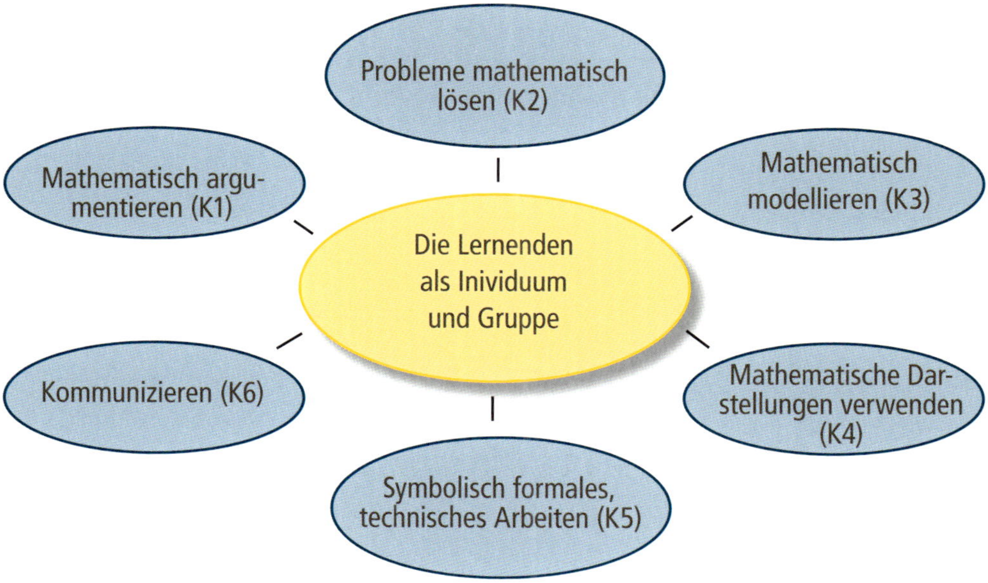

Auch hier kann man Zeitphasen des unterrichtlichen Geschehens in Planung und Rückblick verorten.

In BLUM, W.; DRÜKE-NOE, C., et al. Bildungsstandards Mathematik: konkret [2006] findet man von Leiß und Blum folgende Beschreibung der mathematischen Kompetenzen:

Mathematisch Argumentieren (K1)

Zu dieser Kompetenz gehört sowohl das Verbinden mathematischer Aussagen zu logischen Argumentationsketten als auch das Verstehen und kritische Bewerten verschiedener Formen mathematischer Argumentationen. Dies bezieht sich auf verschiedenste Bereiche der Mathematik, z.B. die Begründung von Ergebnissen und Behauptungen, die Herleitung mathematischer Sätze und Formeln oder die Einschätzung der Gültigkeit mathematischer Verfahren.

Probleme mathematisch lösen (K2)

Probleme lösen im Sinne der Bildungsstandards ist immer dann erforderlich, wenn eine Lösungsstruktur nicht offensichtlich ist und dementsprechend ein strategisches Vorgehen bei der Bearbeitung notwendig ist. Die Kompetenz *Probleme lösen* zeigt sich folglich im Verfügen über geeignete Strategien zur Auffindung von mathematischen Lösungsideen/-wegen sowie in der Reflexion darüber.

16 In Anlehnung an: BLUM, W.; KELLER, K., et al. Fortbildungshandreichung zu den Bildungsstandards Mathematik [2008]

Mathematisch Modellieren (K3)

Beim *Modellieren* geht es darum, eine realitätsbezogene Situation durch den Einsatz mathematischer Mittel zu verstehen, zu strukturieren und einer Lösung zuzuführen sowie Mathematik in der Realität zu erkennen und zu beurteilen. Eine Schlüsselrolle spielen dabei mathematische Modelle. Als mathematisches Modell bezeichnet man in diesem Kontext ein vereinfachtes mathematisches Abbild der Realität, das nur gewisse Teilaspekte berücksichtigt (Henn 2002), so dass der auf diese Weise beschriebene Sachverhalt einer Bearbeitung zugänglich gemacht wird.

Mathematische Darstellungen verwenden (K4)

Zu dieser Kompetenz gehört sowohl das eigenständige Erzeugen von Darstellungen mathematischer Gegenstände als auch das verständige Umgehen mit bereits vorgegebenen Repräsentationen. Dabei sind neben graphischen Darstellungsformen wie etwa Diagrammen auch andere Darstellungsmöglichkeiten von Bedeutung wie z.B. Formeln, sprachliche Darstellungen, Handlungen / Gesten, Programme (in einer Programmiersprache).

Mit symbolischen, formalen und technischen Elementen der Mathematik umgehen (K5)

Diese Kompetenz umfasst den Gebrauch mathematischer Fakten oder mathematischer Fertigkeiten. *Fakten* können als „Wissen, dass" bezeichnet werden. Hierzu gehört z.B. Wissen, das direkt aus dem Gedächtnis abgerufen werden kann (wie die Definition der Mittelsenkrechten zu zwei Punkten oder die Verwendung des Kommutativgesetzes). *Fertigkeiten* sind eher „Wissen, wie".

Hierzu gehört z.B. die Anwendung von Algorithmen, deren Abfolge weitgehend automatisiert ablaufen kann (wie die Berechnung von a aus $a + 5 = 12$).

Mathematisch kommunizieren (K6)

Diese Kompetenz umfasst zum einen das Verstehen von Texten oder mündlichen Äußerungen zur Mathematik, zum anderen das verständliche (auch fachsprachenadäquate) schriftliche oder mündliche Darstellen und Präsentieren von Überlegungen, Lösungswegen und Ergebnissen.

Zur Ausschärfung gibt es zwei Rastermöglichkeiten, die Kompetenzen in Verbindung mit den fünf inhaltlichen Leitideen „Zahl", „Messen", „Raum und Form", „Funktionaler Zusammenhang" sowie „Daten und Zufall" oder den in der schulischen Praxis zur Anwendung kommenden drei Anforderungsebenen „Reproduzieren", „Zusammenhänge herstellen" sowie „Verallgemeinern und reflektieren."

Dem Projekt SINUS-Kompetenzförderung und Bildungsstandards, Fortbildungshandreichung AG Prof. Dr. W. Blum, Universität Kassel 2007 ist die nachfolgende Tabelle entnommen:

Kompetenzraster	K1: Mathematisch argumentieren	K2: Probleme mathematisch lösen	K3: Mathematisch modellieren
Reproduzieren	Routineargumentationen kennen, wiedergeben und anwenden; einfache Begründungen formulieren; mit Basiswissen argumentieren	Naheliegende Lösungswege für einfache math. Probleme kennen und nutzen	Vertraute und direkt erkennbare Modelle kennen und nutzen
Zusammenhänge herstellen	Mehrschrittige Argumentationen nachvollziehen, erläutern, in Ansätzen (mit Hilfen) entwickeln	Lösungswege für math. Probleme entwickeln, die ein mehrschrittiges Vorgehen erfordern	Mehrschrittige Modellierung einer Situation
Verallgemeinern und reflektieren	Begründungs- bzw. Beweisstrategien anwenden, erklären, selbst entwickeln; Argumentationen kritisch untersuchen, bewerten	Selbstständiges Identifizieren und strategiegestütztes Bearbeiten von komplexen Problemen; kritische Reflexion von Lösungen und Lösungswegen	Selbstständig Modellierungsprozesse entwickeln, durchführen, kritisch reflektieren

K4: Mathematische Darstellungen verwenden	K5: Mit symbolischen, formalen & technischen Elementen umgehen	K6: Kommunizieren
Vertraute und geübte Darstellungen kennen und nutzen	Routineverfahren kennen, verwenden; vertraute Symbolik nutzen; math. Hilfsmittel in vertrauten Situationen nutzen	Aus einfachen Darstellungen Informationen entnehmen; einfache Sachverhalte dokumentieren, verständlich darstellen und präsentieren; auf Beiträge von anderen sachlich reagieren
Beziehungen zwischen Darstellungsformen erkennen, zwischen Darstellungen wechseln	Mit Variablen, Termen, Gleichungen, Funktionen, Tabellen und graphischen Darstellungen in Zusammenhängen umgehen; natürliche Sprache in Symbolsprache und umgekehrt übersetzen; math. Hilfsmittel gezielt auswählen und einsetzen	Ergebnisse, Lösungswege, Gedankengänge verständlich darstellen; math. Darstellungen sinnentnehmend erfassen; Beiträge von anderen aufgreifen und auf sie eingehen
Unterschiedliche (auch neuartige) Darstellungsformen verstehen, verwenden, interpretieren, beurteilen, bewerten	Verfahren kritisch untersuchen, beurteilen, bewerten; die Nutzung math. Hilfsmittel reflektieren	Fachsprache adressatengerecht verwenden; stringente Präsentationen von komplexen math. Arbeitsprozessen entwickeln; komplexe Sachverhalte erfassen; mit anderen kritisch diskutieren

Bei allen Diskussionen zur Kompetenzorientierung und deren Umsetzung in der Unterrichtswirklichkeit ist Bezug zu nehmen auf den Modellierungskreislauf für den Mathematikunterricht:

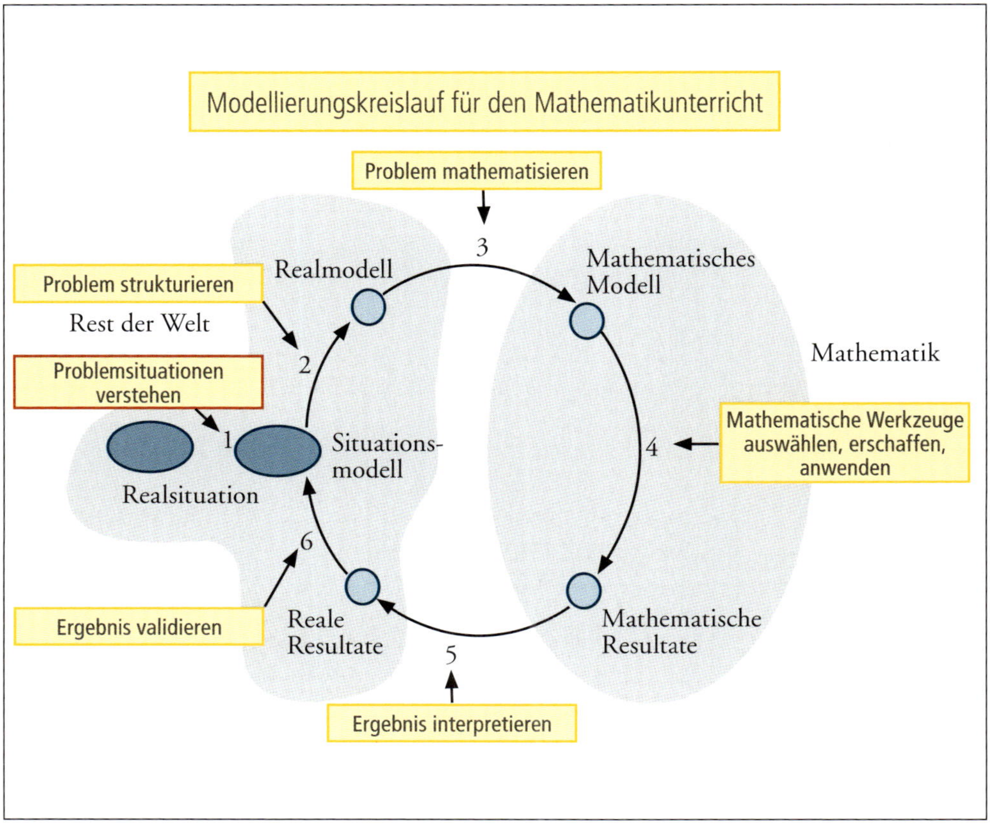

Abschließend soll die Zielrichtung für kompetenzorientiertes Unterrichten mit zwei Zitaten umrissen werden:

„Der ist der beste Lehrer, der sich nach und nach überflüssig macht!“ (George Orwell)

„Was du mir sagst, das vergesse ich. Was du mir zeigst, daran erinnere ich mich. Was du mich tun lässt, das verstehe ich.“ (Dieses Zitat wird sowohl Konfuzius als auch Laotse zugeschrieben.)

Vl. 1 Aufbau von fachlichen und überfachlichen Kompetenzen	Vl. 1.1 Der Unterricht orientiert sich an Lehrplänen bzw. Bildungsstandards und Kerncurricula und entspricht den dort dargelegten fachlichen Anforderungen.	Vl. 1.2 Der Unterricht sorgt für den systematischen Aufbau von Wissen unter Berücksichtigung von Anwendungssituationen, um den Erwerb fachlicher Kompetenzen zu ermöglichen.	Vl. 1.3 Beim Aufbau von Wissen und Kompetenzen knüpft der Unterricht an die Erfahrungen der Schülerinnen und Schüler an.	Vl. 1.4 Zu erwerbende Kenntnisse werden durch Wiederholen, (Teil-) Kompetenzen durch intelligentes Üben gefestigt.	Vl. 1.5 Die Vermittlung von überfachlichen Kompetenzen und Schlüsselqualifikationen ist Unterrichtsprinzip.	Vl. 1.6 Der Unterricht ist kognitiv herausfordernd und aktivierend.	
Vl. 2 Strukturierte und transparente Lehr- und Lernprozesse	Vl. 2.1 Der Unterricht ist inhaltlich und in seinem Ablauf klar strukturiert.	Vl. 2.2 Die Ziele, Inhalte und der geplante Ablauf des Unterrichts werden offengelegt.	Vl. 2.3 Der Unterricht zeigt Variabilität von Lernarrangements – passend zu den Zielen, Inhalten und Lernvoraussetzungen.	Vl. 2.4 Die Unterrichtszeit wird lernwirksam genutzt.	Vl. 2.5 Lernprozesse und Lernergebnisse werden reflektiert; die erworbenen Teilkompetenzen werden dabei auf die angestrebten Kompetenzen bezogen.	Vl. 2.6 Lern- und Bewertungssituationen werden im Unterricht voneinander getrennt.	Vl. 2.7 Die Lehrerinnen und Lehrer sorgen für Transparenz der Leistungserwartungen und Leistungsbewertung.
Vl. 3 Umgang mit heterogenen Lernvoraussetzungen	Vl. 3.1 Die Lehrerinnen und Lehrer diagnostizieren die individuellen Lernstände der Schülerinnen und Schüler.	Vl. 3.2 Die Lehrerinnen und Lehrer schaffen differenzierte Zugänge zum Erwerb von Kenntnissen und Kompetenzen.	Vl. 3.3 Die Lehrerinnen und Lehrer geben individuelle Leistungsrückmeldungen.	Vl. 3.4 Der Unterricht fördert selbstständiges und eigenverantwortliches Lernen.	Vl. 3.5 Der Unterricht fördert kooperatives Lernen.	Vl. 3.6 Im Unterricht ist das schuleigene Förder- und Erziehungskonzept sichtbar.	
Vl. 4 Lernförderliches Klima und Lernumgebung	Vl. 4.1 Lehrkräfte und Schülerinnen und Schüler pflegen einen von wechselseitiger Wertschätzung, Höflichkeit, Fairness und Unterstützung gekennzeichneten Umgang miteinander.	Vl. 4.2 Die Schülerinnen und Schüler zeigen Anstrengungs- und Leistungsbereitschaft; die Lehrpersonen ermutigen sie entsprechen.	Vl. 4.3 Das Lernen wird durch Einhaltung von Regeln und altersgemäße Rituale unterstützt.	Vl. 4.4 Die Lernumgebungen sind anregend gestaltet.	Referenzrahmen des Hessischen Instituts für Qualitätsentwicklung (IQ) Qualitätsbereich „Lehren und Lernen“. Weitere Informationen www.iq.hessen.de“		

Eveline Stöber

Farben in einer Tüte Bonbons

Bonbonfarben
Grafische Darstellung einer Verteilung
Museumsrundgang

Elementare Wahrscheinlichkeitsbetrachtungen

Das didaktische Zentrum dieser Stunde liegt in der Untersuchung der „Wahrscheinlichkeitsverteilung" der Farben in einer Tüte Bonbons in heterogenen Kleingruppen. Die Ergebnisse sollen die Schülerinnen und Schüler graphisch überzeugend in einem Diagramm darstellen und sich diese anschließend gegenseitig in einem Museumsrundgang präsentieren.

1 Lerngruppenanalyse

Der A-Kurs-Mathematik der 6. Klasse besteht aus 23 Schülerinnen und Schülern (10 Mädchen und 13 Jungen). Diesen Kurs unterrichte ich seit dem zweiten Halbjahr des letzten Schuljahres eigenverantwortlich.

Bezüglich der Lernatmosphäre ist festzustellen, dass zwischen den Schülerinnen und Schülern und mir von Anfang an ein sehr freundliches Klima besteht. Die Lerngruppe erlebe ich als sehr aufgeschlossen und lernbereit. Das Leistungsniveau des Kurses ist äußerst heterogen und zeichnet sich durch ein breites Leistungsmittelfeld aus, wobei sich die meisten Schülerinnen und Schüler aktiv am Unterrichtsgeschehen beteiligen. Insgesamt zeigen sich die Lernenden im Fach Mathematik durchschnittlich motiviert und lassen sich besonders durch Gruppenarbeiten in hohem Maße motivieren (vgl. Methodische Überlegungen). Damit sich die Schülerinnen und Schüler in Gruppenarbeitsphasen untereinander austauschen bzw. gegenseitig helfen können und darüber hinaus ihre Kompetenzen hinsichtlich der Kommunikation und Kooperation gefördert werden, teile ich die Lernenden in dieser Stunde in heterogene Kleingruppen ein (vgl. Methodische Überlegungen). Allerdings konnte ich in Gruppenarbeitsphasen vermehrt beobachten, dass einige Jungen hinsichtlich ihres Arbeits- und Sozialverhaltens negativ auffallen. Aus diesen Gründen wird bei der Gruppeneinteilung neben dem Aspekt der Leistungsdifferenzierung besonders darauf geachtet, dass die Schülerinnen und Schüler innerhalb der Gruppe harmonieren, so dass ein konstruktives Zusammenarbeiten möglich ist. Auch wenn die Schülerinnen und Schüler mit Gruppenarbeiten im Mathematikunterricht weitestgehend vertraut sind, fällt es den meisten Schülerinnen und Schülern schwer, vor der gesamten Lerngruppe Ergebnisse zu präsentieren und zu analysieren. Um das Präsentieren von Ergebnissen gezielt zu üben und den Schülerinnen und Schülern zu erleichtern, habe ich mich in dieser Unterrichtsstunde dazu entschieden, die Präsentationsphase der Gruppenergebnisse als Museumsrundgang in gemischten Kleingruppen durchzuführen (vgl. Methodische Überlegungen).

Hinsichtlich der geplanten Unterrichtsstunde ist bezüglich der notwendigen Lernvoraussetzungen der Schülerinnen und Schüler festzuhalten, dass die Schülerinnen und Schüler im Rahmen der Unterrichtseinheit „Wahrscheinlichkeitsrechnung" bereits mit der Berechnung von Wahrscheinlichkeiten vertraut sind und einfache Baumdiagramme graphisch darstellen können. Aus der vorherigen Unterrichtseinheit „Prozentrechnung" sind den Lernenden weitere Diagramme

(Säulen-, Balken-, Streifen-, Bild- und Kreisdiagramme) bekannt, ebenso wie die Umrechnung von Brüchen in Dezimalbrüche bzw. in Prozent. Darüber hinaus haben die Schülerinnen und Schüler bereits erste Erfahrungen im Umgang mit dem Taschenrechner und der Methode „Museumsrundgang" gesammelt.

2 Lernmöglichkeiten und Kompetenzen

Das didaktische Zentrum dieser Stunde liegt in der Untersuchung der „Wahrscheinlichkeitsverteilung"[17] der Farben in einer Tüte Bonbons in heterogenen Kleingruppen. Dabei sollen die Schülerinnen und Schüler zunächst die Bonbons farblich sortieren und die jeweiligen Wahrscheinlichkeiten systematisch in einer Tabelle erfassen. Anschließend sollen die Schülerinnen und Schüler diese Ergebnisse graphisch überzeugend in einem Diagramm darstellen und sich diese gegenseitig in einem Museumsrundgang präsentieren.

2.1 Fachkompetenzen

Die Schülerinnen und Schüler sollen...

- ein Problem mathematisch lösen, indem sie die „Wahrscheinlichkeitsverteilung" der Farben in einer Tüte Bonbons untersuchen und die jeweiligen Wahrscheinlichkeiten berechnen können (K2).
- mathematische Darstellungen verwenden, indem sie ein geeignetes Diagramm zur Darstellung ihrer Ergebnisse auswählen und dieses graphisch überzeugend darstellen können (K4).
- kommunizieren, indem sie Überlegungen, Lösungswege bzw. Ergebnisse auf einem Plakat dokumentieren, verständlich darstellen und sich diese gegenseitig präsentieren können (K6).

2.2 Sozialkompetenzen

In der heutigen Unterrichtsstunde können die Schüler ihre Kompetenzen hinsichtlich der Kommunikation und Kooperation weiterentwickeln, indem sie...

- üben, kooperativ in heterogenen Kleingruppen zu arbeiten und sich gegenseitig Hilfestellung zu bieten.
- üben, innerhalb der Gruppe zu diskutieren und sich auf ein Gruppenergebnis zu einigen.

2.3 Methodenkompetenzen

In dieser Unterrichtsstunde sollen die Schülerinnen und Schüler...

- eine Strategie entwickeln können, um ein mathematisches Problem zu lösen.
- die Methode „Museumsrundgang" als Präsentationsform üben.

17 Anmerkung: Der Begriff "Wahrscheinlichkeitsverteilung" wurde hier zur vereinfachten verbalen Beschreibung gewählt, auch wenn er im strengen mathematischen Sinn erst in der Oberstufe präzisiert wird.

3 Sachanalyse

In der heutigen Stunde sollen die Schüler in heterogenen Kleingruppen die „Wahrscheinlichkeitsverteilung“ der Farben in einer Tüte Bonbons untersuchen. Dazu müssen die Schülerinnen und Schüler zunächst die Wahrscheinlichkeit für jede Bonbonfarbe berechnen. Bei der Auswahl der zu untersuchenden Bonbontüte wurde darauf geachtet, dass eine ausreichende aber dennoch überschaubare Anzahl an Bonbons und an Bonbonfarben enthalten sind. Aus hygienischen Gründen werden Bonbons eingesetzt, die einzeln verpackt sind.

Auch wenn die gewählte Tüte vier verschieden farbige Bonbons enthält, kann aufgrund der gleichen Form der Bonbons davon ausgegangen werden, dass beim zufälligen Ziehen aus einer Tüte Bonbons alle Bonbons als Ergebnis bzw. als Elementarereignis gleich verteilt sind und sie daher die gleiche Wahrscheinlichkeit besitzen. Somit handelt es sich bei diesem Zufallsversuch um einen Laplace-Versuch[18], da nach dem Sortieren der Bonbons alle möglichen Ergebnisse bekannt, endlich und gleichwahrscheinlich sind. Folglich ist die Wahrscheinlichkeit für das Ereignis, dass man beim zufälligen Ziehen aus der Tüte eine bestimmte Bonbonfarbe erhält, gleich dem Quotienten aus der Anzahl der für dieses Ereignis günstigen Ergebnisse und der Anzahl der gesamten möglichen Ergebnisse. Daraus resultierend ergibt sich für die Wahrscheinlichkeit für eine bestimmte Bonbonfarbe folgende Gleichung:

$$P(\text{„Bonbonfarbe ist gelb“}) = \frac{\text{Anzahl der gelben Bonbons in der Tüte}}{\text{Anzahl der gesamten Bonbons in der Tüte}}$$

Die Berechnung für die Wahrscheinlichkeit einer anderen Bonbonfarbe erfolgt analog. In den bisher von mir untersuchten Bonbontüten konnte ich feststellen, dass die Anzahl der gesamten Bonbons in einer Tüte in der Regel 64 beträgt. Die Farbzusammensetzung der vier Farben gelb, orange, rot und dunkelrot variiert jedoch in jeder Tüte. Somit ist davon auszugehen, dass die berechneten Wahrscheinlichkeiten für jede Farbe und in jeder Gruppe vermutlich differieren werden.

Die gewählte Aufgabenstellung wird bei vielen Schülerinnen und Schülern vermutlich als ein einstufiges Zufallsexperiment interpretiert werden, d.h. dass nur das einmalige Ziehen aus der Bonbontüte betrachtet wird. Mit Hilfe von Nimm2-Bonbons sollen die Schülerinnen und Schüler aufgrund des Namens auch auf die Idee gebracht werden, eventuell ein zweistufiges Zufallsexperiment zu betrachten. Um möglichst vielfältige und kreative Diagramme zu erhalten, wurde die Aufgabenstellung sehr offen gewählt und nicht auf ein einstufiges Zufallsexperiment beschränkt. Die Öffnung der Aufgabenstellung durch das Vernachlässigen weiterer Informationen bzw. durch das Weglassen kleinschrittiger Anleitungen ermöglicht den Schülerinnen und Schülern, den eigenen Kompetenzen entsprechend angemessene Lösungswege zu finden.[19] Somit ist neben einem Säulen-, Balken-, Streifen-, Bild- sowie Kreis- und einstufigen Baumdiagramm auch die Darstellung der „Wahrscheinlichkeitsverteilung“ als zweistufiges Baumdiagramm denkbar. Mit Ausnahme des Baumdiagramms kann in allen Diagrammen, die den Schülerinnen und Schülern bekannt sind, nur die „Wahrscheinlichkeitsverteilung“ der

18 DEHLING, H.; HAUPT, B. Einführung in die Wahrscheinlichkeitstheorie und Statistik [2003], S. 7f.

19 MAASS, K. Mathematisches Modellieren [2008], S. 19ff.

Bonbonfarben bei der Betrachtung eines einstufigen Zufallsexperiments sinnvoll dargestellt werden. Trotz der sehr offenen Aufgabenstellung gehe ich davon aus, dass die Lernenden ein geeignetes Diagramm darstellen können, da den Schülerinnen und Schülern die genannten Diagramme bereits bekannt sind (vgl. Lerngruppenanalyse).

Prinzipiell reicht es für die Bearbeitung der Aufgabenstellung aus, die berechneten Wahrscheinlichkeiten als Bruch anzugeben. Um eine bessere Vergleichbarkeit bzw. Vorstellung über die Größenordnung der Wahrscheinlichkeiten zu erreichen, können die Kleingruppen die berechneten Wahrscheinlichkeiten gegebenenfalls auch als Dezimalbruch oder in Prozent angeben. Mit der Umrechnung dieser Werte sind die Schülerinnen und Schüler bereits aus der vorherigen Unterrichtseinheit „Prozentrechnung" vertraut (vgl. Lerngruppenanalyse). Damit diese relativ zeitaufwändigen und langatmigen Umrechnungen von den Gruppen in der Erarbeitungsphase bewerkstelligt werden können, dürfen die Lernenden ihren Taschenrechner verwenden (vgl. Methodische Überlegungen). Darüber hinaus lassen sich mit Hilfe des Taschenrechners bei der Konstruktion eines Kreisdiagramms die berechneten Wahrscheinlichkeiten einfacher und schneller in die benötigten Gradmaße umrechnen.

4 Didaktische Überlegungen

Die Legitimation des Themas der heutigen Unterrichtsstunde „Darstellung der Wahrscheinlichkeitsverteilung der Farben in einer Tüte Bonbons" findet sich im Hessischen Lehrplan für die Jahrgangsstufe 6 nach G8[20] ebenso wie im Schulcurriculum Mathematik im Bereich „Stochastik - Grundbegriffe der Wahrscheinlichkeitsrechnung". In diesem Rahmen wird sowohl die Behandlung von Ereignissen bei ein- bzw. mehrstufigen Zufallsversuchen als auch die Betrachtung von Wahrscheinlichkeiten anhand von Diagrammen, insbesondere in Form von Wahrscheinlichkeitsbäumen explizit im Lehrplan genannt. In den bisherigen Stunden der Unterrichtseinheit „Wahrscheinlichkeitsrechnung" haben sich die Lernenden zunächst Grundbegriffe der Wahrscheinlichkeitsrechnung erarbeitet sowie zahlreiche Wahrscheinlichkeiten zu unterschiedlichen Zufallsexperimenten untersucht und berechnet. Anschließend wurden einfache mehrstufige Zufallsversuche mit Hilfe von Baumdiagrammen analysiert und ausgewertet.

In der heutigen Unterrichtsstunde sollen die Schülerinnen und Schüler ihre bisher erworbenen Kenntnisse anhand einer anschaulichen, handlungs- und produktorientierten Aufgabenstellung anwenden, üben und vertiefen. Dazu sollen die Schülerinnen und Schüler in heterogenen Kleingruppen die Wahrscheinlichkeiten der Farben in einer Tüte Bonbons berechnen und ihre Ergebnisse anschließend als Diagramm darstellen. Dabei ergeben sich vielfältige Möglichkeiten zum Kommunizieren, Argumentieren, zum Lösen von Problemen und zum Darstellen von stochastischen Sachverhalten. Die gewählte offene Aufgabe ermöglicht nicht nur ein kreatives und individualisiertes Lernen, sondern bietet auch die Möglichkeit eines differenzierenden Unterrichts (vgl. Methodische Überlegungen).[21]

---

20 HESSISCHES KULTUSMINISTERIUM. Lehrplan Mathematik – Gymnasialer Bildungsgang [2008], S. 15. Siehe www.kultusministerium.hessen.de

21 LEUDERS, T. Mathematik-Didaktik [2005], S. 128

Das gewählte Thema stellt zudem eine hohe Schülerrelevanz dar, da die Lebenswelt der Lernenden viele vom Zufall bestimmte Phänomene umfasst und jeder Schülerin und jedem Schüler das zufällige Ziehen aus einer Tüte Bonbons aus dem Alltag bekannt ist. Zufällige Ereignisse begegnen den Schülerinnen und Schülern somit täglich sowohl in der Natur als auch in zahlreichen Glückspielen wie Würfelspielen, Lotterie oder Kartenspielen. Darüber hinaus werden die Lernenden im Alltag ständig von Diagrammen und Prognosen aufgrund statistischer Daten in verschiedenen Medien konfrontiert. Weitere gesellschaftsrelevante Problemstellungen aus der Stochastik finden sich beispielsweise in Testverfahren der Medizin, in der Konzeption von Versicherungen oder bei der Qualitätskontrolle von technischen Prozessen. Neben der Entwicklung von Problemlösestrategien und Entscheidungshilfen bei Zufallsexperimenten soll diese Stunde auch einen Beitrag leisten, dass die Schülerinnen und Schüler einen kritischen Umgang mit Glückspielen und statistischen Daten insbesondere in Form von Diagrammen erlernen können.

5 Methodische Überlegungen

Um während der gesamten Unterrichtsstunde ein hohes Maß an Motivation bei den Schülerinnen und Schülern zu bewirken, so dass sich alle Lernenden aktiv am Unterrichtsgeschehen beteiligen, habe ich mich für den folgenden anschaulichen **Einstieg** entschieden: Zu Beginn der Stunde liest eine Schülerin oder ein Schüler einen Brief einer Bonbonfabrik vor, der zur Veranschaulichung auf einer Folie abgebildet wird. In diesem Brief wird die Lerngruppe dazu aufgerufen, ein Diagramm zu entwerfen, das die „Wahrscheinlichkeitsverteilung" der Farben in einer Tüte Bonbons darstellt. Mit Hilfe dieses motivierenden Einstiegs beabsichtige ich, das Interesse und die Neugier der Lernenden zu wecken, um die Aufmerksamkeit auf folgende ergebnisoffene Aufgabenstellung zu lenken: „Wir stellen die Wahrscheinlichkeitsverteilung der Farben in einer Tüte Bonbons als Diagramm dar".

Als alternatives Stundenthema könnte man die Schülerinnen und Schüler ein Zufallsexperiment, zum Beispiel „Das zufällige Ziehen eines Bonbons aus einer Tüte", durchführen und die relativen Häufigkeiten darstellen lassen, die anschließend mit den berechneten Wahrscheinlichkeiten verglichen werden könnten. Da dieses Konzept zu viel Zeit in Anspruch nehmen würde, habe ich mich jedoch dagegen entschieden.

Um neben dem selbstgesteuerten, kooperativen und entdeckenden Lernen auch die Motivation der Lernenden zu fördern (vgl. Lerngruppenanalyse), sollen die Schülerinnen und Schüler in der **Erarbeitung** selbstständig in Gruppen eine Tüte Bonbons untersuchen, wobei sie die berechneten Wahrscheinlichkeiten zunächst in einer Tabelle systematisch erfassen. Anschließend sollen die Gruppen ein geeignetes Diagramm auswählen und ihre Ergebnisse graphisch überzeugend auf einem Plakat darstellen. Damit sich die Lernenden in der Gruppenarbeitsphase untereinander austauschen bzw. gegenseitig helfen können und darüber hinaus ihre Kompetenzen hinsichtlich der Kommunikation und Kooperation gefördert werden, teile ich die Lernenden in Absprache mit den Schülerinnen und Schülern in der Erarbeitungsphase in sechs und in der Ergebnissicherung in vier heterogene Kleingruppen ein (vgl. Lerngruppenanalyse). Da die Gestaltung der Plakate sehr zeitaufwändig ist, habe ich mich dazu entschieden, dass die Schülerinnen und Schüler eine Tabelle in Form eines vorstrukturierten Arbeitsblatts erhalten und als weiteres Hilfsmittel den Taschenrechner einsetzen können (vgl. Sachanalyse). Aufgrund der

Liebe Bonbon-Freunde

Wir erhalten momentan viele Kundenbeschwerden. Die Käufer unserer Bonbons beschweren sich, dass sie beim zufälligen Hineingreifen in eine Tüte Bonbons nur selten ihre Lieblingsfarbe erwischen. Deshalb wollen wir viele Bonbontüten untersuchen und vergleichen. Dazu brauchen wir ein Diagramm, das die Wahrscheinlichkeitsverteilung der Farben in einer Tüte Bonbons darstellt.

Habt ihr vielleicht eine tolle Idee, wie so ein Diagramm aussehen könnte?

Dann schickt eure Idee zu uns!

Eure Bonbonfabrik

Abbildung 5: Einstiegsfolie

unterschiedlichen Farbzusammensetzung in jeder Tüte Bonbons sind die berechneten Wahrscheinlichkeiten in jeder Kleingruppe verschieden (vgl. Sachanalyse), so dass eine Ergebnissicherung an dieser Stelle auch aus Zeitgründen wenig sinnvoll erscheint. Um möglichst viele kreative und unterschiedliche Diagramme zu erhalten, wurde bewusst eine sehr offene Aufgabenstellung gewählt, so dass die Kleingruppen nicht nur die Darstellungsform des Diagramms und der Wahrscheinlichkeiten (vgl. Sachanalyse), sondern auch die Gestaltung der Plakate selbst bestimmen können. Auf diese Weise ermöglicht die gewählte offene Aufgabenstellung zugleich eine innere Differenzierung (vgl. Didaktische Überlegungen), so dass die Kleingruppen entsprechend ihrem Leistungsvermögen und ihrem Arbeitstempo unterschiedliche Vorgehensweisen bzw. Diagramme individuell entwickeln können.

Alternativ zu meinem Vorgehen könnte man das zweimalige Ziehen aus einer Tüte Bonbons in Form eines „Nimm2-Spiels“ als zweistufiges Baumdiagramm darstellen lassen oder unterschiedliche Diagramme arbeitsteilig in Kleingruppen entwickeln. Dies würde ebenfalls gewährleisten, dass unterschiedliche Plakate entstehen. Auch die Berechnung und Darstellung der möglichen Farbkombinationen bei einem „Nimm2-Spiel“ wären an dieser Stelle denkbar. Die genannten Alternativen hätten allerdings eine eher geschlossene Aufgabenstellung zur Folge, wodurch die Kreativität und die Selbstbestimmung der Lernenden maßgeblich beeinflusst werden würde, so dass ich mich gegen diese Alternativen entschieden habe. Als weitere Alternative könnten die Schülerinnen und Schüler auch mit Hilfe einer Mathematik-Software Diagramme erstellen. Da die Lerngruppe jedoch über keine Grundkenntnisse im Erstellen von Diagrammen mit einer Mathematik-Software verfügt, habe ich mich dagegen entschieden.

In der anschließenden **Ergebnissicherung** sollen die unterschiedlichen Gruppenergebnisse präsentiert und analysiert werden. Eine Gruppenpräsentation der Plakate vor der Klasse scheint aus praktischen Gründen wenig sinnvoll, da zum Beispiel einige Plakate vermutlich eine zu kleine Schriftgröße aufweisen würden. Außerdem könnten aus Zeitgründen und um einer Monotonie entgegenzuwirken nicht alle Plakate präsentiert werden. Infolgedessen habe ich mich dazu entschieden, dass sich die Lernenden die im Klassenraum aufgehängten Plakate während eines Museumsrundgangs in neu gebildeten Mischgruppen in Form eines Gruppenpuzzles gegenseitig präsentieren. Damit die Gruppeneinteilung zügig und reibungslos verläuft, erhält jede Kleingruppe eine durchnummerierte Sitzordnung. Resultierend aus der ersten Gruppenzusammensetzung ergeben sich somit vier heterogene Mischgruppen mit je sechs bzw. fünf Schülerinnen und Schülern, so dass sich bis auf eine Ausnahme in jeder Mischgruppe ein Experte befindet. Alle anderen möglichen Einteilungen würden zwangsläufig dazu führen, dass entweder die Anzahl der zu präsentierenden Plakate oder die Gruppengröße in der Erarbeitungsphase zunimmt.

Der Museumsrundgang in Form eines Gruppenpuzzles bietet gegenüber der Gruppenpräsentation vor der Klasse den Vorteil, dass alle Plakate ausreichend gewürdigt werden und zudem eine hohe Schüleraktivität erreicht werden kann,[22] da jede Schülerin und jeder Schüler als Experte sein eigenes Plakat den Mitschülern präsentieren soll (Minimalziel). Darüber hinaus können langatmige Wiederholungen und Hemmungen beim Präsentieren vor der gesamten Lerngruppe (vgl. Lerngruppenanalyse) möglicherweise vermieden werden. Alternativ wäre an dieser Stelle auch eine Bewertung der Plakate mit Hilfe von Klebepunkten denkbar. Im Hinblick auf die Bedürfnisse der Lernenden (vgl. Lerngruppenanalyse) habe ich mich in dieser Stunde jedoch bewusst für das Einüben von Präsentationen entschieden.

Im Anschluss an den Museumsrundgang erfolgt eine Zusammenfassung und Auswertung der Gruppenergebnisse im Plenum (Stundenziel). Als vertiefende Übung sollen die Schülerinnen und Schüler in der **didaktischen Reserve** allgemeine Kriterien zur Bewertung von Diagrammen in Partnerarbeit entwickeln und diese notieren (Maximalziel).

22 BARZEL, B, BÜCHTER, A., et al. Mathematik-Methodik [2007], S. 164f.

6 Verlaufsplan des Unterrichts[23]

Phase	Inhalt	Methode/ Sozialform	Medien/ Material
Einstieg	Brief der Bonbonfabrik	SA	OHP, Folie
Hinführung	Wir stellen die Wahrscheinlichkeitsverteilung der Farben in einer Tüte Bonbons als Diagramm dar.	LV	Tafel
Erarbeitung	Die Schülerinnen und Schüler berechnen in heterogenen Kleingruppen die Wahrscheinlichkeiten der Farben in einer Tüte Bonbons und notieren ihre Ergebnisse.	GA	6 Tüten Bonbons, Arbeitsblatt, Taschenrechner, Plakate,...
	Die Schülerinnen und Schüler entwickeln und gestalten ein geeignetes Diagramm zur graphischen Darstellung ihrer Ergebnisse.	GA	
Sicherung	Die Schülerinnen und Schüler präsentieren sich gegenseitig im Museumsrundgang ihre Plakate und analysieren diese.	GA	erstellte Plakate
Minimalziel, Stundenziel	Auswertung der Gruppenanalysen	UG	
Didaktische Reserve	Die Schülerinnen und Schüler erarbeiten allgemeine Kriterien zur Bewertung von Diagrammen und notieren diese.	PA	OHP, Folie, Heft
Maximalziel	Zusammenfassung der Kriterien	SA / UG	OHP, Folie

Weiteres Material auf CD-ROM unter dem Stichwort „Bonbonfarben"

23 LV - Lehrervortrag, SA - Schüleraktivität, UG - Unterrichtsgespräch, GA - Gruppenarbeit, PA – Partnerarbeit, AB - Arbeitsblatt, OHP - Overheadprojektor

Kristin Kromrei

Schweinchen würfeln

Schweinchen als Würfel
Bernoulli-Experiment
„schätzen, spielen
und mathematisieren“

Ein dreistufiges Zufallsexperiment

Zentrum der Stunde: Ein spielerisches Anwendungsproblem im Dreiklang von „schätzen, spielen und mathematisieren“ wird in selbstständiger Gruppenarbeit aufgearbeitet. Es führt zu einer vertiefenden Auseinandersetzung mit Bernoulli-Experimenten.

1 Zur pädagogischen Situation der Lerngruppe

Die Klasse 10b besteht aus 18 weiblichen und acht männlichen Schülern[24] und wird von mir das zweite Jahr eigenverantwortlich in Mathematik unterrichtet. Zu den vier Stunden Mathematik pro Woche sind seit diesem Schuljahr noch zwei Unterrichtsstunden Sport hinzugekommen. Das Verhältnis zwischen den Schülern und mir empfinde ich als sehr angenehm, was sich in einer entspannten und produktiven Arbeitsatmosphäre und einem durch Offenheit geprägten Gesprächsklima ausdrückt, in der sich auch leistungsschwächere Schüler nicht scheuen Fragen zu formulieren. Schwierigkeiten werden offen benannt und die Schüler sind gewohnt, sich mit gegenseitiger Unterstützung und einem freundlichen Umgangston beiseite zu stehen, wodurch Gruppenarbeiten besonders gut gelingen (vgl. Methodische Schwerpunktsetzung). Dies steht sicherlich auch im Zusammenhang mit der insgesamt als sehr positiv hervorzuhebenden Lern- und Mitarbeitsbereitschaft der Gruppe. Eine pubertäre Lebhaftigkeit sorgt in offenen Unterrichtsphasen schnell für eine erhöhte Geräuschkulisse. Solange die Gespräche themenbezogen sind und ein konzentriertes Arbeiten möglich ist, wird dies zugunsten des regen Austausches toleriert.

Das grundlegende Lehr-Lernproblem der Heterogenität der Leistungsfähigkeit innerhalb der Gruppe wird im Bereich „Stochastik“ nicht so zum Tragen kommen wie sonst, da die unterrichtliche Auseinandersetzung in den vorherigen Jahrgangsstufen eher sporadisch stattfand. Die individuellen kognitiven Lernvoraussetzungen, die von „sehr gut“ bis „mangelhaft“ reichen, werden daher leistungsbestimmender sein als das tatsächliche Vorwissen zur Stochastik. Vier Mädchen und fünf Jungen können als die Leistungsträger der Lerngruppe und vier Schülerinnen sowie ein Schüler als leistungsschwach angesehen werden (vgl. Methodische Schwerpunktsetzung).

Die Methodenkompetenz der Schüler ist gut ausgebildet, Gruppen-, Partner- und Stationsarbeit sowie Präsentationen werden engagiert und gründlich durchgeführt. Allgemein gelingen Gruppenarbeiten inhaltlich besonders gut, wenn die Schüler sich frei zusammenfinden. Da hierbei

24 Mit der Bezeichnung „Schüler“ sind im Folgenden stets Schülerinnen und Schüler gemeint. Im Interesseeiner flüssigen Lesbarkeit wird die weibliche Form nicht extra aufgeführt.

meistens leistungsheterogene Gruppenzusammenstellungen entstehen, wird diesbezüglich außer der Gruppengröße wenig vorgegeben. Der Heterogenität wird durch binnendifferenziert strukturierte Gruppenaufträge entsprochen. Um allen Gruppenmitgliedern gerecht zu werden, sollen mit Hilfe eines methodischen Dreiklangs die unterschiedlichen Lernstile angesprochen werden, so dass sich jeder Schüler entsprechend seinen Kompetenzen einbringen kann. Durch vereinzelte räumliche[25] Vorgaben entsteht auch zwischen den Gruppen eine leichte Leistungsheterogenität und zwar zu dem Zweck, dass die mathematische Modellierung der Aufgabe arbeitsteilig bearbeitet werden kann (vgl. Methodische Schwerpunktsetzung). In Gesprächsphasen ist die Lerngruppe aufmerksam, jedoch ist nur etwa die Hälfte der Schüler aktiv, daher wird den eher zurückhaltenden Schülern durch die Gruppenarbeit die Möglichkeit gegeben, ihre Ideen in kleineren Gruppen auszutauschen, bevor sie im Plenum besprochen werden.

Um die Schüler für die mathematischen Inhalte des Problems zu motivieren und deren Relevanz zu verdeutlichen, wurde eine anwendungsbezogene Aufgabe gewählt, deren Inhalte eine spaßvolle Auseinandersetzung initiieren sollen (vgl. Didaktische Überlegungen).

2 Entscheidungsfelder des Unterrichts

2.1 Allgemein didaktische Überlegungen zur Stunde und Stellung der Stunde im Rahmen der Unterrichtseinheit

Im Zuge des Spiralcurriculums ist im Lehrplan Mathematik[26] (G9) in der Jahrgangsstufe 10 eine Vertiefung der in Klasse 7 eingeführten mehrstufigen Zufallsversuche vorgesehen. Der Lernstand der Schüler bezüglich mehrstufiger Zufallsversuche zu Beginn der Einheit basierte auf Abzählvorgängen für einfache zweistufige Experimente, d.h. die absoluten Häufigkeiten wurden im Verhältnis zu den möglichen Häufigkeiten betrachtet und so die relativen Häufigkeiten bestimmt. Der Begriff und die grundlegenden Regeln (Additions- und Pfad-Multiplikationssatz) zur Berechnung von Wahrscheinlichkeiten bei mehrstufigen Laplace- oder Bernoulli-Zufallsexperimenten mussten noch eingeführt werden. Nachdem die Schüler in den vorherigen Stunden deren Inhalt und Anwendung an eher theoretischen Aufgaben herausgefunden und geübt haben, wird in der heutigen Stunde ein komplexerer anwendungsorientierter Zugang gefordert. Wie im Übergangsprofil des Lehrplans von der Mittel- zur Gymnasialen Oberstufe für die „Stochastik" gefordert, soll in realitätsbezogenen Kontexten die „Fähigkeit zur Abbildung einer vorliegenden Situation auf ein bekanntes Modell (...) durch Veranschaulichung von Zählvorgängen mittels Baumdiagramm, durch systematisches Probieren mit reduzierten Anzahlen und induktives Erschließen des Ergebnisses"[27] geschult werden. Diesen Anforderungen entspricht der auf eine kompetenzorientierte und damit anwendungs- und realitätsbezogene Aufgabe anzuwendende Dreiklang „schätzen, spielen, mathematisieren". Nach der Abschätzung der Gewinnwahrscheinlichkeiten wird durch das Nachspielen der Problemstellung experimentelles Datenmaterial gewonnen. Die Mathematisierung von einer realen Aufgabe hin zu dem mathematischen Modell des „mehrstufigen Bernoulli-Zufallversuchs" ergibt sich trotz der Aus-

25 Wie beispielsweise der Vorgabe, dass die „Fensterreihen-Tische" untereinander Gruppen bilden.

26 vgl. HESSISCHES KULTUSMINISTERIUM. Rahmenplan Mathematik für den gymnasialen Bildungsgang G9 (Sekundarstufe I) [2003], S. 40f.

27 ebd. S. 34.

wertung der Daten als Konsequenz zur weiteren Überprüfung der ursprünglichen Vermutung. Das selbstständige mathematische Modellieren im Sinne des mathematischen Modellierungskreislaufs[28] nach BLUM/LEIß, was als eine der Schlüsselkompetenzen der mathematischen Bildungsstandards[29] angesehen wird, wird im Zuge des jeweils zugeteilten Gruppenauftrags differenziert geübt und durch angebotene Hilfekarten unterstützt (vgl. Methodische Schwerpunktsetzung).

Gegenstand der Stunde ist zu entscheiden, welche Spielvariante mit ihren speziellen Regelungen für das Gewinnen bei gleichem Spielverlauf fairer ist. Es geht um eine Abwandlung des altertümlichen ländlichen Spiels „Schweinerei", bei dem eine Person versuchte nacheinander drei Schweine so aus dem Gleichgewicht zu bringen, dass sie anschließend auf der Seite lagen. Im Zuge des Tierschutzes wird das Spiel nur noch symbolisch mit kleinen Plastikschweinchen gespielt. So oder so ist von niemandem aus der Lerngruppe eine Nachahmung zu erwarten. Die Frage ist, ob es wahrscheinlicher ist durch die „Attacken" auf die Schweine „zwei von den drei Schweinen in Seitenlage zu bringen" oder dass „mindestens eins der drei Schweine ein Kunststück macht". Mit „Kunststück" ist in diesem Zusammenhang gemeint, dass das Schwein sich irgendwie halten kann und nicht auf der Seite landet (vgl. Sachstrukturanalyse).

Zusätzlich zu den bereits oben genannten Aspekten sprechen folgende weitere Perspektiven für die Bearbeitung dieser Aufgabe: Das gedankliche Erfassen der Modalitäten der beiden Varianten und die Abschätzung von deren Gewinnwahrscheinlichkeiten schulen das Eindenken in Aufgabenstellungen, das Durchspielen der Aufgabe zur selbsttätigen Erhebung experimentellen Datenmaterials wird neben der Einführung einer neuen wissenschaftlichen Arbeitsweise vor allem die Motivation der Schüler bezüglich der Problemlösung steigern. Das Kreieren eines Baumdiagramms erhöht die Übersichtlichkeit und initiiert einen Veranschaulichungsprozess. Insgesamt bietet die Aufgabe die Möglichkeit eines vernetzten Lernens[30] durch die Anwendung von Bekanntem und Neuem.

In der heutigen Stunde liegt der Schwerpunkt auf einer handelnden Auseinandersetzung, anhand deren verschiedenen Ergebnisebenen der Vermutung, der Empirie und der Rechnung, sehr gut die Bedeutungen der formalen Begrifflichkeiten veranschaulicht werden können. In den kommenden Stunden sollen die gewonnen Erkenntnisse zu den Inhalten und Methoden der heutigen Stunde thematisch aufgenommen und vertieft werden, indem möglichst verschiedene Aspekte zu mehrstufigen Zufallsversuchen ergründet werden. Der Inhalt der Hausaufgabe wird sich aus dem gewählten Stundenausstieg (vgl. Verlaufsplan) ergeben. In jedem Fall soll die Motivation der Schüler für diese Aufgabe noch über diese Stunde hinaus, für eine vertiefende und selbstständige Auseinandersetzung zum Thema, genutzt werden.

28 vgl. BLUM, W.; LEISS, D. Modellieren im Unterricht mit der Tanken-Aufgabe. In: mathematik lehren [2005]

29 vgl. BLUM, W.; DRÜKE-NOE, C., et al. Bildungsstandards Mathematik: konkret [2006], S. 40ff.

30 vgl. HESSISCHES KULTUSMINISTERIUM. Rahmenplan Mathematik für den gymnasialen Bildungsgang G9 (Sekundarstufe I) [2003], S. 3.

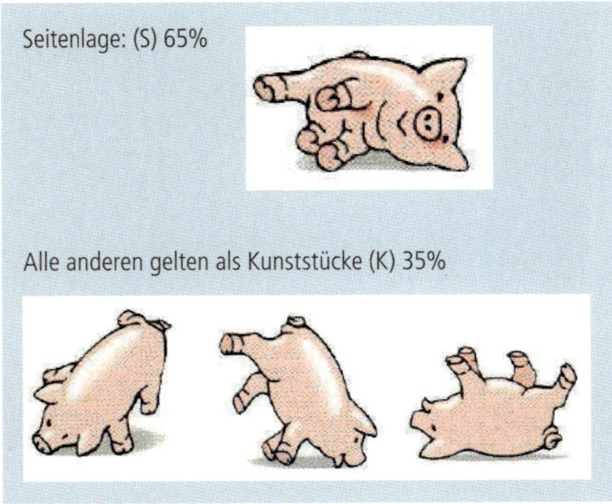

Abbildung 6: Wahrscheinlichkeiten für die Lageposition der Schweine

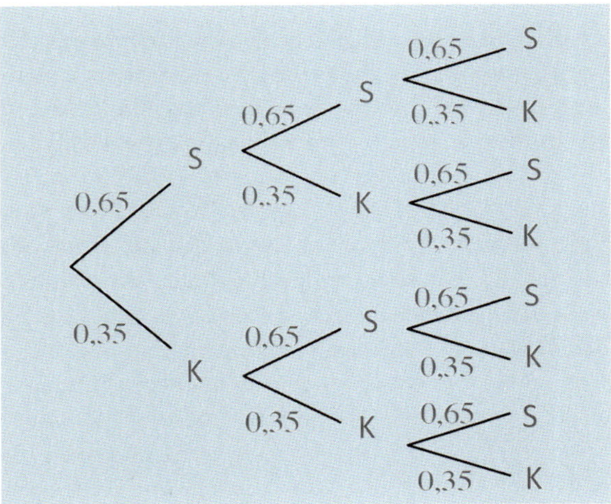

Abbildung 7: Baumdiagramm des Zufallsversuchs

3 Sachstrukturanalyse

Zum mathematischen Modellieren der oben beschriebenen Aufgabe[31] werden folgende Kompetenzen benötigt: Die Erstellung des nachfolgend abgebildeten Baumdiagramms unter richtiger Zuordnung der „Ast“-Wahrscheinlichkeiten, die Erkenntnis, welche Ergebnisse (die jeweiligen Pfade) die geforderten Ereignisse (Aufgabenstellung) enthalten und die Anwendung der Pfadregel sowie des Additionssatzes beim Berechnen der Wahrscheinlichkeiten[32].

Pfadregel[33]:

die Wahrscheinlichkeiten eines Pfades werden multipliziert

Additionssatz:

die Wahrscheinlichkeiten mehrere Pfade werden addiert

31 Das Spiel „entspricht“ einer Bernoulli-Kette, die Ausgänge der drei Stufen beeinflussen sich gegenseitig nicht.

32 Die Wahrscheinlichkeit für die Plastikschweine wurde durch sehr hohe Wiederholungszahlen als Grenzwert für die relative Häufigkeit ermittelt. Aus SMART AUFGABENSAMMLUNG. Häufigkeit, Wahrscheinlichkeit

33 vgl. LAMBACHER-SCHWEIZER. Stochastik [2003], S. 13.

Berechnung der Wahrscheinlichkeiten:

Variante mit Ereignis A: „2 von 3 in Seitenlage“
P(A) = P(2 von 3 in Seitenlage)
= P(2 in Seitenlage und 1 macht Kunststück)

$$= \underbrace{3}_{\text{mögliche Pfade}} \cdot \underbrace{0{,}65 \cdot 0{,}65}_{\text{2 in Seitenlage}} \cdot \underbrace{0{,}35}_{\text{1 Kunststück}} = 44{,}36\%$$

Variante mit Ereignis B: „höchstens 1 von 3 macht Kunststück“
P(B) = P(höchstens 1 von 3 macht Kunststück)
= P(0 oder 1 von 3 macht Kunststück)
= P(0 von 3 macht Kunststück) + P(1 von 3 macht Kunststück)
= P(3 von 3 in Seitenlage) + P(1 macht Kunststück und 2 in Seitenlage)

$$= \underbrace{0{,}65 \cdot 0{,}65 \cdot 0{,}65}_{\text{3 in Seitenlage}} + \underbrace{3}_{\text{mögliche Pfade}} \cdot \underbrace{0{,}65 \cdot 0{,}65}_{\text{2 in Seitenlage}} \cdot \underbrace{0{,}35}_{\text{1 Kunststück}} = 71{,}83\%$$

Somit ist rechnerisch bewiesen, dass die Gewinnwahrscheinlichkeit bei den Modalitäten der Variante B deutlich größer ist. Es ist davon auszugehen, dass die relativen Häufigkeiten beim Spielen ebenfalls eine Bevorzugung der Regeln der Variante B veranlassen werden, da durch den erheblichen Größenunterschied der Wahrscheinlichkeiten die absoluten Häufigkeiten dem voraussichtlich gerecht werden.

Schwierigkeiten für ein selbstständiges Problemlösen könnten evtl. in der Formulierung des Ereignisses B mit „höchstens“ und der Erstellung des Baumdiagramms begründet sein. Werden diese korrekt umgesetzt, sollten die Wahrscheinlichkeiten zu berechnen sein. Um den Lösungsprozess an Schlüsselpunkten zu unterstützen, werden Aufgabenzettel verteilt und abgestufte Lernhilfen angeboten.

3.1 Methodische Schwerpunktsetzung

Der Dreiklang von Vermutungen aufstellen, experimentieren und mathematisieren verdeutlicht den Schülern nicht nur die besonderen didaktisch-methodischen Möglichkeiten der Stochastik, sondern spricht zudem verschiedene Lernstile an. Die aufgabenbezogenen Chancen der einzelnen Teilaspekte wurden bereits in der Didaktischen Analyse hervorgehoben. Die selbstständige aktive Auseinandersetzung mit den drei Teilbereichen und deren Arbeitsaufträgen ermöglicht allen Schülern einen schwierigkeitsdifferenzierten Beitrag, so dass sich jeder Schüler der Gruppe einbringen kann. Der heterogenen Gruppenzusammensetzung wird somit binnendifferenzierend entsprochen.

Die methodische und pädagogische Entscheidung für die Gruppenarbeit begründet sich auf dem Ziel einer selbstständigen und aktiven Auseinandersetzung mit den Inhalten. Die gemeinschaftlichen Arbeitsformen fördern zudem die Kommunikations- und Kooperationsfähigkeit der Schüler, indem Lösungswege und Ideen gemeinsam erarbeitet, reflektiert und gegebenenfalls wieder verworfen werden. Den Schülern wird neben der Anwendung ihres Wissens außerdem die Möglichkeit geboten „zu lernen wie mathematisches Wissen gewonnen, aufgearbeitet

Arbeitsauftrag 1

Teilt die 6 Schweinchen so auf, dass immer 2 von euch zusammen 3 Schweinchen bekommen.

Ihr werft die 3 Schweinchen gleichzeitig und unterscheidet ihre Landeposition. Entweder sie liegen auf der Seite oder sie machen ein Kunststück (alle anderen Positionen)

- Die einen beiden notieren wie oft das Ereignis A eintritt.
- Die anderen beiden notieren wie oft das Ereignis B eintritt.
- Beide Gruppen wiederholen den Versuch bitte 20mal.

Für Ereignis A: schneidet den blauen Streifen so ab, dass er die Anzahl des Auftretens des Ereignisses A wiedergibt.

Für Ereignis B: schneidet den roten Streifen so ab, dass er die Anzahl des Auftretens des Ereignisses B wiedergibt.

Arbeitsauftrag 2

1) Berechnet gemeinsam die Wahrscheinlichkeit für das Ereignis B.
2) Übertragt eure Ergebnisse etc. auf Folie.
3) Wenn ihr damit fertig seid, schreibt euer Ergebnis (ohne Rechnung) an die Tafel. Steht dort schon ein Ergebnis, hakt es ab oder schreibt eures dahinter.

Abbildung 8: Arbeitsaufträge

und der Lerngruppe (hier den Gruppenmitgliedern) präsentiert werden kann“[34], so dass ein vielseitiges Lernen auch durch Lehren gefördert wird. In diesem Zusammenhang werden außerdem die sozialen Kompetenzen der Schüler gefordert, indem sie ihre Erkenntnisse so aufbereiten, dass alle Schüler ihrer Gruppe daraus Nutzen ziehen können. Bei der Aufteilung der Gruppen entstehen relativ leistungsheterogene Gruppen, in denen jedoch mindestens immer einer der leistungsstärkeren Schüler ist. Da die Einteilung bereits vor der Stunde feststeht und das arbeitsteilige Vorgehen in der Handlungsphase II schwierigkeitsdifferenzierte Aufgaben ermöglicht, werden die Aufgaben entsprechend ihres Schwierigkeitsgrades den Gruppen zugeteilt. So bekommen die drei vermeintlich leistungsschwächeren Gruppen die Berechnung der Wahrscheinlichkeit „zwei von drei Schweine in Seitenlage“ und die anderen drei Gruppen die andere Wahrscheinlichkeit zur Aufgabe. Deren Anforderung ist dadurch erhöht, dass aufgrund der Formulierung noch zwischen keinem und einem Kunststück unterschieden werden muss. Die Arbeitsaufträge sind wie oben erläutert auf die Gruppen abgestimmt und müssten aufgrund ihrer Strukturierung und den abgestuften Lernhilfen gut zu bewältigen sein.

Die erste Sicherungsphase dient dem Zusammentragen der experimentell gewonnenen Daten zu einer Gesamtzahl für die absoluten Häufigkeiten sowie der darauf basierenden Festlegung der relativen Häufigkeiten im Plenum. Neben der Erinnerung an die mathematisch korrekten Begrifflichkeiten wird so zusätzlich eine Diskussion um die Aussagekraft der Versuchsreihe bzw. die Notwendigkeit des Berechnens initiiert. Die zweite Sicherungsphase am Ende soll ebenfalls möglichst selbstständig von den Schülern geleitet werden. Die Gruppen sollen sich bei unterschiedlichen Ergebnissen in einer Diskussion anhand der Baumdiagramme und Rechenwege, die auf Folien zu übertragen waren, im Plenumsgespräch einigen. Sollte aufgrund des Stundenverlaufs der erste Ausstieg gewählt werden, werden erst einmal die „beiden Bäume“ zur Berechnung der Wahrscheinlichkeiten auf Unterschiede und Gemeinsamkeiten verglichen. Durch das Einzeichnen der günstigen Pfade wird anschließend verdeutlicht, dass die Pfade bei der Wahrscheinlichkeit „zwei von drei Schweinen landen auf der Seite“ alle auch Teil der

34 HESSISCHES KULTUSMINISTERIUM. Rahmenplan Mathematik für den gymnasialen Bildungsgang G9 (Sekundarstufe I) [2003], S. 2.

Hilfe 1

- Welche Positionen kann ein Schweinchen einnehmen?
- Welche Buchstaben gehören in den Baum?
- Beide Gruppen wiederholen den Versuch bitte 20mal.

Hilfe 2

- Wie viele Stufen hat das Experiment?
- Schreibt die Wahrscheinlichkeiten an die Äste.

Hilfe 3

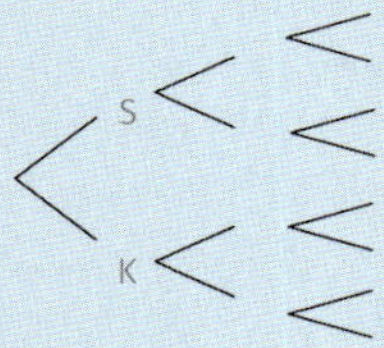

Hilfe 4

- Markiert alle Pfade, die zu dem gesuchten Ereignis gehören.
- Was bedeutet „höchstens ein Kunststück"?

Hilfe 5

- Berechnet erst jeweils die Wahrscheinlichkeiten für die einzelnen Pfade, dann
- Wahrscheinlichkeiten der günstigen Pfade zusammenzählen.

Abbildung 9: Hilfekärtchen

Pfade für die Wahrscheinlichkeit „höchstens ein Schwein macht ein Kunststück" sind, wobei hier noch ein weiterer Pfad zur Lösung gehört und somit diese Wahrscheinlichkeit durch den Additionssatz auf jeden Fall größer ist. Diese theoretische Abschätzung als Lernziel ist sehr anspruchsvoll und schult die nachfolgend angegeben Ziele gleichermaßen wie das ursprüngliche Vorgehen.

Alternativ zu der ergebniszusammentragenden Sicherungsphase wären auch Lösungsplakate oder Vorlagen für Lösungszettel denkbar. Ebenso hätten die Schüler ihre Gruppenergebnisse aus der Arbeitsphase II anhand der Plakate oder Folien präsentieren können. In diesen Fällen hätten die anderen Gruppen deren Ergebnisse jeweils nur hinnehmen können, ohne sich mit der individuell benötigten Zeit in die Ergebnisse hineinzudenken. Das Festhalten der Baumdiagramme und der Ergebnisse auf Folien ermöglicht einen Ausstieg zu wählen, der die Rechenwege und -ergebnisse nicht vorwegnimmt und trotzdem zu der gewünschten Abschlussreflexion führt. In dieser soll neben einem Rückbezug zu den ursprünglichen Vermutungen und einem Vergleich der Ergebnisse der relativen Häufigkeiten und der Wahrscheinlichkeiten, letztendlich die Ausgangsfrage beantwortet werden. Die abschließende Zusammenfassung der Schüler zum Stundenablauf über einen Dreiklang von „vermuten, spielen, mathematisieren" eine methodische Annäherung an die Wahrscheinlichkeit eines Ereignisses durchlaufen zu haben, verdeutlicht die sukzessive Verbesserung der Ergebnisgenauigkeit. Die Wahrscheinlichkeiten auf ihre Fairness zu vergleichen ermöglicht neben der Auseinandersetzung mit dem Begriff zusätzlich einen schönen Übergang zu der Hausaufgabe. Diese ist entsprechend des Ausstiegs zu wählen und könnte beispielsweise die Angabe von Ereignissen verlangen, die „noch fairer" sind.

4 Lernperspektiven und Kompetenzen

Der didaktische Schwerpunkt der Stunde ist der Leitidee „Daten und Zufall" (L5) zuzuordnen und bezieht sich auf ein vertiefendes Verständnis von Bernoulli-Experimenten. In einer spielerischen Anwendung zur Lösung eines gestellten Problems im Dreiklang von „schätzen, spielen und mathematisieren" soll in selbstständiger Gruppenarbeit mehrstufige Zufallsexperimente aufgearbeitet werden.

4.1 Fach- und Methodenkompetenzen

Die Schüler sollen...

- in kooperativen Arbeitsformen die Modalitäten der Aufgabe klären und strukturieren (kommunizieren und mathematisch modellierend darstellen), sodass jeder Schüler eine, auf dem erstellten Realmodell (vgl. Modellierungskreislauf) basierende, eigene Vermutung abgeben kann (argumentieren) (K1, K3, K4 (A II), K6 (A I)),
- das Spiel visualisieren, sodass ein die Situation korrekt wiedergebendes, gut strukturiertes Baumdiagramm entsteht, das die Dreistufigkeit des Experiments verdeutlicht (mathematisch modellieren und darstellen) (K3, K4 (A II)),
- jeweils die Wahrscheinlichkeit für eine Gewinnsituation berechnen, indem sie die Ergebnisse der geforderten Ereignisse erkennen und die Pfadregel und den Additionssatz korrekt anwenden (Problem mathematisch lösen und formal berechnen) (K2, K5 (A I)),
- ihre Arbeitsergebnisse in übersichtlicher und sauberer Form darstellen (darstellen und kommunizieren) (K4 (A I), K6 (A II)),
- experimentelles Datenmaterial durch die exakte Durchführung und Aufzeichnung der Ergebnisse erheben (modellieren und darstellen) (K2, K3, K4 (A I)),
- im Gespräch alle gewonnen Informationen zur Lösung der Ausgangsaufgabe in Zusammenhang bringen und ihre ursprüngliche Vermutung überprüfen (kommunizieren und argumentieren) (K1, K6 (A II-III)).

4.2 Sozialkompetenzen

Die Schüler sollen ...

- die ergänzenden Ergebnisse der anderen Gruppen annehmen und bei Abweichungen anhand deren Aufzeichnungen nachvollziehen können (argumentieren) (K1 (A I)),
- üben kooperativ in heterogenen Kleingruppen zu arbeiten und sich untereinander Hilfen zu geben (kommunizieren) (K6 (A I)).

5 Verlaufsplan[35]

Phase	Inhalt	Sozialform	Medien
Einstieg *Spiel vorstellen, beraten,* *vermuten und sammeln*	• für den Hessentag soll das altertümliche Spiel „Schweinerei" wiederbelebt werden • 2 Gewinnvarianten vorstellen ➪ zu welchen Bedingungen würden Schüler lieber spielen? • die Gruppen diskutieren kurz • jeder Schüler gibt einen Tipp ab Vermutungen an Tafel sammeln	Plenum GA (4)	Tafel
Handlungsphase I *spielen experimentelles Datenmaterial erheben*	• je zwei Schüler pro Gruppe stellen die absoluten Häufigkeiten einer Gewinnvorgabe bei 15 Wiederholungen fest ➪ Strichlisten führen • Schüler schneiden der Häufigkeit entsprechend langen Papierstreifen ab	GA (2+2)	6 Schweine pro Gruppe, Papierstreifen zur Auswertung
Sicherung I	• entsprechende Papierstreifen werden hintereinander an die Tafel geklebt ➪ Feststellung der relativen Häufigkeiten • Klärung der Aussagekraft der Versuchsreihe ➪ Notwendigkeit des Berechnens	Plenum	Tafel
Handlungsphase II *mathematisieren Wahrscheinlichkeiten berechnen*	• in den Gruppen jeweils eine der Wahrscheinlichkeiten berechnen ➪ Baumdiagramm erstellen ➪ Wahrscheinlichkeiten berechnen ➪ abgestufte Hilfekarten am Lehrerpult • Gruppen die schnell mit ihrer Aufgabe fertig sind, übertragen ihre Mitschriften auf Folie	GA(4)	abgestufte Lernhilfen, Folien, Stifte
Möglicher Ausstieg 1			
Alternative zu Sicherung II	Handlungsphase I abbrechen und Folien mit Bäumen auflegen, Schüler günstige Pfade einzeichnen lassen ➪ Abschätzung möglich? ➪ Reflexion	Schüler-Vortrag, Plenum	Overheadprojektor

35 EA – Einzelarbeit, GA – Gruppenarbeit

Sicherung II	jeweils erste Gruppe schreibt ihr Ergebnis an Tafel ⇨ anderen haken ab oder schreiben ihr Ergebnis an ⇨ anhand des Baums (Folie) können die Wahrscheinlichkeiten überblickt und evtl. korrigiert werden	Plenum	Tafel, Overheadprojektor
Reflexion *Zusammenhang der Ergebnisse der verschiedenen Phasen*	• Rückbezug auf anfängliche Vermutungen • Vergleich relative Häufigkeiten und Wahrscheinlichkeiten ⇨ welche Bewertung ist vorzuziehen? • Beantwortung der Ausgangsfrage ⇨ Urkunden und Ausblick nächste Stunde ⇨ Hausaufgabe je nach Ausstieg	Plenum	
Didaktische Reserve	zu vorgegebenen Prozentzahlen die passenden Gewinnmodalitäten finden oder letztere auf ihre Fairness überprüfen	EA	

Weiteres Material auf CD-ROM unter dem Stichwort „Schweinchen_würfeln"

Dr. Wolfgang Neß

„Mensch ärgere Dich nicht"

Ein Spiel als Kontextbezug
Baumdiagramm
Excel-Auswertung

Dreistufiger Zufallsversuch

Zentrum der Stunde: Über die real gespielte Startsituation (drei Sechsen in Folge) verschaffen sich die Schülerinnen und Schüler Datenmaterial für eine Auswertung mit einem Tabellenkalkulationsprogramm (bis hin zur Diagrammerstellung). Einzelne Gruppenergebnissen werden zu einem Gesamtbild zusammengetragen, mit Excel ausgewertet und anschließend mathematisch durchdrungen und begründet.

1 Zur pädagogischen Situation

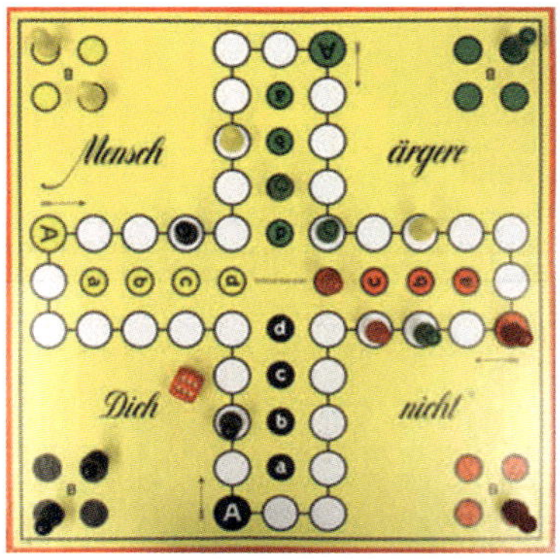

Die Klasse 6D besteht aus insgesamt 31 Schülern[36], wobei die Anzahl an Schülerinnen mit 24 sehr viel höher ist, als die Anzahl von 7 Jungen. Die Schüler dieser G8-Klasse sind zwischen 12 und 14 Jahre alt. Ich unterrichte diese Klasse eigenverantwortlich seit Februar 2008. Die heutige Stunde findet unmittelbar vor einer Religionsvergleichsarbeit statt.

Die Leistungen und die fachspezifische Motivation der Schüler gehen im Fach Mathematik sehr stark auseinander: Während einerseits drei Schülerinnen in Mathematikförderkursen arbeiten, gibt es andererseits zwei Schülerinnen, die im Schulbuch z. T. über 30 Seiten vorarbeiten. Der Notendurchschnitt von 3,0 bei einer Spanne von 1 bis 5 in der vor zwei Wochen geschriebenen Mathematikarbeit unterstreicht diese Leistungsspanne. Eine Schülerin ist im Februar neu hinzu gekommen und hat momentan große Schwierigkeiten, den schriftlichen Leistungsanforderungen gerecht zu werden. Auf diesen sechs Schüler soll im Unterricht besonderes Augenmerk liegen: Zum einen soll vermieden werden, dass die beiden leistungsstarken Schülerinnen bei einem neuen Thema gleich sämtliche zugehörige mathematischen Argumente nennen (trotzdem werden sie durch „Expertenaufgaben" auf den Arbeitsblättern gefördert). Zum anderen sollen die drei leistungsschwachen Schülerinnen und auch die neue Schülerin bei Gruppenarbeiten in wohlüberlegte Gruppen eingeteilt werden – dies ist bereits im Vorfeld durch geeignetes Umsetzen der Betroffenen weitestgehend abgesichert.

Insgesamt herrscht eine gute bis sehr gute Arbeitsatmosphäre, die manchmal durch zwei Schüler gestört wird. Derartige Störungen konnten jedoch in der Vergangenheit stets problemlos durch den Lehrer oder oft auch durch die Mitschüler beendet werden. Innerhalb der Klasse haben sich

36 An dieser Stelle sei darauf hingewiesen, dass der Verfasser dieses Unterrichtsentwurfs die mittlerweile üblichen, in den laufenden Text integrierten, femininen Schriftformen anerkennt, aber aus Gründen der Vereinfachung sowohl für die Leserin und den Leser als auch für den Verfasser auf diese Form im Folgenden verzichtet.

einige konkurrierende Kleingruppen auf Seiten der Mädchen entwickelt. Dieses Problem tritt insbesondere bei der Einteilung in Gruppen auf. In diesen Unterrichtsphasen äußerte eine Schülerin zuletzt mehrfach in lautem Ton, dass sie mit den beiden Schülerinnen XY nicht zusammentreffen und zusammenarbeiten möchte. Die genannten Schülerinnen zeigen seitdem abnehmendes Selbstbewusstsein. Laut Fleischmann und Rolletschek[37] können diese Verhaltensweisen als erste Anzeichen von Mobbing gedeutet werden. Diese Situation wurde von mir erst in der vorletzten Stunde erkannt und konnte bisher noch nicht zufriedenstellend gelöst werden. Fleischmann und Rolletschek schlagen als Lösungsansatz vor, nach Absprache mit dem Klassenlehrer auf beide Seiten Einfluss auszuüben und zunächst ein Schlichtungsgespräch anzustreben. Ziel ist der „gezielte Aufbau positiver Verhaltensweisen durch Verstärkung"[38]. Sollte sich hierbei kein Erfolg einstellen, so sollte das Thema auf der nächsten Klassenkonferenz und ggf. auch mit den betroffenen Eltern diskutiert werden. Ansonsten hat die Klasse ein sehr starkes Gemeinschaftsgefühl, das nur durch den ab und zu aufkommenden Konkurrenzdruck geschwächt wird.

Die Schüler sind an vielfältige Arbeitsformen (Stationen, Erstellung von Plakaten, Präsentationen durch Schüler, Arbeiten mit dem Buch, Lehrer- oder Schülervortrag, Erstellung von Diagrammen mit Excel usw.) und Sozialformen (Einzel-, Partner-, Gruppenarbeit) gewöhnt. Außerdem hat die Lerngruppe Erfahrungen mit problemorientiertem bzw. problemlösendem[39] und auch handlungsorientiertem Unterricht[40], sodass vielfältige Vorerfahrungen mit verschiedenen Unterrichtsmethoden vorliegen. Um eine verstärkte Routine in dem Leiten von Schülergesprächen zu erreichen und um die Schüler in der Mathematikstunde ankommen zu lassen, hat sich das Ritual des Kopfrechnens und Wiederholens bewährt: In alphabetischer Reihenfolge eröffnet ein (vom Lehrer vor Stundenbeginn an die Tafel notierter) Schüler die Stunde mit 3 bis 5 Kopfrechenaufgaben (basierend auf den Inhalten der letzten Stunden) und fordert anschließend die Mitschüler dazu auf, die gelernten mathematischen Kernideen der letzten Stunde zu nennen. Weitere bewährte Rituale wie „Fremdwort der Woche" oder „Bewegungspause in Mathe-Doppelstunden" usw. werden in der heutigen Stunde nicht durch den Lehrer aufgegriffen.

Der Umgang zwischen Schülern und Lehrer kann als respektvoll und zugleich locker bezeichnet werden. Es hat sich ein gutes Vertrauensverhältnis zwischen Lehrer und Schülern entwickelt, was an folgendem Beispiel verdeutlicht werden soll: Es war in letzter Zeit bei einigen Schülern zu beobachten, dass sie einen verkrampften und erschöpften Eindruck machten (insbesondere seit Rückgabe der Mathematikarbeit). Nach einem daraufhin initiierten Lehrer-Schüler-Gespräch zu dieser Beobachtung gehe ich davon aus, dass dies zum einen an dem starken Leistungsdruck durch einige Eltern und zum anderen an der enormen Vielzahl an Themen durch den G8-Mathematik-Lehrplan im Schuljahr 6 liegt.

Durch derartige Gespräche und auch durch andere vergleichbare Situationen fühle ich mich in der Lerngruppe als Mathematiklehrer respektiert und empfinde den Kontakt zu den Schülern als sehr positiv.

37 FLEISCHMANN, S.; ROLLETSCHEK, H. Was tue ich, wenn ...? [2007], S. 141

38 FLEISCHMANN, S.; ROLLETSCHEK, H. Was tue ich, wenn ...? [2007], S. 142

39 MEYER, H. Unterrichtsmethoden I. [1994], S. 183f.

40 vgl. JANK, W.; MEYER, H. Didaktische Modelle [2009]; BOVET, G.; HUWENDIEK, V., et al. Leitfaden Schulpraxis [2006], S. 47ff.

2 Lernmöglichkeiten und Kompetenzen

Das didaktische Zentrum der heutigen Stunde ist die Weiterentwicklung von Sach- und Methodenkompetenzen, wobei die Schüler ein dreistufiges Zufallsexperiment verstehen, begreifen, ausprobieren, dokumentieren und untereinander besprechen sollen. Außerdem ist die Sozialkompetenz der Schüler gefordert, da sie in Kleingruppen den Zufallsversuch durchführen und sich dabei innerhalb der Gruppe selbstständig organisieren werden. Fähigkeiten und Kenntnise aus den Bereichen der Selbstkompetenz werden auch benötigt, diese sind jedoch im Hinblick auf das heutige Thema eher sekundär und werden deshalb nicht explizit genannt.

2.1 Methodenkompetenzen

Die Schüler sollen die vorgegebene Problemstellung und die zugehörige Dokumentationstabelle des Zufallsversuchs verknüpfen. Auf dieser Basis sollen sie ihre gesammelten Daten in eine für alle Schüler zugängige Exceldatei eingeben und das daraus resultierende Säulendiagramm sinnvoll interpretieren. Die Schüler sind in dieser Stunde also angehalten

- den Transfer von der enaktiven zur ikonischen Ebene in Gruppenarbeit zu vollziehen,
- ihre Kompetenzen im Hinblick auf die Informationsentnahme aus Säulendiagrammen zu schulen und diese Diagramme als mathematische Darstellung verwenden,
- weiterführende Denk- und Begründungsansätze zu entwickeln und zu begründen,
- erworbene Daten in Excel einzugeben und anschließend sinnvoll darzustellen.

2.2 Sachkompetenzen

Unter Ausnutzung ihrer Vorkenntnisse sollen die Schüler mathematische Gesetzmäßigkeiten im Anwendungskontext „Mensch ärgere dich nicht" entdecken, lösen und begründen. Dazu sollen sie

- ihre dokumentierten Zufallsversuche zusammenfassen und in mathematisch vergleichbare Zahlen (relative Häufigkeiten, Prozent) transformieren,
- die gewonnenen Daten in Excel eingeben und die gesamten Daten sinnvoll interpretieren,
- das empirische Gesetz der großen Zahlen nutzen, um den Sinn des Gesamt-Säulendiagramms zu verstehen,
- ihre Kenntnisse über einstufige Baumdiagramme auf einen mehrstufigen Zufallsversuch übertragen und dabei mit dem Gegenereignis arbeiten,
- ein mehrstufiges Baumdiagramm verstehen und interpretieren.

3 Curriculare Einordnung und Einordnung der Stunde in den Unterrichtsgang

Der Lehrplan G8 gibt vor, dass bereits in der Klasse 6 die „Grundbegriffe der Wahrscheinlichkeitsrechnung" eingeführt werden sollen[41]. Nach dem Lehrplan G8 sollen die Schüler hierbei folgende Grundbegriffe in 15 Unterrichtsstunden (kurz: US) lernen: Absolute und relative Häufigkeiten; Vergleich von Gewinnchancen; Mittelwerte, Diagramme, Wahrscheinlichkeit; Additionssatz; Ereignisse bei ein- und mehrstufigen Zufallsversuchen; Multiplikationsregel.

Die heutige Stunde ist in das laufende Thema „Ereignisse bei mehrstufigen Zufallsversuchen" eingegliedert. Bisher wurden die Themen „Häufigkeiten und Diagramme" (2 US), „Absolute und relative Häufigkeiten" (2 US), „Diagramme durch Excel darstellen" (1 US), „Ereignisse bei einstufigen Zufallsversuchen" (1 US), „Laplace-Versuche" (2 US), „Empirisches Gesetz der großen Zahlen" (1 US), „Näherungsweises Bestimmen von Wahrscheinlichkeiten" (1 US), „Ereignisse und ihre Wahrscheinlichkeiten" und „Additionssatz" (beide Themen in einer US) (wie im Lehrplan gefordert, s. o.) behandelt.

Seit zwei Unterrichtsstunden werden „Ereignisse bei mehrstufige Zufallsversuchen" (3 US) thematisiert und daran wird sich der „Multiplikationssatz" (1 US) anschließen. Der aktuelle Teil „Ereignisse bei mehrstufige Zufallsversuchen" setzt sich aus folgenden Unterrichtsstunden zusammen:

1. Std.: Wiederholung einstufiger Zufallsversuche; Baumdiagramm

2. Std.: Gegenereignis

3. Std.: Mehrstufiger (dreistufiger) Zufallsversuch

4 Darstellung des Unterrichtsthemas unter didaktischem Aspekt

Ein Zugang zum Thema Stochastik in Klasse 6 ist dann besonders gut motivierbar, wenn vorher bereits die Bruchrechnung behandelt worden ist[42], was in dieser Klasse der Fall ist. Es bieten sich weitere hervorragende Querverbindungen bzw. Vernetzungen von Inhalten innerhalb des Mathematikunterrichts an, z. B. Prozentrechnung in Verbindung mit relativen Häufigkeiten oder auch Darstellung verschiedener Diagramme in Verbindung mit Geometrie (z. B. Kreisdiagramme)[43].

Die Schüler werden heute zum ersten Mal mit einem mehrstufigen Zufallsversuch konfrontiert. Dabei sollen sie durch Selbstversuch überprüfen, wie oft man bei dreimaligem Würfeln keine, eine, zwei oder drei Sechsen würfelt. Dabei ist es für das Bilden einer geeigneten Grundvorstellung zum Baumdiagramm wichtig, dass diese Würfe hintereinander und nicht gleichzeitig erfolgen.

---

41 HESSISCHES KULTUSMINISTERIUM. Lehrplan Mathematik - Gymnasialer Bildungsgang [2007], S. 19

42 KÜTTING, H. Didaktik der Stochastik [1994], S. 155

43 ebd. S. 156

Auftrag

a) Würfel 3-mal hintereinander. Zähle, wie oft du dabei eine Sechs würfelst. Kreuze das Ergebnis in Spalte 1 an. Führe diesen Zufallsversuch insgesamt 10-mal durch und kreuze die Ergebnisse in der Tabelle an.

Ergänze anschließend die absoluten Häufigkeiten (kurz: AH), die relativen Häufigkeiten (kurz: RH) und die Prozente (kurz: %)

	1	2	...	9	10	AH	RH	%
3-mal eine 6								
2-mal eine 6								
1-mal eine 6								
0-mal eine 6								

b) Skizziere die Prozente als Säulendiagramm im vorgegebenen Koordinatensystem. Wie kannst Du deine Ergebnisse erklären?

c) Trage deine AH in die Exceltabelle im Notebook ein. Wähle in der Exceldatei diejenige Spalte, die deiner Arbeitsblatt-Farbe entspricht!!

Abbildung 10: Arbeitsblatt 1

Ihren Zufallsversuch dokumentieren die Schüler auf dem Arbeitsblatt mittels Strichliste bzw. Auflisten von Häufigkeiten und erstellen ein zugehöriges Säulendiagramm. Anschließend werden die Häufigkeiten aller Gruppen in einer präparierten Exceldatei durch einen Schüler bzw. durch einen Repräsentanten der Gruppen gesammelt. Auf Basis dieser Daten erfolgt die Erstellung eines Gesamt-Säulendiagramms. Auf diese Weise wird es ermöglicht, dass die Schüler die Idee des „empirischen Gesetzes der großen Zahlen" wiedererkennen. Auf dem Arbeitsblatt soll jede Gruppe trotzdem ihre Ergebnisse in einem eigenen Säulendiagramm darstellen, um das schnelle Verständnis für die spätere Gesamtabbildung mit Excel zu gewährleisten. Für die lernstarken Schüler wird auf dem Arbeitsblatt eine zusätzliche Fragestellung (so genannte „Expertenaufgabe") formuliert.

Anschließend erfolgt das Erstellen bzw. Vervollständigen eines geeigneten Baumdiagramms auf einem vorgefertigten Arbeitsblatt. Innerhalb dieser Unterrichtseinheit wurde hierfür das Thema „Gegenereignis" behandelt. Dadurch wird den Schülern die Möglichkeit gegeben, Baumdiagramme bei mehrstufigen Zufallsversuchen auf zwei Äste pro Stufe zu vereinfachen. Man erhält auf diese Weise in der heutigen Aufgabe lediglich 8 verschiedene Pfade im Baumdiagramm. Außerdem ist mit diesem Vorgehen gewährleistet, dass man unterschiedliche Wahrscheinlichkeiten P an den Ästen bekommt. Damit wird der Fehlvorstellung vorgebeugt, dass an jedem Ast dasselbe P stehen muss. Die Schüler sollen anschließend versuchen, die zugehörigen Wahrscheinlichkeiten P und die Ergebnismengen S an die Äste zu schreiben. Die sich daran anschließende Festlegung der anschaulichen Bedeutung der Multiplikation von Bruchzahlen ist den Schülern durch das Thema „Multiplizieren von Bruchzahlen" bekannt: Mit Hilfe der notierten Wahrscheinlichkeiten P auf den einzelnen Ästen des Baumdiagramms wird gemeinsam mit den Schülern erarbeitet, dass „1/6 von 1/6" mathematisch „1/6 x 1/6" bedeutet[44]. Auf diese Weise haben die Schüler ersten Kontakt mit der Pfadmultiplikationsregel, was als Maximalziel dieser Stunde oder als zentrales Ziel der nächsten Stunde angesehen wird.

Auf das grafische Entstehen-Lassen eines Baumdiagramms mit geeigneter Software (z. B. Power Point) wird nicht zurückgegriffen, da hierdurch der enaktive Prozess beim Finden von ein-

44 vgl. GRIESEL, H. Elemente der Mathematik 6 [2006], S. 117

zelnen Pfaden verloren geht. Auf einen Zufallsversuch mit Münzen wurde ebenfalls verzichtet, da hierbei an jedem Pfad die Wahrscheinlichkeit $P = 1/2$ steht und sich dadurch sehr schnell Fehlvorstellungen aufbauen können.

Das o.g. Erstellen von Strichlisten wird unter den Mathematikdidaktikern nicht nur begrüßt: So sieht beispielsweise Pfeifer[45] das Vorgehen über Strichlistenerstellung bei Laplace-Versuchen als kritisch an. Er befürchtet, dass aufgrund der typischerweise kleinen n keine sichere Grundvorstellung bei den Schülern verankert werden kann, da der „Idealfall" (d.h. eine nahezu identische Häufigkeitsverteilung wie bei unendlich vielen Versuchen) quasi nie eintritt und somit stets ungleichmäßige Verteilungen entstehen. Dieser Gefahr wird in dieser Stunde entgegengearbeitet, indem alle Daten der Schüler in einem Gesamt-Säulendiagramm gesammelt werden und so ein n von immerhin 100 (bei 10 Kleingruppen) vorliegt. Diese Stichprobengröße wird sicherlich nicht zum o. g. „Idealfall" führen, ist aber vom Umfang her schon als verbessert anzusehen und ermöglicht ein Thematisieren des Problems. Auf eine computerbasierte Simulation einer sehr großen Stichprobe wird verzichtet, um bei den erarbeiteten Ergebnissen der Schüler zu bleiben. Ich werde die von Pfeifer genannte Gefahr der mangelnden Sicherstellung einer geeigneten Grundvorstellung nicht aus den Augen verlieren und bei auftretenden Rückfragen ansprechen.

5 Zur Methode

Damit die Schüler das zu erlernende Wissen auch langfristig behalten, sollen sie es zuerst handelnd erfahren. Dabei ist es wichtig, dass sie die zugehörige Problemstellung in ihrer eigenen Lebenswelt wiederfinden, um eine intrinsische Motivation zum Thema aufzubauen. Motiviert wird die Fragestellung deshalb über das Gesellschaftsspiel „Mensch ärgere Dich nicht". Die zugehörige Problemstellung zum mehrstufigen Zufallsversuch knüpft an die Erfahrungswelt der Schüler an, da das Spiel „Mensch ärgere Dich nicht"[46] zu den deutschen Klassikern unter den Brettspielen zählt und demzufolge den Schülern von zuhause aus bekannt sein sollte. Dies ist laut Krauthausen und Scherer[47] besonders für lernschwache Schüler unabdingbar. Um das neue Wissen zu erschließen, sollen sie nach dem Handeln nicht gleich auf die Ebene der symbolischen Mathematik gedrängt werden, sondern die gelöste Problemstellung zunächst durch geeignetes Zeichnen festhalten. Dieses Vorgehen zur Einführung von mehrstufigen Zufallsversuchen hält auch Richter[48] für geeignet: Er schlägt vor, zu Beginn noch keine Herleitung der Pfadregel anzustreben und „mit zwei- oder dreistufigen Zufallsexperimenten zu beginnen". Verallgemeinerungen bzw. das Festhalten der symbolischen Ebene sollen erst später erfolgen, damit eine geeignete Grundvorstellung aufgebaut werden kann. Lösungen sollten zuerst „auf enaktiver Ebene (Handlungsabläufe) und auf ikonischer Ebene (Baumdiagramme, Tabellen) gefunden werden"[49]. Theoretischer Hintergrund dieser drei Ebenen ist das Modell der Wis-

45 PFEIFER, D. Strichlisten bei Laplace-Experimenten. In: Stochastik in der Schule [2006]

46 Es ist zu beachten, dass bei Beginn des Spiels „Mensch ärgere Dich nicht" auch zu der Situation kommen kann, dass der Spieler zuerst eine 6 und danach keine 6 würfelt und auf diese Weise zu Beginn nur zweimal würfelt. Sollten die Schüler diesen Umstand nennen, wird darauf hingewiesen, dass wir im Sinne eines geeigneten mathematischen Modells trotzdem einen dritten Wurf notieren.

47 vgl. KRAUTHAUSEN, G.; SCHERER, P. Einführung in die Mathematikdidaktik [2008]

48 RICHTER, G. Stochastik [1994], S. 53

49 KÜTTING, H. Didaktik der Stochastik [1994], S. 156

senserschließung von Bruner. Er benennt die folgenden drei Phasen beim Erwerb von neuem Wissen: „enaktiv (durch Handlung), ikonisch (durch Bilder), symbolisch (durch Zeichen und Sprache)"[50]. Dieser Zugang auf verschiedenen kognitiven Ebenen „eröffnet unterschiedlichen Lerntypen die Chance, den ihnen angemesseneren Weg zu wählen"[51].

Nach dem Kennenlernen des mehrstufigen Zufallsversuchs durch die „Mensch ärgere dich nicht"-Eröffnung kann sich die zugehörige Pfadmultiplikationsregel anschließen. Dabei ist zu beachten, dass das Behandeln der Pfadmultiplikationsregel auf der symbolischen Ebene in der Sekundarstufe I lediglich durch Überlegungen am Baumdiagramm erfolgen sollte. Auf eine explizite Analyse der mathematischen Formel für die Pfadmultiplikation bei unabhängigen Ereignissen ($P(A \cap B) = P(A) \bullet P(B)$) wird in der Klasse 6 aufgrund des noch geringen Wissensstands verzichtet[52]. Diese schülergemäße Vereinfachung entspricht dem eingesetzten Schulbuch Elemente der Mathematik 6, bei dem die Pfadmultiplikationsregel als „Produkt der Wahrscheinlichkeiten längs des Pfades" definiert wird[53].

In der heutigen Stunde werden die o. g. Brunerschen Phasen wie folgt aktiviert:

Der handlungsorientierte Einstieg durch das Durchführen des mehrstufigen Zufallsversuchs in Kleingruppen fördert das selbstbestimmte Arbeiten und bietet die Möglichkeit zum enaktiven Lernen. Beim Eintragen der eigenen Ergebnisse in einer Strich- bzw. Ankreuzliste sowie beim Skizzieren der erwürfelten Häufigkeiten in ein Säulendiagramm müssen die Schüler nachweisen, dass sie den Transfer von der enaktiven Ebene auf die ikonische Ebene vollziehen können. Dazu sollen sie zunächst auf der enaktiven Ebene durch das Würfeln in Kleingruppen (3er – 4er Gruppen) erkennen, dass sich die Erfolgswahrscheinlichkeit für noch eine weitere gewürfelte 6 stark reduziert und es nicht etwa zu einer Aufsummierung von Wahrscheinlichkeiten kommt. Diese Grundvorstellung ist auch wichtig, damit die Schüler nicht auf die Idee kommen, dass sich die Erfolgswahrscheinlichkeit pro Stufe im Allgemeinen linear verringert (wie es bei einem Münzwurf der Fall wäre). Da die Schüler ihre Handlung protokollieren sollen, findet in den Kleingruppen bereits der erste Schritt in die ikonische Ebene statt. Der zweite Schritt der ikonischen Ebene erfolgt dadurch, dass ein Repräsentant jeder Kleingruppe nach vorne an das bereitgestellte Notebook kommt und die Ergebnisse bzw. die Häufigkeiten der Gruppe in die präparierte Exceldatei eingibt. Bei der Excel-Eingabe wenden die Schüler im Sinne des Spiralprinzips[54] die bereits im Vorfeld gesammelten Erfahrungen mit Excel an, womit der Medieneinsatz als lerngruppengerecht angesehen werden kann. Die Nutzung moderner Informationstechnologien bzw. Medien hat sich in dieser Klasse als sehr lernförderlich erwiesen. Offenbar haben diese Medien für die Schüler einen sehr hohen Aufforderungscharakter. Im Sinne einer inneren Differenzierung können die leistungsstarken Schüler die Expertenaufgabe bearbeiten bzw. herumgehen und den anderen Schülern helfen.

Sind alle Daten eingegeben, sollen die Schüler zunächst ihre Häufigkeiten mit den Angaben der anderen Kleingruppen vergleichen. Dieser Prozess gehört ebenfalls noch in die ikonische

50 WITTMANN, E. Grundfragen des Mathematikunterrichts [1995], S. 87

51 LEUDERS, T. Qualität im Mathematikunterricht in der Sekundarstufe I und II [2001], S. 79

52 vgl. auch KÜTTING, H. Didaktik der Stochastik [1994], S. 213

53 GRIESEL, H. Elemente der Mathematik 6 [2006], S. 268

54 WITTMANN, E. Grundfragen des Mathematikunterrichts [1995], S. 84ff.

Phase. Anschließend werden die Häufigkeiten aller Kleingruppen aufsummiert. Dazu werden die Werte der eingegebenen Tabellenzellen mit Hilfe der vorgefertigten Excelmaske addiert, sodass eine separate Datenspalte entsteht, in der die Addition der Häufigkeiten aller Kleingruppen entsteht. So können die Schüler zusehen, wie sich die Addition der Daten und damit die Stichprobengröße erhöht. Diese unmittelbare Visualisierung ist sicherlich für die Schüler hilfreich und fördert das Vorstellungsvermögen für das Entstehen von großen Stichproben aus mehreren kleinen Stichproben[55]. Auf diese Weise werden die enaktiv gewonnenen Daten dynamisch und für den Schüler nachvollziehbar auf die ikonische Ebene transferiert[56]. Auf diesen Prozess wird bewusst einige Zeit investiert, da den Schülern das empirische Gesetz der großen Zahlen bekannt ist und sie deshalb die zunehmende Genauigkeit der Daten erkennen sollten. Anschließend werden die Gesamtdaten durch einen Schüler/durch eine Kleingruppe als Säulendiagramm in Excel dargestellt.

Die symbolische Ebene wird – falls noch genügend Zeit vorhanden ist – mit Hilfe eines weiteren Arbeitsblatts vorbereitet, in dem die Schüler ein Baumdiagramm zu dem 3-maligen Würfeln ergänzen sollen. Hier wäre auch ein frühzeitiger Ausstieg möglich und das Arbeitsblatt könnte als Hausaufgabe aufgegeben werden. Das Herleiten der Pfadmultiplikationsregel findet in der nächsten Unterrichtsstunde statt.

55 vgl. LEUDERS, T. Mathematik-Didaktik [2005], S. 219

56 WIEGAND, H.-G.; HOFE, R., vom. Mit Tabellen kalkulieren. In: mathematik lehren [2006], S. 7

6 Verlaufsplan[57]

Phase	**Inhalt**	**Tätigkeit der Schüler: Sie…**	**Medien**	**Sozial-form**
Einstieg in die Stunde	Begrüßung. Kopfrechnen zum Ankommen in der Mathematikstunde; Rückblick auf die mathematischen Ideen der letzten Stunde (Gegenereignis, zweistufiger Zufallsversuch mit Baumdiagramm)	…leiten das Kopfrechnen. …nennen die Schwerpunkte der letzten Stunde. …formulieren mathematische Kernideen der letzten Stunde		SG
Motivierung; Einstieg in das Thema I	Stummer Impuls: L. legt Folie mit dem Spiel „Mensch ärger dich nicht" auf L. und S. besprechen die Spielregeln. Es wird die Spieleröffnung in den Vordergrund gestellt. L. sammelt die Schülerideen an der Tafel.	…besprechen in einer Murmelphase mögliche mathematische Zusammenhänge zum Spiel. … formulieren Ideen und mögliche Fragestellungen. …entwickeln das heutige Thema der Stunde.	Folie, OHP, Tafel, Spielfiguren, Originalbrett, Würfel	LV/ UG
Einstieg in das Thema II	Die Fragestellung mit der Anzahl der hintereinander gewürfelten Sechsen wird ausgewählt und als strukturierter und ggf. vereinfachter Arbeitsauftrag neu formuliert: Wie häufig gelingt es, beim Start des „Mensch ärger dich nicht"-Spiels mit drei Würfen keine, eine, zwei oder drei Sechsen hintereinander zu würfeln?	…überblicken alle an der Tafel festgehaltenen Ideen. …überlegen und diskutieren, wie das Thema der heutigen Mathematikstunde heißen soll.		SG

57 S – Schülerinnen und Schüler, L - Lehrer, SG - Schülergespräch, LV - Lehrervortrag, UG – Unterrichtsgespräch, S-Präs. - Schüler-Präsentation, GA - Gruppenarbeit, EA- Einzelarbeit, OHP – Overheadprojektor, AB - Arbeitsblatt, PC - Arbeit am vorne stehenden PC, HA - Hausaufgabe

Erarbeitung I	L. teilt die Gruppen ein und verteilt das AB I. L. geht nach kurzer Zeit herum und bietet ggf. Hilfe an. L. baut Beamer und PC auf und startet die vorher präparierte Excel-Datei.	...tauschen sich in GA über das gestellte Problem aus und erarbeiten eine Lösung. ... würfeln in 3er – 4er Gruppen und protokollieren ihren Zufallsversuch auf dem AB I	AB I, Würfel	GA
Ergebnissicherung I	L. erklärt den Aufbau der Excel-Datei und hilft ggf. den Gruppen beim Eintragen.	...tragen ihre Häufigkeiten in eine präparierte Exceldatei ein ...erstellen ein Säulendiagramm für die Häufigkeiten aller Kleingruppen. ...und ggf. L. diskutieren und interpretieren das Säulendiagramm auf dem PC	Beamer, PC, Excel	S-Präs., SG, UG
Erarbeitung II & Vertiefung	L. bespricht mit S. die nächste Aufgabe von AB II und geht anschließend herum.	...füllen die Lücken in AB II	AB II	LV, EA
Sicherung II	L. stellt Kreide und eine leere Tafelseite (die Mitteltafel) bereit und fordert die Schüler auf, ihre Ergebnisse zu präsentieren.	...nennen ihre Lösungen und erläutern diese an der Tafel. Das Säulendiagramm entsteht schrittweise an der Tafel. Es ist nicht vorbereitet!	AB II, Tafel	S-Präs., SG, UG
Did. Reserve	L. erfragt erste S.-Ideen, wie man die zu jedem Ast gehörige Wahrscheinlichkeit mathematisch exakt berechnen kann.	...äußern erste Ideen für die Berechnung der zugehörigen Wahrscheinlichkeiten	AB II, Tafel	UG
Abschluss	Zusammenfassung der heutigen Stunde durch die Schüler; evtl. Ausblick auf die nächsten Stunden (ggf. den Rest des AB II als HA); Verabschiedung.	...fassen die heutige Stunde zusammen.		UG

Weiteres Material auf CD-ROM unter dem Stichwort „Mensch_ärgere_dich_nicht"

Kathrin Melsheimer

Das Panzerknacker-Problem

Panzerknacker mehrstufiges Zufallsexperiment verschiedene Wege einschlagen

Ein mehrstufiges Zufallsexperiment

Im Zentrum dieser Stunde steht die Modellbildung eines stochastischen Sachverhaltes. Aus einer Comicstory leiten die Schülerinnen und Schüler selbst, von Gruppe zu Gruppe möglicherweise unterschiedliche, „Setzungen" ab, bearbeiten die herauskristallisierte Problemstellung und stellen sich ihre eingeschlagenen Wege gegenseitig vor.

1 Zur pädagogischen Situation

Die Klasse 8G besteht aus 24 Schülern mit 15 Mädchen und 9 Jungen.

Ich unterrichte in dieser Klasse Mathematik seit Februar dieses Jahres eigenverantwortlich. Das Lehrer-Schüler-Verhältnis ist gut, es herrscht eine angenehme Atmosphäre. Seit Beginn des Schuljahres fallen mir häufiger zwischenmenschliche Probleme in der Klassengemeinschaft auf, was sicherlich mit der Altersstufe und mit dem Beginn der Pubertät zusammenhängt.

Diesbezüglich möchte ich ein Augenmerk auf eine Schülerinnen-Gruppe haben. Sie sind gut in Mathe, melden sich regelmäßig und arbeiten gut mit. Allerdings häufen sich in letzter Zeit Fragen, die nur zur eigenen Bestätigung dienen und das Unterrichtsgeschehen bremsen. Ich halte viele dieser Meldungen für überflüssig (das könnte man auch untereinander klären) und sie halten mich zudem von den Schülern ab, die meine Erklärungen oder Hilfestellungen wirklich nötig hätten. Mein Ziel ist, die Schwächeren mehr mit einzubeziehen und die Stärkeren zu einer sinnvollen Mitarbeit und Verantwortungsbewusstsein zu erziehen.

Durch die Sitzordnung ergeben sich 6 Gruppen in der Klasse, die jede für sich ein homogenes Leistungsniveau aufweist. Diesen Umstand mache ich mir gerne zunutze. Gruppenarbeit kann ohne größere Vorbereitung in den Unterricht eingebaut werden.

Auch Diskussionen im Plenum sind regelmäßiger Bestandteil meiner Arbeit. Ich gebe dann einen Impuls, eine Frage, eine Zeichnung vor und beziehe an der Fensterseite Position. Die Klasse kennt dieses Signal und übt sich im Argumentieren und Widerlegen, Lösen und Beweisen (Kompetenzbereich „Mathematisch argumentieren" K1[58]), wobei ich versuche, die Schüler-Schüler-Interaktion zu fördern („Kommunizieren" K6). Das gegenseitige „Drannehmen" funktioniert allerdings noch nicht flüssig, immer wieder wird mein Veto als Lehrperson eingefordert.

58 BLUM, W.; DRÜKE-NOE, C., et al. Bildungsstandards Mathematik: konkret [2006], S. 36ff.

Wir haben in diesem Schuljahr das Buch „Mathematik heute 8". Im vergangenen Schuljahr habe ich das Buch „Mathematik heute 7"[59] sehr schätzen gelernt, insbesondere wegen der „Bist du fit?"-Seiten. Hier wurden die wichtigsten Themen des jeweiligen Kapitels in Aufgaben aufgegriffen, zu denen im hinteren Teil des Buches die Lösungen abgedruckt waren. Da die Schüler diese Art der Klausurvorbereitung sehr gut fanden, werde ich in diesem Jahr wohl Übungszettel mit Lösungen entwerfen und austeilen (so auch in der zweiten Hälfte der vorliegenden Doppelstunde).

Aus organisatorischen Gründen ist eine Arbeit mit dem Tageslichtprojektor schwierig, es befindet sich in der Klasse keine geeignete Projektionsfläche. Die vorliegende Aufgabe zur Stochastik lässt sich jedoch besser auf Folie vorstellen, daher wird der OHP zum Einsatz kommen.

2 Stellung der Stunde im Rahmen der Unterrichtseinheit

Da das vorangegangene Schuljahr mit einem Einstieg in die Stochastik schloss haben wir uns jahrgangsübergreifend im Sinne eines Spiralcurriculums zum Beginn der 8. Klasse für eine weiterführende Unterrichtseinheit über Wahrscheinlichkeit entschlossen. Die Klasse wird am kommenden Donnerstag eine Arbeit zu diesem Thema schreiben.

Zu den verbindlichen Unterrichtsinhalten für die 8. Klasse gehören laut Lehrplan (alter Lehrplan für G9) *„Grundbegriffe der Wahrscheinlichkeitsrechnung und Ereignisse bei einstufigen / mehrstufigen Zufallsversuchen"*[60].

Dementsprechend haben sich die Schüler mit den Begriffen Wahrscheinlichkeit und Zufallsversuch beschäftigt und sollten nun den Wahrscheinlichkeitsbaum mit Multiplikationsregel und Additionssatz anwenden können.

Des Weiteren übten wir, Spiele oder anwendungsbezogene Aufgaben in mathematische Modelle zu übertragen. Das sollen die Schüler heute anwenden.

3 Sachanalyse

In den spielerischen Kontext (Comic-Figuren) der „Panzerknacker-Aufgabe" ist ein mehrstufiges Zufallsexperiment eingekleidet. Die Panzerknacker flüchten nach einem Bankraub, sie haben keinen Fluchtplan und entscheiden sich an jeder Kreuzung panisch (also zufällig) für eine Richtung. Sie können die Lichtschranken der Polizei (in drei Straßen) nicht sehen.

59 GRIESEL, H. Mathematik heute 7 [2002]

60 HESSISCHES KULTUSMINISTERIUM. Rahmenplan Mathematik für den gymnasialen Bildungsgang G9 (Sekundarstufe I) [2003], S. 24

Die Panzerknacker auf der Flucht

Die Bank in Entenhausen ist von der Panzerknackerbande überfallen worden. Die von Dagobert Duck sofort benachrichtigte Polizei ist im Anmarsch und die Panzerknacker flüchten panisch und ohne Fluchtplan.

Sie wissen nicht, dass die Polizei bereits mehrere Straßen durch Lichtschranken gesichert hat: Wird eine solche unsichtbare Schranke aktiviert, wird der Auslöser sofort gefasst.

Anmerkung für den Lehrer: Drei Straßen müssen vorher noch mit einer Lichtschranke (roter Folienstift) gekennzeichnet werden!

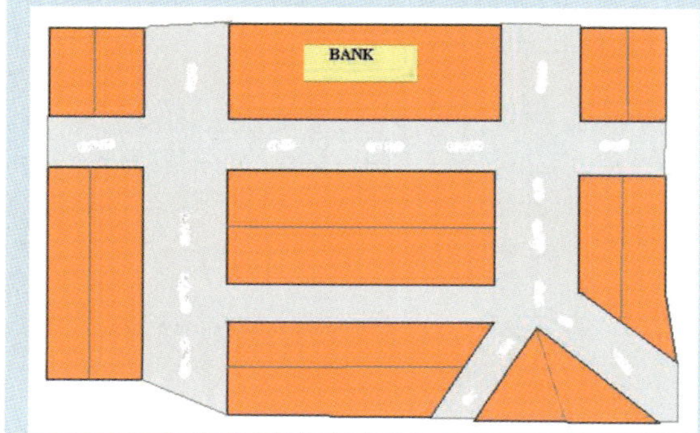

Abbildung 11: Aufgabenblatt

Naheliegend ist die Frage, ob die Flucht der Ganoven gelingt. Die Schüler sind in der Lage, dies durch einen Wahrscheinlichkeitsbaum darzustellen (jeder Knoten repräsentiert eine Kreuzung) und die Wahrscheinlichkeit für eine Festnahme zu berechnen.

Eine Schwierigkeit besteht in diesem Zusammenhang darin, dass sich die Wahrscheinlichkeiten an jeder Straßenkreuzung je nach Anzahl der Straßen (2 oder 3) unterscheiden. Da die Schüler den Begriff der Wahrscheinlichkeit aber mit dem Bruch „Günstig durch Möglich" fest verknüpft haben, dürfte ein Aufstellen der richtigen Zahlen kein Problem sein.

Da vielfältige Fragestellungen möglich sind, verzichte ich hier auf Rechenbeispiele. Zudem liegt der Fokus der Stunde auf der gemeinsamen Diskussion (K1 und K6).

4 Methodische Überlegungen

Wie in Abschnitt 2 dargestellt ist die geplante Stunde die vorletzte vor der Klassenarbeit. Daher habe ich für diese Stunde einen motivierenden Unterrichtsgegenstand gewählt, der zum einen alle wesentlichen Aspekte der Unterrichtseinheit Stochastik erneut aufgreift, zum anderen Raum für Binnendifferenzierung und eigenständiges Arbeiten bietet.

Im Sinne eines schülerorientierten Lernprozesses möchte ich nicht einfach eine Aufgabe austeilen und rechnen lassen. In dem Mathematikbuch[61], das der Klasse vorliegt, sind viele „Standardaufgaben" enthalten, die solch eine Tätigkeit fokussieren (konstruierte Zusammenhänge mit eng geführter Aufgabenstellung).

In dem Buch „Mathe-Netz" hingegen sind verschiedene offene Einstiege in neue Themenbereiche angeboten, die den Schülern auch die Möglichkeit geben, im Kompetenzbereich K3 „Modellieren" zu trainieren. Einen solchen Vorschlag habe ich mit dieser Aufgabe aufgegriffen[62]. Er eignet sich meiner Meinung nach nicht nur zum Einstieg, sondern auch für eine zusammen-

61 ATHEN, H.; GRIESEL, H., et al. Mathematik heute 8 [1997], S.212ff.

62 CUKROWICZ, J. MatheNetz [2000], S. 118

fassende Aufgabe vor der Lernkontrolle. Dementsprechend gehe ich einen Schritt weiter und verzichte auf eine vorgegebene Fragestellung. Ich möchte damit ein Gespräch zwischen den Schülern initiieren, um das mathematische Denken der Gruppe zu fördern und eigene Fragestellungen der Schüler mit in den Unterricht einzubeziehen. Gerade in Stochastik bieten sich solche Diskussionen im Klassenplenum an. Auf diese Weise passt sich die Fragestellung den Interessen und insbesondere dem Niveau der Lerngruppe an.

Die Klasse kennt solche Diskussionselemente im Unterricht bei mir bereits (vgl. Abschnitt 1), daher verzichte ich auf eine Vorgabe der Sozialform. Die Schüler können im Laufe der Stunde in Partner-, Einzel- oder Gruppenarbeit diskutieren. Mit dieser Arbeitsweise habe ich gute Erfahrungen gemacht.

Eine Modifizierung wäre auch eine Gruppenarbeit gewesen, bei der die leistungsstärkeren Schüler mit den leistungsschwächeren Schülern gemischt werden (also von mir vorgegebene Gruppen). Ich habe mich gegen diese Vorgabe entschieden. Die Gruppen, durch den Sitzplan bedingt, harmonieren gut und diskutieren gerne untereinander. Ein verordnetes Mischen der Gruppen hätte unter Umständen zur Folge, dass die Schwächeren sich in der Erörterung des Sachverhaltes zurückziehen und nur die „Zugpferde" die Aufgabe durchdenken. Ich lasse also die Sozialform offen.

Die Strukturierung der Stunde ist ebenso offen gestaltet. Ich möchte im Folgenden mögliche Verläufe skizzieren und meine Entscheidungsalternativen aufzeigen.

Zum Einstieg wird die „Panzerknacker-Aufgabe" an die Wand projiziert[63]. Ich beziehe an der Fensterseite des Raumes Position und erwarte die Reaktionen der Klasse. Das anfängliche Gespräch läuft noch im Plenum. Die Lernenden äußern ihre Gedanken und Fragen zur Aufgabe. Hier kann ich einhaken und die Notation entscheidender Fragen an der Tafel anregen. Des Weiteren greife ich ein, wenn einzelne nicht aufmerksam sind oder schon auf eigene Faust anfangen wollen. Nach einigen Minuten sollte eine Fragestellung entwickelt sein und ich bitte die Schüler, sich diesen Überlegungen für ca. 15 Minuten zuzuwenden. Die Sozialform (Einzel- oder Gruppenarbeit) bleibt offen.

Nahe liegend ist zunächst die Frage, ob es der Polizei gelingt, die Panzerknacker zu fangen bzw. ob die Flucht der Gauner gelingt. In diesem Zusammenhang ist die Einschränkung zu treffen, dass die Diebe sich zwar an jeder Kreuzung zufällig entscheiden, aber nicht zurücklaufen. Ob die Schüler selbst auf diese Einschränkung kommen (ein Wahrscheinlichkeitsbaum ist ansonsten kaum zu zeichnen) oder ich diese vorgebe, möchte ich offen lassen. Ich gehe davon aus, dass im Gespräch auch schon erste Vermutungen über Gefangennahme oder Freiheit geäußert werden, diese intuitiven Antworten sollen die Schüler im Laufe der Stunde überprüfen und beantworten.

Weitere Probleme sind denkbar und können mit einbezogen werden, etwa die Bezeichnung der Straßen, damit man die möglichen Fluchtwege benennen kann. Auch über die folgende Frage müsste man sich unterhalten: Flüchten die Panzerknacker als Gruppe oder teilen sie sich auf? Das Erarbeiten einer dieser Fragestellungen ist das Minimalziel dieser Stunde. Treten tatsäch-

63 Sollte es Probleme mit dem OHP geben, kann ich alternativ auf die Tafel ausweichen.

lich beide Ansätze auf, entscheiden wir uns für einen und verschieben die andere Idee auf eine spätere Stunde.

Im anschließenden Arbeitsprozess kann ich mich um die einzelnen Gruppierungen und/oder Schüler kümmern. Ich möchte darauf achten, die Stärkeren eigenständig arbeiten zu lassen und die Schwächeren zu fördern (vgl. Abschnitt 1). Hierzu habe ich einige Hilfsfragen formuliert, die den Arbeitsprozess fördern können. Ich möchte sie aber nur im Notfall einsetzen und hoffe, insbesondere im Hinblick auf die Klassenarbeit, dass sich die Schüler in der Mathematik gut genug auskennen, dass sie den vorliegenden Sachverhalt bearbeiten können. Sollten diese Gruppen etwas länger benötigen, habe ich vertiefende Anregungen für die Schnelleren vorbereitet.

Nach der 15-minütigen Arbeitsphase sollte die Mehrheit der Klasse einen Ergebnisansatz haben. Je nach Stand kann die Phase verlängert werden, unter Umständen bitte ich einen „schnellen" Schüler, seinen Baum auf die Rückseite der Tafel zu zeichnen.

An dieser Stelle der Stunde sollte dann eine kurze frontale Phase folgen, in der alle auf den gleichen Stand der „Ermittlungen" gebracht werden. Im besten Fall wird nun von Schülern der Wahrscheinlichkeitsbaum an der Tafel erklärt oder verbessert und die angestellten Rechnungen werden vorgestellt. Als gutes Zwischenergebnis reicht aber auch der Baum, die Rechnungen können wieder dezentral durchgeführt werden.

Hier ist nun viel pädagogischer Spielraum in der Stunde enthalten. Weiterführende Fragen bieten ein interessantes Betätigungsfeld:

- „Wie kann die Polizei ihre Chance erhöhen, um die Panzerknacker zu fangen?"
- „Kann diese Chance auf über 50% erhöht werden?"
- „Was ist, wenn die Lichtschranken direkt an der Bank installiert werden?" (Wahrscheinlichkeit = 1; Was heißt das eigentlich?)
- Wie könnte man die Flucht der Panzerknacker nachspielen (Würfel, Münzen)?

Das Besprechen dieser Fragen würde ich frontal anleiten, um strukturieren zu können. Eine solche Phase vertiefender Fragen bildet das Maximalziel der Stunde.

Als Abschluss der Stunde wäre eine Zusammenfassung durch einen Schüler schön. Weiterführend erläutere ich der Klasse den Arbeitsauftrag für die zweite Doppelstunde, welcher gezielt als Vorbereitung für die Klassenarbeit dient.

5 Lernperspektiven

5.1 Fachkompetenzen

Die Schüler sollen...

- *modellieren*, indem sie den Sachverhalt in ein mathematisches Modell übertragen (K3),
- *mathematisch argumentieren*, indem sie üben, unterschiedliche Wahrscheinlichkeiten zu erkennen und mit Gegenwahrscheinlichkeiten umzugehen (K1),

- *darstellen*, indem sie einen Wahrscheinlichkeitsbaum zeichnen (K4, minimales Lernziel),
- *technisch und formal arbeiten*, indem sie den Begriff Laplace-Experiment zuordnen, mit Wahrscheinlichkeiten rechnen und den Additions- und Multiplikationssatz anwenden (K5),
- *problemlösen*, indem sie versuchen eigene Fragestellungen zu einer Aufgabe zu erarbeiten, etwa um die Lichtschranken neu zu positionieren und damit die Chancen der Polizei zu erhöhen (K2; maximales Lernziel).

5.2 Sozialkompetenzen

In der heutigen Unterrichtsstunde können die Schüler ihre Kompetenzen hinsichtlich der Kommunikation und Kooperation weiterentwickeln, indem sie...

- lernen fachbezogene Diskussionen im Plenum zu führen und Meldungen zu koordinieren,
- üben, kooperativ in ihrer Kleingruppe zu arbeiten und sich gegenseitig zu helfen,
- eigenständig und im Rahmen kooperativer Arbeitsformen Lösungsansätze suchen und Lösungswege entwickeln,
- einander respektieren und helfen.

5.3 Methodenkompetenzen

In dieser Unterrichtsstunde sollen die Schüler....

- ihnen bekannte Methoden und Lösungsansätze auf neue Problemstellungen übertragen,
- intuitiven Vermutungen (Gelingen der Flucht) überprüfen und begründen.

6 Verlaufsplan[64]

Phase	Inhalt	Sozialform	Medien
Einstieg	Die „Panzerknacker-Aufgabe“ wird projiziert und ein Schüler liest diese vor.	Plenum	OHP
Problema-tisierung	Die Schüler überlegen eine Fragestellung zur Aufgabe, L. greift unter Umständen ein.	S-S-Gespräch / L-S-Gespräch	OHP
Erarbeitung	Die Frage/mehrere Fragen werden bearbeitet, L. fördert oder fordert (je nach Gruppe).	GA / PA / EA / LV	
Reflexion (Minimalziel)	Die Schüler tragen im Plenum ihre Ergebnisse an der Tafel zusammen.	SP/ Plenum	Tafel/OHP
Vertiefung I *ODER*:	Weitere Fragen werden von den Schülern vorgebracht und besprochen.	Plenum	Tafel
Vertiefung II	L. stellt vertiefende Fragen vor und diese werden besprochen.	L-S-Gespräch	
Sicherung	Zusammenfassung der Ergebnisse.	SP / LV	
Abschluss	Erläutern des Arbeitsauftrages für zweite Stunde.	LV	AB/Buch

Weiteres Material auf CD-ROM unter dem Stichwort „Panzerknacker"

64 LV – Lehrervortrag, UG – Unterrichtsgespräch, EA – Einzelarbeit, GA – Gruppenarbeit, PA - Partnerarbeit, SP – Schülerpräsentation, AB – Arbeitsblatt, L-S - Lehrer-Schüler-Gespräch, S-S - Schüler-Schüler-Gespräch, OHP - Overheadprojektor

Michael Koslowski

Das Glücksschweinchen Felix

Experimentelle Flächenbestimmung
Monte Carlo
Genauigkeit

Monte-Carlo-Methode

Zentrum der Stunde: In einer handlungsorientierten Vernetzung verschiedener Themenbereiche bestimmen die Schülerinnen und Schüler den Flächeninhalt einer komplizierten Figur. Eingangs schätzen sie, dann experimentieren sie in Gruppen und lassen aus den Einzelergebnissen ein Gesamtbild entstehen.

1 Zur pädagogischen Situation

Die Klasse G 10c setzt sich aus 15 Mädchen und 10 Jungen zusammen. Die Schüler[65] haben vier Stunden Mathematik in der Woche.

Ich unterrichte in dieser Klasse seit Beginn meiner Differenzierungsphase Mathematik. Außerdem habe ich in der Intensivphase Physik in der G 10c unterrichtet (beides eigenverantwortlich in Doppelsteckung). Weiterhin habe ich die Klasse bei mehreren außerunterrichtlichen Veranstaltungen (Fahrt zur EXPO im September letzten Jahres, Wandertag und Radtour in der ersten Hälfte dieses Jahres, Klassenfahrt nach Berlin) begleitet. Die Schüler sind mir daher – auch aus dem außerunterrichtlichen Bereich – gut bekannt, das Verhältnis ist durch gegenseitige Akzeptanz und ein hohes Maß an Kooperation geprägt.

Die Klasse ist seit Beginn des siebten Schuljahres eine der Modellversuchsklassen im Mathematik-Modellversuch „Gute Unterrichtspraxis“. Die Grundidee des Modellversuchs ist ein schülerzentrierter lehrergesteuerter Unterricht zum Erwerb von mathematischem Grundwissen, mathematischen Grundvorstellungen, mathematischen Fähigkeiten und einem angemessenen Bild von Mathematik.[66] Dies habe ich versucht im Unterricht konsequent umzusetzen. Deshalb sind für die Klasse das mathematische Modellieren von realen Situationen und das Interpretieren von mathematischen Ergebnissen in der Realität Tätigkeiten des regelmäßigen unterrichtlichen Alltags, die eine kreative Atmosphäre im Mathematikunterricht fördern und den Grad der Schüleraktivität erhöhen.

65 Mit dem Begriff „Schüler“ sind im gesamten Text Schülerinnen und Schüler gleichermaßen gemeint.

66 vgl. BLUM, W. Was wollen wir, was haben wir bisher erreicht? In: Pro Schule [2000]

Die Leistungen der Schüler in Mathematik sind aber dennoch differenziert zu betrachten. Neben einer Spitzengruppe besteht ein breites aktives Mittelfeld. Eine Gruppe Mädchen bringt sich z.Zt. nur mäßig in Unterrichtsgespräche ein. Darüber hinaus ist seit Anfang Februar eine Schülerin aus Russland in der Klasse, die kein Deutsch sprach, aber mittlerweile in der Lage ist, leichte Texte zu übersetzen und zu verstehen. Sie hat allerdings Schwierigkeiten, längeren Gesprächsphasen zu folgen. Deshalb müssen u.U. Arbeitsaufträge, die in einem Unterrichtsgespräch entwickelt werden, mit ihr noch einmal persönlich erörtert werden.

Insgesamt sind die Leistungen der Klasse in Mathematik gut. Die Mitarbeit der Schüler, besonders in offenen Unterrichtsphasen, ist sehr engagiert und lässt Spaß und Interesse an dem Fach Mathematik erkennen.

2 Zu Thema und Didaktik

Die Stunde steht am Ende einer mehrwöchigen Einheit mit dem Thema „Zufallsversuche und Wahrscheinlichkeit". In dieser Einheit wurden zu Beginn einfache Zufallsversuche und die Wahrscheinlichkeiten vorkommender Ereignisse behandelt. Als Anwendungen wurden Gewinnchancen bei verschiedenen Spielen betrachtet. Daran schloss sich die Bearbeitung mehrstufiger Zufallsexperimente an. In diesem Zusammenhang wurden das Baumdiagramm und die Pfadregel eingeführt. In den letzten Stunden vor der Lehrprobe wurden Vorhersagen von Ereignissen in Zufallsexperimenten mit geometrischen Überlegungen ermittelt. Es wurden etwa am Beispiel des Werfens auf eine Dartscheibe stochastische Vorhersagen auf der Grundlage von geometrischen Flächeninhaltsvergleichen getätigt. In der geplanten Stunde soll dieses Verfahren umgekehrt werden. Aus einer experimentell zu bestimmenden stochastischen Verteilung soll der Flächeninhalt einer komplizierten Figur (Glücksschweinchen Felix) bestimmt werden. Diese Methode der Flächeninhaltsabschätzung bezeichnet man als „Monte-Carlo-Methode"[67]. Sie geht zurück auf den ungarischen Mathematiker John von Neumann (1903-1957) und den polnischen Mathematiker Stanislaw Marcin Ulam (1909-1984). Sie nutzten Zufallszahlen-Folgen aus dem Casino von Monte-Carlo an Stelle eines Experimentes, um derartige Flächeninhaltsabschätzungen durchzuführen.

Als Einstieg in diese Stunde ist die Vorstellung eines Party-Spiels vorgesehen, bei dem derjenige Mitspieler gewinnt, der den Flächeninhalt des Glücksschweinchens Felix, das auf einer Overhead-Folie vorgestellt wird, möglichst gut abschätzt. (Einen höheren Realitätsbezug hätte die Frage nach dem „Gewicht" (eigentlich der Masse) des Schweinchens gehabt. Aber die Frage würde ein ausdifferenzieren des Begriffs Gewicht und einen Transfer von „Gewicht" auf Flächeninhalt notwendig machen, was in dieser Unterrichtsphase zusätzliche Schwierigkeiten darstellen würde. Deshalb scheint die Frage nach dem Gewicht für diese Stunde nicht geeignet.) Die Schüler sollen eigene Schätzungen vornehmen und danach darüber nachdenken, wie man den Flächeninhalt des Glücksschweinchens bestimmen kann. Als Verfahren werden vermutlich Berechnung des Flächeninhalts durch Näherung mit einer rechnerisch leichter zugänglichen Fläche oder durch Zerlegung in Teilflächen benannt werden. Ich gehe davon aus, dass die Schüler auch versuchen werden, eine stochastische Methode zu finden, um das Pro-

67 vgl. HERGET, W.; RICHTER, K. Wohlgenährte Schweinchen und das Casino von Monte Carlo. In: mathematik lehren [1997]

blem zu lösen. Sollte dies nicht eintreffen, werde ich versuchen durch Frageimpulse eine solche Lösungsmethode zu motivieren (siehe: „schülerzentrierter, lehrergesteuerter Unterricht", Zur pädagogischen Situation).

An dieser Stelle sollen die geometrischen Betrachtungen zurückgestellt und das stochastische Verfahren favorisiert werden, um den Schülern die Entdeckung der Monte-Carlo-Methode zu ermöglichen. In dem Verfahren sollen die Schüler experimentell den Anteil des Glücksschweins an der gesamten Rechteckfläche, die durch Ausmessen ermittelt wird, bestimmen, um mit diesem ermittelten Verhältnis den gesuchten Flächeninhalt zu bestimmen. Ich erwarte von den Schülern eine mehrfache Durchführung des Experiments und eine Mittelwertbildung der Ergebnisse, die den Schülern aus vorhergehenden Stunden bekannt ist. An die Bestimmung des Flächeninhalts könnte sich eine Betrachtung über die Genauigkeit des durchgeführten Verfahrens anschließen. Man kann eine einfach zu bestimmende Fläche mit der Gesamtfläche vergleichen und dann die Verteilung im Experiment bestimmen, um so eine Aussage über die Genauigkeit des Verfahrens zu erhalten.

3 Zur Methode

Als Einstieg habe ich mich für die Wahl eines Spiels entschieden[68], um die Schüler zu animieren, selbst Schätzungen abzugeben und sich damit sofort aktiv ins Unterrichtsgeschehen einzubringen. (Ich gebe in dieser Stunde die Schweinchen-Figur vor. Eine Alternative wäre gewesen, das Schweinchen in den Gruppen zeichnen zu lassen und die Gruppe mit dem größten Schweinchen gewinnt. Das hätte jedoch zur Folge gehabt, dass eine Mittelwertbildung zwischen den Gruppen nicht möglich und damit die Genauigkeit des Verfahrens nur gering gewesen wäre.)

Im anschließenden Unterrichtsgespräch sollen Ideen entwickelt werden, den Flächeninhalt des Glücksschweins zu bestimmen. In dieser Phase erwarte ich geometrische Lösungsansätze von den Schülern, deshalb könnte es nötig sein, durch Frage-Impulse das Gespräch in die Richtung einer stochastischen Lösung zu lenken (siehe: „schülerzentrierter, lehrergesteuerter Unterricht", Zur pädagogischen Situation). Die Schüler sollen in diesem Gespräch, anknüpfend an ihre Kenntnisse aus den vorangegangenen Stunden, die Monte-Carlo-Methode entwickeln. Da die Nennung des Namens der Methode an dieser Stelle unmotiviert ist, werde ich ihn den Schülern nicht mitteilen.

In einer Gruppenarbeitsphase, die durch ein vorbereitetes Arbeitsblatt unterstützt wird, sollen die Schüler mit der erarbeiteten Methode experimentell, mit Smarties in einer Plastikschale, den Flächeninhalt des Glücksschweinchens ermitteln.

Ein Vergleich der Gruppenergebnisse soll eine Mittelwertbildung aller Ergebnisse nahe legen, die dann in einem Unterrichtsgespräch an der Tafel durchgeführt werden soll. Hier wird dann ein Rückbezug auf die Schätzungen vom Beginn der Stunde stattfinden. Die beste Schätzung der Schüler soll ermittelt werden. Ein Ausstieg an dieser Stelle ist möglich und sinnvoll.

68 vgl. HERGET, W. Wahrscheinlich? Zufall? Wahrscheinlicher Zufall… In: mathematik lehren [1997]

Vertiefend bietet sich hier die Frage nach der Genauigkeit des benutzten Verfahrens an. In einem Unterrichtsgespräch kann ein weiteres Experiment zur Bestimmung der Genauigkeit vorbereitet werden. Die Vorbereitung beinhaltet das Zeichnen eines Rechtecks in der Nähe des Glücksschweins und die Berechnung des Flächeninhaltes dieses Rechtecks. Dieses nachträglich eingezeichnete Rechteck sollte sich in der Nähe des Schweinchens befinden, um die Versuchsbedingungen möglichst exakt beizubehalten. Das Verhältnis dieses Flächeninhaltes zum gesamten Flächeninhalt des Papiers kann einerseits berechnet und andererseits in einer weiteren Schülerarbeitsphase experimentell überprüft werden. Die so ermittelten Abweichungen zwischen Berechnung und Experiment ermöglichen eine Aussage über die Genauigkeit des Verfahrens

4 Lernmöglichkeiten und Kompetenzen

4.1 Fachkompetenzen

Die Schülerinnen und Schüler sollen...

- *mit technischen Elementen der Mathematik umgehen können*, indem sie den Flächeninhalt einer Figur abschätzen, Mittelwerte bestimmen und die Ergebnisse eines Zufallsexperiments zur Bestimmung eines Flächeninhalts nutzen können (K5),
- im Unterrichtsgespräch eine stochastische Methode zur Flächeninhaltsbestimmung *modellieren* können (K3),
- *ein Problem mathematisch lösen*, indem sie selbständig ein Zufallsexperiment durchführen und auswerten können (K2),
- *mathematisches Argumentieren üben*, indem sie ihre eigenen Schätzungen reflektieren und die Genauigkeit stochastischer Ergebnisse beurteilen können (K1).

4.2 Sozialkompetenzen

Die Schülerinnen und Schüler sollen...

- ihre Kooperations- und Kommunikationsfähigkeit in Schülerarbeitsphasen verbessern.[69]

4.3 Methodenkompetenzen

Die Schülerinnen und Schüler sollen...

- mit der Monte-Carlo-Methode ein Verfahren kennen lernen, das in der Realität eingesetzt wird, und so einen Einblick in die Bedeutung der Mathematik in der Realität erhalten.

69 vgl. HESSISCHES KULTUSMINISTERIUM. Rahmenplan Mathematik für den gymnasialen Bildungsgang G9 (Sekundarstufe I) [2005], S. 6.

5 Geplanter Unterrichtsverlauf

Phase	Inhalt	Sozialform	Medien
Einstieg	Schätz den Flächeninhalt des Glücksschweins! Eigenes Schätzen der Schüler in deren Hefte notieren.	Unterrichtsgespräch	OH-Projektor, Hefte
1. Arbeitsphase	Kernfrage: Wie kann man den Flächeninhalt des Glücksschweins bestimmen? Sammeln der Schülerbeiträge, dabei Entwickeln einer stochastischen Methode zur Flächeninhaltsberechnung.	Unterrichtsgespräch	Tafel
2. Arbeitsphase	Experimentelles Bestimmen des Flächeninhalts des Glücksschweins.	Gruppenarbeit	Arbeitsblatt, Experimentiermaterial, Hefte
Sicherung	Sammeln der Gruppenarbeitsergebnisse an der Tafel. Mittelwertbildung und Vergleichen mit den Schätzungen vom Anfang der Stunde. Hier ist die erste Ausstiegsmöglichkeit, dann 1. Vertiefung als Hausaufgabe.	Unterrichtsgespräch	Tafel, Hefte
1. Vertiefung	Betrachtungen über die Genauigkeit der Flächeninhaltsbestimmung, dabei Entwickeln einer Möglichkeit zur Überprüfung der Genauigkeit der ermittelten Ergebnisse. Hier ist die 2. Ausstiegsmöglichkeit. Keine Hausaufgabe, da Experimentiermaterial nicht für jeden Schüler zur Verfügung steht.	Unterrichtsgespräch	Tafel, Hefte
2. Vertiefung	Experimentelles Bestimmen der Genauigkeit der Flächeninhaltsbestimmung.	Gruppenarbeit	Hefte, Tafel

Weiteres Material auf CD-ROM unter dem Stichwort „Glücksschweinchen"

Daniela Müller

Ausflug mit einem Mietwagen

Eingangsstory
lineare Kostenfunktion
gestufte Lernhilfen

Terme und Gleichungen

Das Zentrum dieser Stunde besteht darin, dass die Schülerinnen und Schüler ihre fachlichen, methodischen sowie ihre sozialen Kompetenzen weiterentwickeln. Sie sollen anhand einer Anwendungsaufgabe das Aufstellen und Lösen von linearen Gleichungen anwenden und üben sowie innerhalb einer Empfehlung ihr Vorgehen reflektiert betrachten.

1 Bedingungsfelder des Unterrichts

1.1 Lerngruppenanalyse

Die Klasse 8D setzt sich aus 21 Schülerinnen und 12 Schülern zusammen.

Ich unterrichte diese Klasse seit dem aktuellen Schuljahr eigenverantwortlich jeweils mittwochs in der ersten und zweiten, donnerstags in der sechsten und freitags in der dritten Stunde. Das Verhältnis der Lerngruppe zu mir ist freundlich und aufgeschlossen, jedoch neigt die Klasse manchmal zur Unruhe, was sich in Gesprächen der Schülerinnen und Schüler untereinander äußert.

Das Verhalten der Schülerinnen und Schüler untereinander ist verschieden. Innerhalb von geschlechtshomogenen Gruppen sind sie sehr fair zueinander. In geschlechtsheterogenen Gruppen wird der Unterschied zwischen den zum Großteil reiferen Mädchen und den sehr lebhaften Jungen besonders deutlich. Die Schülerinnen nehmen die Schüler nicht ernst, da sie sich teilweise noch nicht ihrem Alter entsprechend verhalten.

Besonders zwei Schüler treten in diesem Verhalten hervor. Sie finden auch kleine Anlässe, um mit Gelächter oder lauten Bemerkungen, die nicht den Unterricht betreffen, aufzufallen. Sie weisen beim Einhalten von Gesprächsregeln noch Defizite auf, welches sich durch Hereinrufen oder durch Rufen beim Melden äußert. Gleichzeitig sind sie aber sehr bemüht, den Unterricht fachlich voranzubringen.

Der Leistungsstand der Lerngruppe ist sehr heterogen. Etwa sechs Schülerinnen und Schüler zeigen sowohl im Unterrichtsgespräch als auch bei schriftlichen Aufgaben sehr gute Leistungen.

Sie können ihre Antworten präzise formulieren und auf Fragen von Lehrerin, Mitschülerinnen und Mitschülern gezielt eingehen. Eine große Gruppe zeigt im Unterricht gute Leistungen. Besonders die erste Besprechung mündlicher Noten vor den Herbstferien, die vor allem Perspektiven zur Verbesserung jedes einzelnen Schülers und Schülerin geben sollte, scheint bereits ihre Wirkung zu zeigen. In der ersten Stunde nach den Ferien arbeiteten die Schülerinnen und Schüler bis auf wenige Ausnahmen engagiert und konzentriert mit. Auch vorher eher unauffällige Schülerinnen und Schüler zeigten Interesse und Mitarbeit. In den schriftlichen Leistungen wird ebenfalls deutlich, dass diese Gruppe von Schülerinnen und Schülern mathematische Zusammenhänge verstehen und ihr Wissen gut auf neue Probleme übertragen kann. Aus dieser Gruppe fallen zwei bis drei Schüler auf, die sporadisch Regeln des Unterrichts vergessen einzuhalten und so Störungen produzieren.

Etwa acht Schülerinnen und Schüler liegen im mittleren bis unteren Leistungsniveau. Sie halten sich im Unterricht eher zurück. Verständnisfragen stellen sie direkt an ihre benachbarten Mitschülerinnen und Mitschüler und verlieren dadurch häufig den Bezug zum laufenden Unterricht. Dem versuche ich entgegenzuwirken, indem ich wiederholende Erklärungen an verschiedene Schülerinnen und Schüler zurückgebe und auch Reflexionen über Lösungswege einfordere. Gerade beim Reflektieren und Erklären eines Lösungswegs zeigen die Schülerinnen und Schüler dieser und der davor genannten Gruppe Schwierigkeiten. Sie können ihr Vorgehen schrittweise erklären, zeigen aber deutlich Schwächen in ihren Formulierungen. Diese Schwächen beziehen sich auch auf Präsentationen an der Tafel oder von Folien.

Eine Gruppe von etwa drei Schülerinnen und Schülern besitzt nur sehr geringe fachliche Kompetenzen. Sie verstehen mathematische Zusammenhänge sehr schlecht und weisen große Defizite bei der Reproduktion mathematischer Zusammenhänge auf.

Das Arbeiten in Gruppen bereitet den Schülerinnen und Schülern allgemein keine Schwierigkeiten. Dabei muss darauf geachtet werden, dass die fünf Schüler, denen es eher schwer fällt, sich an Regeln zu halten, in unterschiedlichen Gruppen arbeiten. Aufgrund der Selbstorganisation der Schülerinnen und Schülern in der Gruppe besteht ansonsten die Gefahr, dass diese Schüler sich gegenseitig vom Lernen und Arbeiten abhalten. Daher nehme ich für solche Phasen des Unterrichts die Gruppeneinteilung vor.

2 Lernmöglichkeiten und Kompetenzen

Das didaktische Zentrum dieser Stunde besteht darin, dass die Schülerinnen und Schüler ihre fachlichen, methodischen sowie ihre sozialen Kompetenzen weiter entwickeln. Sie sollen anhand einer Anwendungsaufgabe das Aufstellen und Lösen von linearen Gleichungen anwenden und üben, sowie innerhalb einer Empfehlung ihr Vorgehen reflektiert betrachten.

2.1 Fachliche Kompetenzen

Die Schülerinnen und Schüler erarbeiten anhand eines realen Problems und mit Hilfe eines eigenen bereits erarbeiteten Vorgehens das Aufstellen und Lösen von linearen Gleichungen.

Die Schülerinnen und Schüler sollen:

- durch Aufstellen und Lösen linearer Gleichungen eine Empfehlung für ein reales Problem ableiten und formulieren,
- sich im mathematischen Modellieren üben (K3), indem sie das reale Problem in ein mathematisches Problem, eine lineare Gleichung, übersetzen, diese mit innermathematischen Prozessen lösen und das Ergebnis bezüglich der Realität validieren,
- sich im mathematischen Kommunizieren üben (K6), indem sie die nötigen Informationen aus der Aufgabenstellung entnehmen und die Frage mit Hilfe ihrer Lösung beantworten, diese anderen vorstellen und ggf. darüber diskutieren,
- sich im Umgang mit formalen, symbolischen und technischen Elementen der Mathematik üben (K5), indem sie zum Lösen der Aufgabe die entsprechenden Gleichungen aufstellen und lösen.

2.2 Methodische Kompetenzen

Die Schülerinnen und Schüler sollen:

- ihr selbstständiges Arbeiten sowie das Arbeiten in Gruppen verbessern,
  - indem sie die Aufgabe gemeinsam in der Gruppe lösen,
  - indem sie sich durch die gestuften Lernhilfen; falls nötig; selbstständig Hilfe holen,
- das Präsentieren eigener Ergebnisse verbessern, indem sie ihre Lösungen klar strukturiert der Lerngruppe vorstellen und erklären.

2.3 Soziale Kompetenzen

Die Schülerinnen und Schüler sollen ihre Teamfähigkeit und ihre Kommunikationsfähigkeit verbessern, indem sie in Gruppen über die Lösung der Aufgabe diskutieren und gemeinsam eine Lösung erarbeiten.

3 Didaktische Überlegungen und curriculare Einordnung der Stunde

Der Umgang mit Gleichungen begleitet die Schülerinnen und Schüler nicht nur in der Mathematik bis zu ihrem Abschluss, sie stellen auch in den Naturwissenschaften unter anderem in Physik ein grundlegendes Arbeitsmittel dar. Je nach ihrer zukünftigen Berufswahl müssen sich die Schülerinnen und Schüler auch später mit Gleichungen beschäftigen. Zusätzlich zeigt sich, dass die Schülerinnen und Schüler unterschiedlicher Jahrgänge bis zur Oberstufe Probleme beim Lösen von Gleichungen aufweisen. Daher ist ein solides Grundverständnis besonders wichtig. Außerdem ist der Umgang mit symbolischen, formalen und technischen Aspekten der Mathematik eine in den Bildungsstandards neu geforderte Kompetenz[70], wozu das Lösen von Gleichungen gezählt wird.

Im Lehrplan der Jahrgangstufe 8 sind lineare Gleichungen als verbindliche Unterrichtsinhalte vorgeschrieben, dort heißt es: „Die Schülerinnen und Schüler haben in Klasse 7G Äquivalen-

70 BLUM, W.; DRÜKE-NOE, C., et al. Bildungsstandards Mathematik: konkret [2006], S. 47

zumformungen einfacher linearer Gleichungen kennen gelernt, die deren systematisches Lösen erlauben. Diese Fähigkeiten werden hier ausgebaut und es kommen weitere Termumformungsregeln hinzu. Die rein schematische Benutzung der Operationen ist nicht das Ziel. Denn nur das Verständnis für die behandelten Verfahren führt langfristig auch zu einer Sicherheit in ihrer Anwendung."[71]

In Anwendungsaufgaben lernen die Schülerinnen und Schüler, reale Situationen in die Sprache der Mathematik zu übertragen und zu lösen und das Ergebnis zu interpretieren. Sie erfahren hierbei die Funktion und den Nutzen von linearen Gleichungen in der Alltagswelt. Die Verfahren zum Lösen der Gleichungen erhalten durch den Realitätsbezug auch eine inhaltliche Füllung, die das Verständnis derselben fördert.

Zu Beginn der Unterrichtseinheit haben wir einfache Terme und Gleichungen aufgestellt und berechnet. Dabei konnten wir auf das Vorwissen aus der Jahrgangstufe 7 zurückgreifen, in der bereits einfache lineare Gleichungen behandelt wurden.

In der heutigen Stunde soll durch eine reale Anwendungsaufgabe den Schülerinnen und Schülern verdeutlicht werden, wie Gleichungen eingesetzt werden. Sie sollen aus einem Text selbstständig eine Gleichung aufstellen, lösen und das Ergebnis im Realzusammenhang deuten und bewerten.

4 Methodische Überlegungen

> **Liebe Freunde !**
>
> Am 01. November ist es soweit: Ich werde 90 Jahre alt! Aus diesem Grund möchte ich mit euch feiern.
> Das große Buffet beginnt um 12:00 Uhr in der „Alten Schlossschänke", Ruhrstraße 27 in Bochum.
>
> Bitte gebt mir kurz telefonisch Bescheid, ob ihr kommt.
>
> Über euer Kommen freue ich mich schon jetzt.
>
> **Liebe Grüße**
> **W. Steinfeld**

Abbildung 12: Einladungstext

Ich habe mich aus verschiedenen Gründen für den Einsatz der „Automieten-Aufgabe" entschieden. Zunächst soll den Schülerinnen und Schülern die Aufgabe zeigen, dass lineare Gleichungen keine abstrakten Gebilde sind, die sich jemand ausdenkt, damit Schüler etwas zu tun haben. Zwischen der Empfehlung zum Mietauto und dem Lösen einer linearen Gleichung besteht ein Zusammenhang. Diesen müssen die Schülerinnen und Schüler zunächst erkennen, um eine passende Gleichung aufzustellen. Das Vorgehen dazu wurde in der vorangegangenen Stunde erarbeitet und auf einem Plakat festgehalten.

Die Aufgabe stellt einen „Pseudo-Realitätsbezug" dar, da sich der Preis für ein Mietauto tatsächlich nur scheinbar aus einem Grundpreis für das Auto und einem Preis für die gefahrenen Kilometer zusammensetzt. Bei untersuchten Autovermietungen ist im Grundpreis eine gewisse

71 HESSISCHES KULTUSMINISTERIUM. Lehrplan Mathematik – Gymnasialer Bildungsgang [2008], S. 21. Siehe www.kultusministerium.hessen.de

Carpool

Die vertrauenswürdige Autovermietung

Angebot:

Fahrzeugart:	VW Sharan, 7-Sitzer Peugeot 807, 7 Sitzer
Mietdauer:	2 Tage: Sa., 31.10.2009, 12:00 Uhr bis Mo., 02.11.2009, 10:00 Uhr
Mietpreis:	16,38€ pro Tag (exkl. MwSt.) 38€ (inkl. MwSt.)
Preis pro Kilometer:	0,30€ (inkl. MwSt.)

Abbildung 13: Beispielangebot

Anzahl an Kilometern, 600 bis 1000 „Frei-km", bereits mit inbegriffen. Durch eine Weiterführung der Aufgabe zu realen Angeboten tatsächlich bestehender Autovermietungen erkennen die Schülerinnen und Schüler die Komplexität der Realität, und das Vereinfachen innerhalb eines mathematischen Modells kann daraufhin später thematisiert werden.

Des Weiteren stellt diese Aufgabe eine Verbindung zwischen linearen Gleichungen und linearen Funktionen dar, die thematisch den erstgenannten folgen werden. Ein Rückgriff, und damit eine Vernetzung, bietet sich hiermit an. Verschiedene Lösungswege können innerhalb des Themas „lineare Funktionen" anhand dieser Aufgabe einander gegenübergestellt und bezüglich ihrer Funktionalität bewertet werden.

Als letzten Punkt will ich die Bedeutung der eigenen Formulierungen als Grund zur Wahl dieser Aufgabe anbringen. Die Schülerinnen und Schüler sollen nicht nur herausfinden, welche Vermietung für eine feste Strecke günstiger ist, sondern zusätzlich eine Empfehlung abgeben. Dazu müssen sie überzeugende Argumente vorbringen und angemessen formulieren, was ich in dieser Lerngruppe als besonders wichtig ansehe (vgl. Lerngruppenanalyse). Die Mathematik dient zur Untermauerung der Argumente.

Als Unterrichtsmethode habe ich mich in dieser Stunde für eine Gruppenarbeit entschieden. Durch die Gruppenarbeit möchte ich einerseits die sozialen Kompetenzen der Schülerinnen und Schüler weiter fördern. Andererseits sollen die leistungsschwächeren Schülerinnen und Schüler in der Gruppe unterstützt und die leistungsstärkeren Schülerinnen und Schüler durch eventuelles Erklären weiter gefördert werden. In den Gruppen erhalten die Schülerinnen und Schüler das Arbeitsblatt mit Angeboten von zwei verschiedenen Autovermietungen. Mit diesem Material sollen sie die Aufgabe durch Aufstellen von Gleichungen lösen und anschließend eine Präsentation auf Folie vorbereiten. Alternativ hätte man die Gleichungen auch im Unterrichtsgespräch erarbeiten können. Jedoch führt ein selbstständiges Lösen der Aufgabe zu einer besseren Auseinandersetzung mit dem Thema, sodass ich mich für eine Gruppenarbeit entschieden habe. Leider ist es aus bereits genannten Gründen nicht möglich mit wirklichen Angeboten zu arbeiten. Eine Verbindung zwischen der vereinfachten Aufgabe und tatsächlich existierenden Angeboten soll als Weiterführung in der Vertiefung in der heutigen oder der folgenden Stunde geschaffen werden. Als Hilfestellung befinden sich an der Tafel und der dieser gegenüberliegenden Seite für die Schülerinnen und Schüler gestufte Lernhilfen. Die Hilfen sind so realisiert, dass den Schülerinnen und Schüler auf einem DIN-A4 Blatt ein Tipp oder Denkanstoß gegeben wird. Klappt man das Papier hoch, so findet man hier die Lösung zu diesem Tipp oder Denkanstoß. Die Entscheidung für die gestuften Lernhilfen liegt darin begründet, dass ich den

Reales Angebot:

31.10.2009 (Sa.) 12:00 Uhr - 02.11.2009 (Mo.) 10:00 Uhr.

Fahrzeug: Ford Galaxy,
VW Sharan,
Peugeot 807

Preis 161€ (2 Tage) inkl. 900 km,
Haftpflichtversicherung
Jeder zusätzliche Kilometer kostet 0,23€

Abbildung 14: Reales Angebot

Schülerinnen und Schüler ein zügiges Arbeiten ermöglichen möchte, ohne selbst während der Gruppenarbeit unnötig in den Mittelpunkt zu rücken. Zusätzlich sollen die Schülerinnen und Schüler zeitnah Unterstützung bekommen. Zu langes Überlegen ohne zufrieden stellende Lösung kann zu Frustrationen führen, und so soll durch das zeitnahe „Unterstützungholen" zusätzlich Frustration vermieden werden. Andernfalls könnte die Frustration zum Abbruch der Auseinandersetzung der Schülerinnen und Schüler mit dem Problem führen[72]. Leistungsstärkere Schülerinnen und Schüler können die Aufgaben vermutlich ohne die Lösungshinweise lösen. Leistungsschwächere Schülerinnen und Schüler könnten sich die nötige Unterstützung und Sicherheit für das Bearbeiten holen ohne nur den Lehrer oder ihre Gruppe zu fragen. Somit können die Schülerinnen und Schüler nach ihren Möglichkeiten und Fähigkeiten gefördert und gefordert werden. Die Lernhilfen hängen an zwei Stellen aus, um bei der Klassengröße von 33 Schülerinnen und Schüler tatsächlich eine Hilfestellung und keine Störung durch einen zentralen Unruhepol darstellen zu können.

72 STEFFENS, U.; LEHMANN, G., et al. PISA macht Schule [2006], S. 216

5 Geplanter Unterrichtsverlauf[73]

Phase	Inhalt	Sozialform	Medien
Einstieg/ Motivation	Die Lehrerin präsentiert den Schülerinnen und Schülern eine Einladung. Anschließend erzählt sie den Schülerinnen und Schülern eine Geschichte und teilt ihnen ihr Problem mit.	LV	Einladung, OHP, AB I
Erarbeitung	Die Schülerinnen und Schüler lösen in Gruppen die Aufgabe mit Hilfe ihres vorher erarbeiteten Vorgehens und der gestuften Lernhilfen.	GA	Plakat, Lernhilfen
Ergebnissicherung (minimal)	Die Schülerinnen und Schüler präsentieren ihre Lösungen. Das Vorgehen wird erörtert und beschrieben, indem die Schülerinnen und Schüler ihre Empfehlung aussprechen.	SV	OHP, Tafel
Vertiefung (maximal), evtl. Vorbereitung als Hausaufgabe	Die Schülerinnen und Schüler vergleichen ihre Ergebnisse und Materialien mit realen Beispielen und erläutern weitere Punkte, die man beim Vergleich beachten muss.	PA, UG	AB II

Weiteres Material auf CD-ROM unter dem Stichwort „Mietwagen"

73 UG – Unterrichtsgespräch, GA – Gruppenarbeit, LV – Lehrervortrag, SV – Schülervortrag, PA – Partnerarbeit, OHP – Overheadprojektor, AB – Arbeitsblatt

Nadine Heine

Bestimmung der Fläche einer Insel

krummlinige Fläche

schätzen, messen, vergleichen

Gruppenergebnisse zusammenfügen

Krummlinig umrandete Flächen

Die Schülerinnen und Schüler bestimmen den Flächeninhalt der Insel Fehmarn als eine modellierte (zusammengesetzte) geometrische Figur. Dabei sollen die Lernenden in Kleingruppen die realitätsnahe Problemstellung verstehen, diese Situation mathematisieren, über Lösungsstrategien der Berechnung des Flächeninhaltes kommunizieren sowie diese überzeugend vor der Lerngruppe präsentieren.

1 Lerngruppenbeschreibung

Seit Beginn des Schuljahres 2008/2009 unterrichte ich die Klasse G5c, bestehend aus 12 Schülern und 15 Schülerinnen, eigenverantwortlich in Mathematik. Seit den Osterferien nimmt eine neue Schülerin am Unterricht in dieser Lerngruppe teil.[74] Die Klasse hat insgesamt fünf Stunden Mathematik in der Woche, es handelt sich um eine G8-Klasse. Die Schülerinnen und Schüler werden (bis auf die oben genannte Schülerin) erst seit Beginn des Schuljahres in dieser Zusammensetzung unterrichtet, da hier der Übergang von der Grundschule in den gymnasialen Zweig der Gesamtschule stattgefunden hat. Daraus ergeben sich unterschiedliche Vorrausetzungen in Bezug auf ihre Kenntnisse aus dem Mathematikunterricht (vgl. methodische Überlegungen).

Die Lernenden sind im Alter von 10 bis 11 Jahren, haben aber einen sehr unterschiedlichen Entwicklungsstand. Sie befinden sich in der späten Kindheitsphase und somit nach Piaget in dem Übergang von der konkret-operationalen Stufe zur formallogischen Stufe, in der sich das abstrakte Denken erst entwickelt.[75] Sie lernen das gedankliche „Operieren", wobei dieses noch an konkrete Dinge gebunden ist und daher einen hohen Grad an Anschaulichkeit erfordert (vgl. methodische, didaktische Überlegungen). Dies äußert sich darin, dass viele Schülerinnen und Schüler Probleme haben, geschlossene Textaufgaben zu bearbeiten. Demzufolge wird den

74 Den Leistungsstand der Schülerin kann ich zum jetzigen Zeitpunkt nicht umfassend einschätzen. Ich bin jedoch bemüht sie im Unterricht zu integrieren und helfe ihr die Unterrichtsinhalte, die an ihrer ehemaligen Schule noch nicht behandelt wurden, nachzuarbeiten.

75 vgl. BOVET, G.; HUWENDIEK, V., et al. Leitfaden Schulpraxis [2006], S. 208

Lernenden in dieser Stunde die offene Bearbeitung einer motivierenden Aufgabe angeboten. Seit Beginn des zweiten Schulhalbjahres lernen die Schülerinnen und Schüler in allen Fächern in geschlechtergemischten Gruppen. Ich habe einige Lernende der Gruppen so umgesetzt, dass die Teams leistungsheterogen zusammengestellt wurden. Demzufolge sind sie an diese Sitzordnung gewöhnt. Insgesamt gesehen würde ich das Verhältnis der Schülerinnen und Schüler untereinander als recht gut beschreiben. Es herrschen keine lernhinderlichen Antipathien unter den Teammitgliedern. Jedoch neigen viele Schülerinnen und Schüler dazu, lieber alles alleine zu machen. Durch einen entsprechenden kooperativen Arbeitsauftrag möchte ich diesem Verhalten entgegenwirken (vgl. methodische Überlegungen).

Auffällig in der Lerngruppe ist die laute Arbeitsweise. Um diesen Lärmpegel zu verringern, kann die Klasse nach jeder Stunde bis zu zwei Smileys sammeln. Folglich haben die meisten Schülerinnen und Schüler einen Anreiz leiser zu sein. Einen ersten kleinen Erfolg konnte ich bereits feststellen. Weiterhin soll jeder Schüler und jede Schülerin lernen für seine/ihre Teammitglieder Verantwortung zu übernehmen, indem er/sie darauf achtet, dass alle leise sind und keiner sich mit etwas anderem beschäftigt. Falls dies nicht möglich ist und diese Gruppe andere Schülergruppen stört, erhalten sie zuerst eine gelbe Verwarnungskarte und dann die rote, die aber noch nie zum Einsatz kam. Bei einer roten Karte erhält die Gruppe eine Zusatzhausaufgabe. In diesem Zusammenhang fällt besonders ein Junge auf, der häufig andere Schüler und Schülerinnen vom Arbeiten ablenkt und daher stets eine extra Aufforderung benötigt mit der Aufgabe anzufangen.

Weiterhin kann ich das Verhältnis der Klasse zu mir als gut beschreiben. Sie sind mir vertraut und haben mich als Lehrperson im Mathematikunterricht akzeptiert. Durch die positiv gestimmte Unterrichtsatmosphäre, die durch Freundlichkeit und gegenseitigen Respekt gekennzeichnet ist, haben die Lernenden keine Scheu, sich bei Unklarheiten oder Unsicherheiten an mich zu wenden.

Der Leistungsstand der Klasse ist im mündlichen sowie im schriftlichen Bereich heterogen, was unter anderem durch die unterschiedlichen Kenntnisse aus der Grundschule hervorgerufen wird. Durch verstärkte differenzierte Übungen versuche ich seit Beginn meiner Unterrichtstätigkeit in dieser Klasse, die Schülerinnen und Schüler auf einen annähernd gleichen Wissenstand zu bringen, was mir aber nicht bei allen gelingt. Besonders eine Schülerin hat generell große Probleme im Mathematikunterricht. Ihr wende ich mich gegebenenfalls besonders zu.
In Bezug auf die mündliche Beteiligung im Unterricht stellte ich am Anfang eine recht träge Arbeitshaltung fest, die sich aber seit dem neuen Schulhalbjahr deutlich verbessert hat. Dies kommt einerseits durch die differenzierten Übungen zustande und andererseits durch die kooperative Arbeitsweise, bei der die meisten Lernenden ihre Scheu verloren haben, etwas Falsches zu sagen. Positiv bei der mündlichen Beteiligung fallen besonders drei Schülerinnen und Schüler auf, die häufig sehr gute Beiträge zum Unterrichtsgespräch leisten. Als erfreulich zeigt sich, dass wenn es um die Präsentation von Gruppenergebnissen geht, alle Lernende ihre Ergebnisse vorstellen wollen (vgl. methodische Überlegungen).

Diese Heterogenität spiegelt sich auch im schriftlichen Bereich wider, was den Umfang und die Qualität der schriftlichen Leistungen sowie die Zeit, die benötigt wird, um die Aufgaben zu bearbeiten, betrifft. Während den meisten Schülerinnen und Schülern die Bearbeitung von schriftlichen, eigenständigen Aufgaben leicht fällt und sie auch in selbstständigen Arbeitspha-

sen konzentriert arbeiten, benötigen einzelne mehr Zeit, um den Arbeitsauftrag zu erledigen. Einige Schüler und Schülerinnen sind bereits fertig mit ihren Aufgaben, während andere erst mit der Bearbeitung beginnen. Diesen leistungsschwächeren Schülerinnen und Schülern wird im Unterricht besonders geholfen und in dieser Stunde befinden sie sich in einer leistungsheterogenen Gruppe. Somit können die Leistungsstärkeren ihnen helfen.
Um diesen Problemen entgegenzuwirken, habe ich in dieser Stunde auch bestimmte Differenzierungsmaßnahmen (Hilfskarten, Zusatzaufgaben, Gruppenzusammensetzung) vorgesehen (vgl. methodische Überlegungen).

2 Sachanalyse

Im Mittelpunkt der heutigen Stunde steht die mathematische Modellierung des Flächeninhalts der Insel Fehmarn.

Der Modellierungsprozess[76] besteht aus mehreren Schritten. Angewandt auf das vorliegende Beispiel der Berechnung des Flächeninhalts der Insel Fehmarn bedeutet dies: Die Schülerinnen und Schüler müssen zunächst die Problemsituation / Fragestellung klären. Die Ausgangssituation der Aufgabe ist nicht klar umrissen, lediglich die Maßstabsangabe und die mögliche Frage: „*Wie groß ist der Flächeninhalt der Insel Fehmarn?*“, die die Lernenden selbstständig erkennen müssen (das reale Modell). In einem zweiten Schritt überlegen sich die Lernende, durch welche ihnen aus dem Mathematikunterricht bekannten geometrischen Figuren sie die Fläche beschreiben können (*mathematisieren*). Ein möglicher Lösungsweg wäre, dass die Schülerinnen und Schüler den Flächeninhalt der Insel durch ein Rechteck und rechtwinkliges Dreieck annähern (*deduzieren*).[77] Ein wichtiger und entscheidender Teilschritt vor dem Ermitteln des Flächeninhaltes ist das Umrechnen der Seitenlängen mithilfe des Maßstabes. Im Folgenden berechnen die Lernenden die einzelnen Flächeninhalte der geometrischen Figuren und addieren die einzelnen Flächeninhalte. In einem letzten Schritt *interpretieren* die Schüler und Schülerinnen das Ergebnis und versuchen dies auf die *reale Situation* zu übertragen. Hierbei könnten sie den Mittelwert des berechneten Flächeninhaltes der Insel von allen Gruppen errechnen (mögliche Vertiefung I; vgl. methodische Überlegungen). Dabei addieren sie alle Werte und dividieren sie durch sieben (Anzahl der Gruppen). Daher ist es möglich eine genauere Näherung zu erhalten, sofern sich keine Gruppe zu sehr verrechnet hat.

Als mögliche Zusatzaufgabe vergleichen die Lernenden die Fläche von Fehmarn mit Kassel (vgl. didaktische Überlegungen). Hierbei können sie beispielsweise die Folie von Kassel, die die Teams erhalten, als Puzzleteil auf die Folie von Fehmarn legen. Hierbei würden die Schüler feststellen, dass Kassel circa zweimal in Fehmarn hineinpasst.

76 vgl. LEUDERS, T. Mathematik-Didaktik [2005], S. 157

77 Eine Lösung hierzu finden Sie auf der CD-ROM.

3 Didaktische Überlegungen

3.1 Bezüge zum Lehrplan

Der hessische Lehrplan für das Fach Mathematik (G8) weist für das 2. Schulhalbjahr der Klasse 5 das Thema *Flächen und Flächeninhalt* mit dem Teilthema *Berechnung von Flächen, die aus Rechtecken und Quadraten zusammengesetzt sind*[78] und den fakultativen Unterrichtsinhalt *mathematische Erschließung komplexer Alltagssituationen, Maßstab* auf.[79]

3.2 Einordnung der Stunde in die Unterrichtseinheit

Die heutige Stunde ist eine abschließende Stunde im Rahmen dieses Themenkomplexes. In den vergangenen Stunden lernten die Schülerinnen und Schüler anwendungsorientiert, was der Flächeninhalt eines Rechtecks und eines Quadrates ist, sowie dessen Berechnung.

In den darauffolgenden Stunden wurden die Flächeneinheiten eingeführt und die Bestimmung des Flächeninhalts verschiedener zusammengesetzter Figuren aus Rechtecken und Quadraten sowie rechtwinkligen Dreiecken geübt.[80]

Das didaktische Ziel der heutigen Stunde ist, dass die Schüler und Schülerinnen ihre erworbenen Kenntnisse anwenden und auf ein Alltagsproblem übertragen. Dabei sollen sie vorhandene Heuristiken nutzen und ihre Modellierungskompetenz erweitern. Hierbei steht neben der fachwissenschaftlichen Lösung des Problems vor allem das Finden von angemessenen Lösungswegen im Zentrum des Unterrichts, was vielfältige Schüleraktivitäten differenzierten Niveaus fordert.

3.3 Zur Unterrichtsstunde

Zur Ermöglichung eines vernetzten und anwendungsorientierten Übens habe ich mich für das Beispiel der Untersuchung des Flächeninhalts einer Insel entschieden. Als exemplarisches Beispiel wurde die Insel Fehmarn ausgewählt, die die meisten Lernenden bereits aus dem Erdkundeunterricht kennen müssten (*Schülerorientierung und fächerübergreifendes Prinzip*). Insofern knüpfe ich an ihre Erfahrungen an. Die Wahl des Unterrichtsgegenstandes stellt einen Bezug zur Lebenswelt der Schülerinnen und Schüler dar, da viele von ihnen bereits an der Ostsee Urlaub gemacht haben bzw. dies in den kommenden Sommerferien vorhaben. Des Weiteren wurde diese Insel ausgesucht, da ihre Fläche nicht zu kompliziert ist. Daher können die Schülerinnen und Schüler den Flächeninhalt mit ihren Kenntnissen aus den vorherigen Stunden bestimmen. Zusätzlich wurde auch ein Maßstab ausgewählt, mit dem auch leistungsschwächere Schüler und Schülerinnen ohne weitere Schwierigkeiten rechnen können (vgl. Sachanalyse).

---

78 vgl. HESSISCHES KULTUSMINISTERIUM. Lehrplan Mathematik – Gymnasialer Bildungsgang [2008], S. 12. Siehe www.kultusministerium.hessen.de

79 vgl. HESSISCHES KULTUSMINISTERIUM. Lehrplan Mathematik – Gymnasialer Bildungsgang [2008], S. 14. Siehe www.kultusministerium.hessen.de

80 Da der Flächeninhalt eines rechtwinkligen Dreiecks genau die Hälfte des Flächeninhaltes eines Rechtecks ist, wurde bereits schon in Klasse 5 die Bestimmung des Flächeninhaltes eines rechtwinkligen Dreiecks eingeführt.

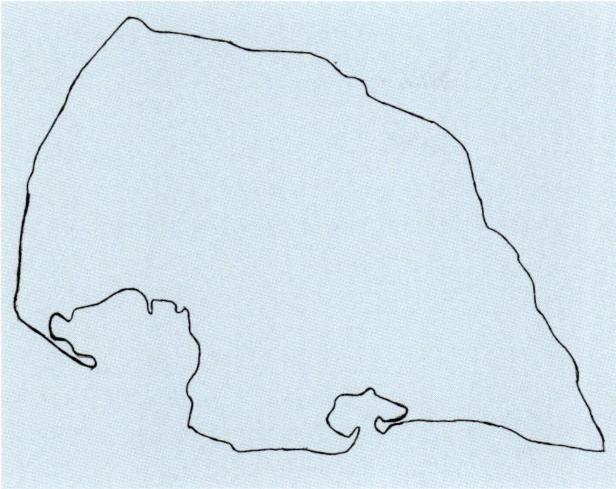

Abbildung 15: Skizze der Insel Fehmarn

Da die Lernenden in diesem Alter Probleme haben, sich größere eventuell unbekannte Flächen vorzustellen, soll die Insel Fehmarn entweder als Zusatzaufgabe oder in den kommenden Stunden mit der Fläche von Kassel verglichen werden (vgl. Lerngruppenbeschreibung).

Weil dieses Thema ohne entsprechende Hilfestellungen für die leistungsschwächeren Schülerinnen und Schüler zu komplex ist, habe ich mich für abgestufte Tippkarten als Differenzierungsmaßnahme entschieden (vgl. Lerngruppenbeschreibung, methodische Überlegungen). Einige Tippkarten hängen verdeckt hinter der Tafel, die die Schülergruppen durch meinen Hinweis bei größeren Schwierigkeiten verwenden können. Die anderen Hilfskarten befinden sich für alle Teams sichtbar an der Tafel. Die Tippkarten enthalten vielfältige Ideen, die den Schülerinnen und Schülern weiterhelfen sollen. Weiterhin bietet es sich bei einer solchen anwendungsorientierten Aufgabe an, diese in Gruppen zu bearbeiten, um zu gewährleisten, dass alle Lernende zu einem positiven Ergebnis gelangen können. Dadurch werden zugleich die sozialen und kommunikativen Fähigkeiten der Lernenden gefördert, die v.a. bei dieser Klasse noch verstärkt geübt werden müssen.[81]

Die erworbenen Kenntnisse, Fähigkeiten und Fertigkeiten ermöglichen es den Schülern und Schülerinnen, sich mit problematischen Situationen der gegenwärtigen und zukünftigen Lebenswelt auseinander zu setzen. Demzufolge können sie ohne weitere Probleme beispielsweise verschiedene Flächen von Ländern / Inseln bestimmen und miteinander vergleichen.

Die Lerngruppe hat bereits einige Erfahrungen mit geöffneten und anwendungsorientierten Aufgaben sammeln können. Da diese Bestandteil einer neuen Aufgabenkultur im Mathematikunterricht sind, möchte ich, dass die Lernenden in dieser Stunde ihre Fähigkeit mathematisch zu modellieren erweitern.[82] Weiterhin müssen sie neue Problemlösestrategien entwickeln, wie der Flächeninhalt der Insel ermittelt wird.

4 Methodische Überlegungen

Der Schwerpunkt der heutigen Stunde liegt in der offenen Bearbeitung der Aufgabe der Bestimmung des Flächeninhalts der Insel Fehmarn.

81 vgl. BARZEL, B.; BÜCHTER, A., et al. Mathematik-Methodik [2007], S. 18

82 vgl. BLUM, W.; DRÜKE-NOE, C., et al. Bildungsstandards Mathematik: konkret [2006], S. 20

4.1 Einstieg / Problematisierung

Um die Schüler bereits am Anfang zu motivieren, habe ich als Einstieg eine selbst entwickelte Bildershow einschließlich Ton gewählt. Hierbei geht es um einen Urlaub von mir und meiner Nichte Anna einschließlich einer Schiffsrundfahrt um die Insel Fehmarn. Anna ist während der Fahrt um die Insel über deren Größe erstaunt. Ich selber meine sehr überzeugend, dass diese Insel kleiner als Kassel sei. Anna glaubt mir nicht und skizziert sich den Umriss der Insel von einem Prospekt ab und bittet die Klasse 5c um Hilfe. In der Präsentation sind einerseits die Bilder, zu der eben beschriebenen Situation zu sehen und anderseits, um eine höhere Aufmerksamkeit zu erreichen, wird noch ein Text eingesprochen, der sich in seiner Stilform an die *„Sendung mit der Maus*" anlehnt. Mit Hilfe dieses realitätsnahen sowie anschaulichen Einstiegs, möchte ich das Interesse und zugleich die Neugier der Lerngruppe wecken. Alternativ wäre auch ein informierender Einstieg möglich, jedoch wären die Lernenden dann evtl. weniger motiviert.

1. Frage: Schreibe die Fragestellung von der Tafel ab.
2. Selbst die Fragestellung verstehen: Schau dir die Fragestellung und die Karte bzw. die verkleinerte Skizze der Insel Fehmarn genau an. Entwickle eigene Lösungsideen und notiere sie hier.
3. Unseren Lösungsplan erstellen und unsere Präsentation vorbereiten: Jeder kann zunächst seine Ideen äußern. Einigt euch dann auf eine Idee. Notiert eure Rechenschritte. Schreibt euren Lösungsplan auch gleich mit auf die Folie.

Die Frage ist beantwortet, unsere Lösung lautet:

Abbildung 16: Aufgabenstellung

Die Lerngruppe wird in der Einstiegsphase zu einer selbstständigen Formulierung von Fragen zu der dargestellten Situation aufgefordert. Um ein größeres Interesse zu erlangen und diese Phase kindgerechter zu gestalten, setze ich eine Brille auf, die unsere Mathematikbrille darstellt. Weiterhin wird an die Tafel eine Karte gepinnt, auf der *„Frage*" steht. Diese Methoden sind den Schülerinnen und Schülern bekannt und ich vermute, dass sie keine Probleme haben werden, folgende Fragestellungen zu formulieren: *„Wie groß ist der Flächeninhalt der Insel Fehmarn?*". Die übrigen Fragen, die die Lernenden gestellt haben, werden entweder als Zusatzauftrag oder in der nächsten Stunde bearbeitet (vgl. didaktische Überlegungen). Die Fragen werden an der Tafel festgehalten und die Fragestellung, die zuerst bearbeitet werden soll, wird auf die Einstiegsfolie geschrieben, um zu gewährleisten, dass die Schülerinnen und Schüler die konkrete Aufgabenstellung für diese Stunde verstanden haben. Diese Phase, wie auch die anschließende, in der organisatorische Fragen geklärt werden, werden im Unterrichtsgespräch durchgeführt, um sicher zu stellen, dass alle Lernenden alles verinnerlicht haben (vgl. Lerngruppenbeschreibung).

Tipp 1
Wir haben keine Idee, wie wir anfagen sollen...

...wie ihr seht, ist die Fläche der Insel Fehmarn krummlinig, dann könnt ihr den Flächeninhalt der Insel nicht so genau bestimmen.

Fällt euch eine Strategie ein, wie ihr den Flächeninhalt ungefähr bestimmen könnt? (Nutzt den Materialienpool)

Abbildung 17: Beispiel einer Tippkarte

4.2 Erarbeitungsphase

Die Bearbeitung der Aufgabenstellung erfolgt in sieben leistungsheterogenen Teams (3-4 Schüler pro Gruppe), um die leistungsschwächeren Schülerinnen und Schüler besser in den Unterricht zu integrieren (vgl. Lerngruppenbeschreibung). Die Methode der Gruppenarbeit eignet sich zur Erarbeitung, da es sich um eine komplexe und offene Aufgabenstellung handelt, die verschiedene Lösungswege zulässt.[83] Zusätzlich erwarte ich durch die Kooperation und informelle Kommunikation eine gesteigerte Motivation der Schülerinnen und Schüler und dadurch einen höheren Lernerfolg (vgl. Lerngruppenbeschreibung und didaktische Überlegungen). Zuerst sollen die Lernenden gemäß dem Prinzip des kooperativen Lernens *„Think-Pair-Share"* sich alleine mit der Aufgabe auseinandersetzen. Somit wird sichergestellt, dass auch den leistungsschwächeren Schülern und Schülerinnen Zeit gelassen wird, selbst eigene Lösungsideen zu entwickeln oder auch nur eigene Probleme mit der Aufgabe zu formulieren. Ihre Gedanken können sie auf ein vorgefertigtes Arbeitsblatt, das sie immer erhalten, wenn sie eine offene Aufgabe bearbeiten, schreiben. Der Schwerpunkt der Auseinandersetzung liegt in der Gruppenarbeit. Des Weiteren sollen die Lernenden ihren Lösungsweg sofort auf die Folie schreiben, da ein Übertragen ungenau werden würde und zu viel Zeit in Anspruch nehmen würde.[84]

Die Teams sollen möglichst selbstständig in dieser Phase arbeiten. Um ihnen noch ein paar Tipps zu geben, erhält jede Gruppe eine zusätzliche Hinweiskarte, die sie bereits in abgewandelter Form aus vorherigen Stunden kennen.

Da vermutlich einige Schülergruppen Schwierigkeiten haben, werden den Teams an der Tafel abgestufte Tippkarten zur Verfügung gestellt (vgl. Lerngruppenbeschreibung, didaktische Überlegungen). Diese Methode ist den Lernenden bereits bekannt. Als Materialienpool werden jeder Schülergruppe Lineal, Folienstift, Geodreieck, Stoppuhr sowie eine Schere angeboten.

Da diese Aufgabe durch ihre Offenheit eventuell viel Zeit in Anspruch nehmen kann, könnte die Präsentationsphase erst in der nächsten Stunde stattfinden. Falls dies passieren sollte, sollen die Lernenden ein kurzes Feedback über den Stand ihres Arbeitsprozesses geben (Minimalziel).

Zusatzaufgabe:

Ihr seid schon fertig? Super!

Dann nehmt euch eine Zusatzaufgabe oder beantwortet eine der Fragen auf der Tafel!

Aufgabe:

Vergleicht eure berechnete Fläche mit der von Kassel. Nehmt euch die Zusatzaufgabenmaterialien vom Lehrertisch.

Abbildung 18: Zusatzaufgabe

Falls einige Schülergruppen schon eher fertig sind, können sie sich mit einem Zusatzauftrag auseinandersetzen (vgl. Lerngruppenbeschreibung, didaktische Überlegungen, Sachanalyse).

Als Präsentationsform wurde die Folie gewählt. In dieser Stunde habe ich mich gegen die Gestaltung eines Lernplakates entschieden, da es hierfür zu unübersichtlich wäre und zu viel Zeit in Anspruch nehmen würde.

83 vgl. BARZEL, B.; BÜCHTER, A., et al. Mathematik-Methodik [2007], S. 85

84 Eine Kopie der Präsentationsfolie erhält jede Gruppe in der nächsten Stunde.

4.3 Präsentationsphase und Vertiefung

In dieser Unterrichtsphase stellen ausgewählte Gruppen, die möglichst eine unterschiedliche Flächenzerlegung gewählt haben, ihr Ergebnis mit ihrem Lösungsweg vor.

An dieser Stelle wäre das Maximalziel I erreicht.

Da die Gruppen jeweils einen anderen farbigen Folienstift erhalten, können die Lösungen mithilfe der Overlay-Methode verglichen werden. Dabei kann v.a. die unterschiedliche Auslegung der Insel mit Rechtecken bzw. Quadraten und Dreiecken, die entweder außerhalb oder innerhalb der Insel verlaufen, kritisch hinterfragt werden. Hierbei bietet es sich an, die verschiedenen Ergebnisse (der Flächeninhalt der Insel in der Wirklichkeit, Anzahl der Flächen) der einzelnen Gruppen an der Tafel zu sammeln. Um eine genauere Näherung zu erhalten, können die Lernenden anschließend den Mittelwert bzw. Durchschnittswert der Daten ermitteln. Danach kann der Arbeitsaufwand (Anzahl der Flächen) mit dem Mittelwert verglichen werden. Das wäre die Vertiefungsmöglichkeit I, wenn am Ende der Stunde noch genügend Zeit vorhanden ist. Bei Zeitproblemen werden die Ergebnisse der Gruppen nur hinsichtlich Arbeitsaufwand und Genauigkeit ohne die Berechnung des Mittelwertes verglichen. Des Weiteren schätzen die Schüler und Schülerinnen die Bedeutung des Gelernten für ihre Lebenswelt ein.

An dieser Stelle wäre das Maximalziel II erreicht.

5 Kompetenzen

Das didaktische Zentrum dieser Stunde besteht darin, dass die Schülerinnen und Schüler den Flächeninhalt der Insel Fehmarn als eine modellierte (zusammengesetzte) geometrische Figur bestimmen. Dabei sollen die Lernenden in Kleingruppen die realitätsnahe Problemstellung verstehen, diese Situation mathematisieren, über Lösungsstrategien der Berechnung des Flächeninhalts kommunizieren sowie diese überzeugend vor der Lerngruppe präsentieren.

5.1 Sachkompetenz und Methodenkompetenz

Die Schüler und Schülerinnen sollen:

- die Insel als eine (zusammengesetzte) geometrische Figur (Rechteck, Quadrat, Dreieck) modellieren (K3),
- ein realitätsnahes Problem im Zusammenhang mit der Flächenberechnung im Team lösen (K2),
- die Fläche der Insel berechnen, indem sie ihr Vorwissen bzgl. der Flächenberechnung anwenden (K5),
- ihre Lösungen präsentieren, begründen und ihre Lösungswege miteinander vergleichen (K1, K6).

5.2 Soziale Kompetenzen

Die methodischen Aspekte dieser Stunde (Gruppenarbeit) bieten Möglichkeiten zur Weiterentwicklung der sozialen Kompetenzen, wie die Weiterentwicklung der Kooperations- und Kommunikationsfähigkeit der Schüler und Schülerinnen.

6 Geplanter Unterrichtsverlauf [85]

Phase	Inhalt	Methode / Sozialform	Medien / Material
Einstieg	S hören der Präsentation zu. S beschreiben anschließend die Situation.	LV	Laptop mit Beamer
Problemorientierung	S schauen durch die Mathematikbrille und entwickeln selbstständig mathematische Fragestellungen, wie z.B.: „Wie groß ist der Flächeninhalt der Insel Fehmarn?“.	UG	Mathematikbrille, Tafel, Folie: Insel Fehmarn, OHP, Fragekarte
	L erklärt mit S Organisatorisches: Stundenverlauf, Hilfestellungen, Arbeitsform.	LV / UG	AB, Tippkarten, Tipps für die Gruppen
Erarbeitung 1 (Minimalziel)	S beginnen zuerst alleine mit der Bearbeitung der Aufgabe, entwickeln eigene Lösungsideen.	EA	AB, Lineal, Geodreieck, Schere, Stoppuhr, Tippkarten, Tipps für die Gruppen, Folien mit Folienstiften (versch. Farben)
	S stellen sich ihre Lösungsideen vor und einigen sich auf eine. S bearbeiten nun gemeinsam die Fragestellung und bereiten ihre Präsentation vor.	GA	
Didaktische Reserve	Schnelle S-gruppen bearbeiten Zusatzauftrag oder eine der übrigen Fragestellungen an der Tafel.	GA	Zusatzaufgabe, Tippkarten, Folie: Kassel
Präsentation der Ergebnisse / Sicherung (Maximalziel I)	Mind. zwei S-gruppen stellen ihre Ergebnisse einschließlich Lösungsweg vor. Die anderen S vergleichen die verschiedenen Lösungen.	SV / UG	Folien, OHP

85 LV - Lehrervortrag, SV - Schülervortrag, UG - Unterrichtsgespräch, EA – Enzelarbeit, GA – Gruppenarbeit, OHP – Overheadprojektor, AB - Arbeitsblatt

Vertiefung I (bei viel Zeit)	S vergleichen die unterschiedlichen Lösungen miteinander, berechnen den Durchschnittswert des berechneten Flächeninhalts der Insel von allen Gruppen. S vergleichen den Arbeitsaufwand mit dem Mittelwert und der gewählten Genauigkeit.	UG / GA	Farbige Kreide, Tafel
Vertiefung II (bei wenig Zeit) (Maximalziel II)	S schätzen die Genauigkeit der Herangehensweise und den Arbeitsaufwand ein. S erklären, welche Bedeutung die Thematik der heutigen Stunde für ihre Lebenswelt haben könnte.	UG	

Weiteres Material auf CD-ROM unter dem Stichwort „Insel"

Carolin Boulnois

Ab mit den Ecken!

Winkelsumme im Dreieck
Argumentation
Provokation

Winkelsumme im Dreieck

Das Zentrum dieser Stunde besteht darin, durch entdeckendes Lernen, bei der selbstständigen Erarbeitung zweier Arbeitsaufträge in Gruppen sowie der anschließenden Unterrichtsgespräche, eine Antwort auf die Einstiegsfrage „Wie viele Dreiecke gibt es, bei denen die Summe der Innenwinkel 170° beträgt?" zu finden. Darüber hinaus werden die Schülerinnen und Schüler den Winkelsummensatz für Dreiecke geometrisch begründen und beweisen. Dabei können die Schülerinnen und Schüler ihre Fach-, Methoden- und Sozialkompetenz schulen und erweitern.

1 Zur Lerngruppe

Die Klasse 6e setzt sich aus 19 Schülerinnen und 14 Schülern zusammen. Ich kenne die Klasse bereits aus Hospitationen des letzten Schuljahrs. Seit vier Wochen hospitiere ich wieder regelmäßig in der Klasse und habe zwölf Stunden angeleitet unterrichtet. Aufgrund meiner Erfahrungen im angeleiteten Unterricht und der Betreuung der Klasse in Arbeits- und Übungsphasen kann ich das Verhältnis zwischen der Lerngruppe und mir als sehr freundlich und aufgeschlossen bezeichnen.

Wer wird Dreiecktionär?

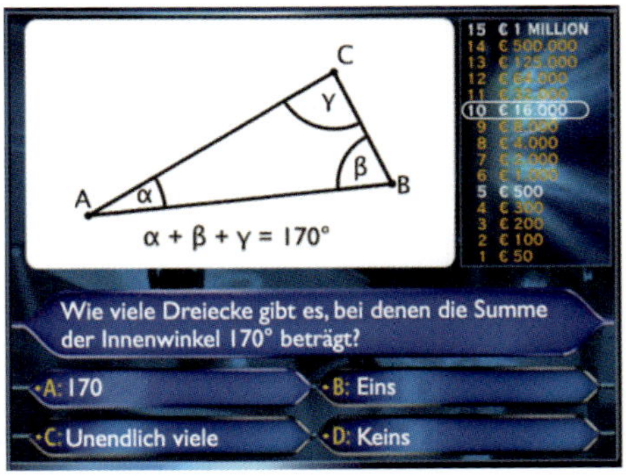

Abbildung 19: Einstiegsfolie

Die Lern- und Arbeitsatmosphäre unter den Schülerinnen und Schülern ist angenehm und produktiv. Viele Schülerinnen und Schüler haben Interesse und Spaß an Mathematik. Dies zeigt sich vor allem an der Motivation, Aufmerksamkeit und der disziplinierten und konzentrierten Mitarbeit. Das fachspezifische Wissen und die individuelle Leistungsfähigkeit innerhalb der Lerngruppe sind heterogen. Diese Heterogenität wird besonders in der Einheit Geometrie deutlich. Einige Schülerinnen und Schüler haben sich in der Grundschule schon intensiv mit Themen aus der Geometrie auseinandergesetzt. Über die Schülerinnen und Schüler aus einem Schulverbund existiert ein Diagnosebogen aus der Grundschule, dem der Leistungsstand der Schülerinnen und Schüler zu entnehmen ist. Außerdem geben die Bögen Aufschluss über die behandelten Inhalte und Arbeitsweisen. Das Thema Winkel in Figuren ist den Schülerinnen und Schülern noch nicht bekannt.

Ein Schüler wiederholt die sechste Jahrgangsstufe. Er ist in Mathematik sicher und gehört zur Leistungsspitze. Um auch diesen Schüler zu fördern, bedarf es individueller Maßnahmen.

Die Leistungsspitze setzt sich aus sieben Schülerinnen und Schülern zusammen. Sie haben ein gutes mathematisches Fachwissen, überschauen mathematische Zusammenhänge und können diese in neuen Situationen anwenden. Fünf dieser Schülerinnen und Schüler beteiligen sich rege an Unterrichtsgesprächen. Die anderen beiden sind in ihrer mündlichen Mitarbeit mit gut einzustufen. Knapp zwei Drittel der Klasse befinden sich im mittleren Bereich. Sie bringen sowohl im Fachwissen als auch in ihrer mündlichen Mitarbeit gute bis befriedigende Leistungen. Sechs Schülerinnen und Schüler gehören zu den leistungsschwächeren. Beim Lösen von Routineaufgaben sind sich die meisten relativ sicher, haben aber Probleme, neue mathematische Zusammenhänge zu verstehen. Sie beteiligen sich, bis auf zwei, jedoch befriedigend an Unterrichtsgesprächen und sind in Arbeitsphasen sichtlich bemüht.

Ein großer Teil der Lerngruppe arbeitet im Themengebiet der Geometrie sehr motiviert. Sie haben große Freude an der Auseinandersetzung mit geometrischen Inhalten. Insbesondere der Einsatz der Geometriesoftware GeoGebra hat ihnen Spaß gemacht.

Aufgrund der Heterogenität der Lerngruppe ist es wichtig, den Unterricht differenziert zu gestalten. Die Binnendifferenzierung soll durch die Wahl der Methoden geleistet werden. Durch die Arbeit in Kleingruppen, die heterogen zusammen gesetzt sind, können leistungsstarke Schülerinnen und Schüler ihr Wissen an leistungsschwächere weitergeben, sie unterstützen und ihnen wichtige Zusammenhänge erläutern.[86] Leistungsschwächere Schülerinnen und Schüler erhalten die Möglichkeit, durch selbstständiges Entdecken, unterstützt durch die Hilfe der leistungsstärkeren, die Arbeitsaufträge zu erarbeiten.

Die Lerngruppe ist mit der Methode der Gruppenarbeit und dem Einsatz von Notebooks vertraut. Das Geometrieprogramm GeoGebra[87], das bei einem Arbeitsauftrag benutzt werden muss, haben die Schülerinnen und Schüler bereits kennen gelernt.

Das Arbeiten mit Jokern wurde bisher nur einmal umgesetzt und bedarf weiterer Übung.

2 Lernmöglichkeiten und Kompetenzen

Didaktisches Zentrum der Stunde

Das didaktische Zentrum dieser Stunde besteht darin, durch entdeckendes Lernen, bei der selbstständigen Erarbeitung zweier Arbeitsaufträge in Gruppen sowie der anschließenden Unterrichtsgespräche, eine Antwort auf die Einstiegsfrage „Wie viele Dreiecke gibt es, bei denen die Summe der Innenwinkel 170° beträgt?“ zu finden. Darüber hinaus werden die Schülerinnen und Schüler den Winkelsummensatz für Dreiecke geometrisch begründen und beweisen. Dabei können die Schülerinnen und Schüler ihre Fach-, Methoden- und Sozialkompetenz schulen und erweitern.

Fachkompetenz

Der zentrale fachliche Aspekt dieser Stunde liegt im Entdecken und Beweisen der Winkelsumme im Dreieck. Die Schülerinnen und Schüler sollen

86 Vgl. GROEBEN, A. von der. Verschiedenheit nutzen [2008], S. 15.

87 Die Software lässt sich kostenfrei unter http://www.geogebra.org/ herunterladen.

- die Einstiegsfrage beantworten, indem sie durch die Bearbeitung des ersten Arbeitsauftrags entdecken, dass die Winkelsumme in einem Dreieck 180° beträgt und diese Beobachtung beim zweiten Arbeitsauftrag beweisen;
- ihre Beobachtungen gemeinsam in der Gruppe formulieren und dabei ihre Fähigkeit des mathematischen Kommunizierens fördern;
- ihre mathematische Fähigkeit des Argumentierens stärken, da sie ihre formulierte Aussage durch das Herstellen von Bezügen zum Vorwissen (über spezielle Winkel) begründen können.

Methodenkompetenz
Die Schülerinnen und Schüler werden im Verlauf der Unterrichtsstunde in verschiedenen Methoden arbeiten, so dass sie

- gemeinsam in einer Kleingruppe Arbeitsaufträge bearbeiten können;
- verschiedene Darstellungsformen (Computereinsatz und geometrisches Arbeiten) kennen lernen und vertiefen können;
- die Arbeit mit Jokern vertiefen können;
- gewonnene Erkenntnisse aus den Erarbeitungsphasen im Unterrichtsgespräch vorstellen und präzisieren können.

Sozialkompetenz
Durch die Wahl des Lehr-Lern-Arrangements in heterogenen Gruppen können die Schülerinnen und Schüler anderen helfen oder die Hilfe anderer annehmen und damit ihre Kooperationsfähigkeit verbessern.

3 Zum Thema der Stunde

3.1 Curriculare Einordnung der Stunde in die Unterrichtseinheit

In der Jahrgangsstufe 6 sieht der hessische Lehrplan für den gymnasialen Bildungsgang für das Fach Mathematik Geometrie vor. Verbindliche Unterrichtsinhalte sind unter anderem Winkel an Geradenkreuzungen und Winkelsummensätze.[88]

Der Begriff des Winkels und damit verbunden die Winkelmessung sowie das Zeichnen von Winkeln wurden schon in der Jahrgangsstufe 5 eingeführt. Zu Beginn der Jahrgangsstufe 6 wurde bei der graphischen Darstellung von Bruchteilen in Kreisen im Sinne des Spiralcurriculums darauf zurückgegriffen und weiter vertieft. In der Jahrgangsstufe 7 werden Winkel insbesondere bei der Konstruktion von Figuren eine Rolle spielen.[89]

Die Behandlung der Winkelsummensätze setzt voraus, dass den Schülerinnen und Schülern spezielle Winkel an Geradenkreuzungen bekannt sind. Hierzu zählen Scheitel-, Neben-, Stu-

88 Vgl. HESSISCHES KULTUSMINISTERIUM. Lehrplan Mathematik – Gymnasialer Bildungsgang [2008], S. 17. Siehe www.kultusministerium.hessen.de

89 Vgl. HESSISCHES KULTUSMINISTERIUM. Lehrplan Mathematik – Gymnasialer Bildungsgang [2008], S. 8. Siehe www.kultusministerium.hessen.de

fen- und Wechselwinkel. Die Erarbeitung der speziellen Winkel erfolgte zum Teil auch durch die Nutzung der Geometriesoftware GeoGebra. Anschließend wurden Anwendungsaufgaben, z.B. zur Orientierung auf dem Meer, behandelt. Außerdem haben die Schülerinnen und Schüler selbstständig Aufgaben entwickelt und gelöst.

Die geplante Stunde ist der Einstieg in die Winkelsummensätze. Es werden unterschiedliche Zugänge zum Winkelsummensatz für Dreiecke kennen gelernt. In der folgenden Stunde soll über die unterschiedlichen Beweisansätze diskutiert werden. Es soll den Schülern deutlich werden, dass „man durch genaues Zeichnen und Messen an mehreren Beispielen zwar einen hohen Grad der Gewissheit erreichen kann“[90], aber keinen allgemeingültigen Beweis entwickelt hat. Es besteht die Möglichkeit, diese Erkenntnis z.B. bei der Flächenberechnung an einem Beispiel für optische Täuschungen erneut aufzugreifen und zu vertiefen.

Dem Winkelsummensatz in Dreiecken schließt sich die Erarbeitung der Winkelsummensätze in Vierecken und n-Ecken an. Die gestellte Hausaufgabe bietet mit Frage 4 direkt einen Übergang zur Winkelsumme in Vierecken.

3.2 Sachanalyse

In der Stunde soll der Winkelsummensatz für Dreiecke eingeführt werden. Die Winkelsumme im ebenen Dreieck beträgt 180°. Dazu ist es notwendig, dass den Schülerinnen und Schülern die Begriffe Neben- und Scheitelwinkel sowie Stufen- und Wechselwinkel bekannt sind und sie ihr Wissen anwenden können. Abbildung 20 zeigt die Bedeutung der speziellen Winkel.

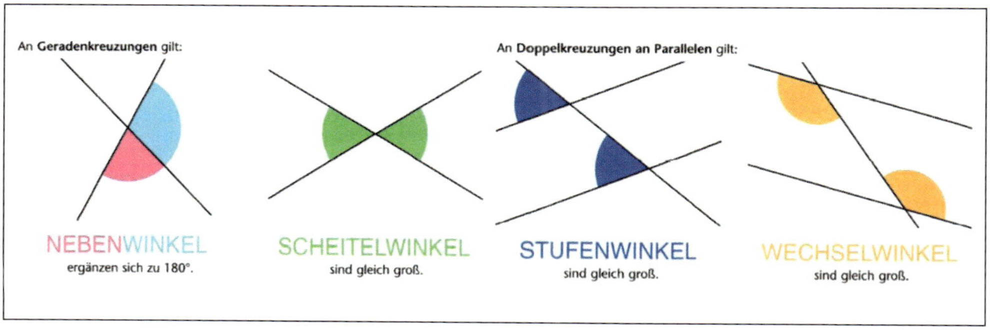

Abbildung 20: Spezielle Winkel

Die geplanten Arbeitsaufträge ermöglichen den Schülerinnen und Schülern verschiedene Zugänge zum Thema. Der erste Arbeitsauftrag „Ab mit den Ecken“ spricht Schülerinnen und Schüler an, die vor allem bildhaft arbeiten können. Das Abreißen der Ecken und neu Zusammenlegen zeigt, dass die Winkel eines Dreiecks sich jeweils zu 180° ergänzen. Bei dem Arbeitsauftrag „Ab mit den Ecken“ ist es sinnvoll, dass das Phänomen nicht nur an einem, sondern an mehreren Dreiecken festgestellt wird. Trotz der Einheitlichkeit bei allen Dreiecken, die die Schülerinnen und Schüler erstellen, ist es wichtig, in der folgenden Stunde über die Art dieser Beweise zu sprechen. Denn auch, wenn viele Beispiele zutreffen, ist der Beweis noch nicht all-

90 HOLLAND, G. Geometrie in der Sekundarstufe [1996], S. 50.

Die Winkelsumme im Dreieck beträgt 180°.

Beweis:
Die blaue Gerade ist parallel zur gegenüberliegenden Dreiecksseite.
Also ist ω_1 Wechselwinkel zu α und ω_2 Wechselwinkel zu β.
Da $\omega_1 + \omega_2 + \gamma = 180°$, gilt also auch: $\alpha + \beta + \gamma = 180°$.

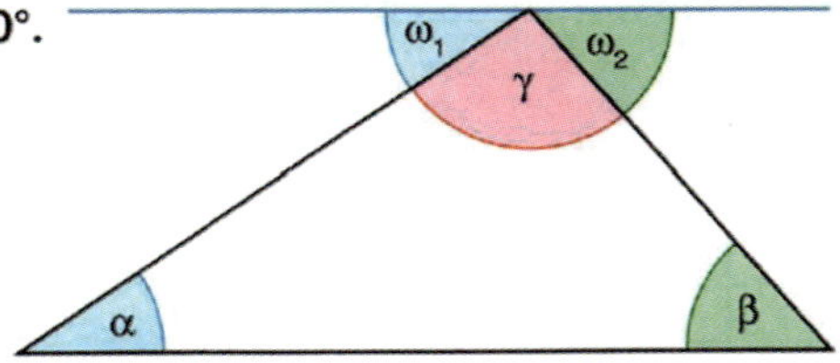

Abbildung 21: Winkelsummen im Dreieck

gemeingültig geführt[91]. Dieser Aspekt wird zwar in der geplanten Stunde angesprochen, aber nicht vertieft. Der zweite Arbeitsauftrag „Computer“ eröffnet die Möglichkeit, im Zugmodus sehr viele Dreiecke zu erzeugen. Dabei ist jeweils zu beobachten, dass die Winkelsumme 180° beträgt. Durch die Erweiterung des Dreiecks um die Parallele einer Seite durch den gegenüberliegenden Punkt, können die Schülerinnen und Schüler die Beweisidee über die Nutzung der Wechselwinkel erkennen. Diese Beobachtung soll anschließend genutzt werden, um die Winkelsumme von 180° zu beweisen. In der nächsten Stunde soll den Schülerinnen und Schülern bewusst werden, dass der „Beweis“[92] des ersten Arbeitsauftrags „Ab mit den Ecken“ nur Beispiele untersucht und mit Messfehlern behaftet sein kann, der Beweis über die Wechselwinkel aber für jedes Dreieck gültig ist. Die oben stehende Abbildung zeigt die Beweisführung für den Winkelsummensatz im Dreieck.

4 Fachdidaktische und methodische Planungsaspekte

Winkel in Figuren und damit auch die Winkelsummensätze sind verbindlicher Unterrichtsinhalt einer 6. Jahrgangsstufe.[93] Neben der Umsetzung der im Lehrplan geforderten Inhalte sollen im Unterricht aber auch die in den Bildungsstandards geforderten mathematischen Kompetenzen vermittelt werden. Die Umsetzung dieser allgemeinen mathematischen Kompetenzen lässt sich gut durch die eigene Auseinandersetzung der Schülerinnen und Schüler mit mathematischen Inhalten verwirklichen. „Die schönste Mathematik ist die selbst entdeckte.“[94] Aus diesem Grund werden die Schülerinnen und Schüler in der geplanten Stunde mit einer Frage konfrontiert, auf die sie durch die Erarbeitung der Arbeitsaufträge eine Antwort finden sollen. „Die Einsicht in die Beweisnotwendigkeit ist im Sachgebiet Geometrie besonders gut zu wecken und zu fördern. Dabei geht es in dieser Jahrgangsstufe nicht um das formale Abarbeiten von Beweisen, sondern um anschauliche Begründungen.“ Der Beweis

91 Vgl. Abschnitt 3.1.

92 Es handelt sich im mathematischen Sinne um keinen Beweis.

93 Vgl. HESSISCHES KULTUSMINISTERIUM. Lehrplan Mathematik -Gymnasialer Bildungsgang [2008], S. 17. Siehe www.kultusministerium.hessen.de

94 Wolfgang Henn, TU Dortmund; www.mathekoffer.mnu.de/05-inhalt-php

der Winkelsumme im Dreieck ist der erste Beweis, den die Schülerinnen und Schüler kennen lernen.

Die heutige Unterrichtsstunde ist die erste Stunde, die sich mit Winkelsummensätzen auseinandersetzt. Den Schülerinnen und Schülern soll die Möglichkeit gegeben werden, sich dem Winkelsummensatz im Dreieck durch entdeckendes Lernen zu nähern. „Die Geometrie ist ein ideales Feld für Schüleraktivitäten und die unmittelbare Anschaulichkeit ist höher als in jedem anderen Bereich der Schulmathematik. Ob beim Messen, Zeichnen, Konstruieren; beim Problemlösen oder Beweisen und Begriffsbilden – der Bildungswert der Geometrie ist unumstritten."[95]

Die Motivation der Schülerinnen und Schüler soll durch den Stundeneinstieg erhöht werden. Mein Ziel ist es, durch die Präsentation der Einstiegsfrage[96] die Neugier und das Interesse der Schülerinnen und Schüler zu erhöhen. Außerdem findet schon im Einstieg die Problematisierung des Stundenthemas statt. Die Schülerinnen und Schüler werden dazu aufgefordert, die Frage und die möglichen Antworten vorzulesen. Anschließend sollen sie, in Form einer Meinungsabfrage, schon in dieser Phase Vermutungen äußern. So besteht bei der Bearbeitung des ersten Arbeitsauftrags die Möglichkeit, die Vermutung zu vertiefen oder zu verwerfen. Im zweiten Arbeitsauftrag soll dann die Vermutung „Winkelsumme beträgt 180°" bewiesen werden. Zum Ende der Stunde kann erneut auf die Vermutungen eingegangen werden.

Die Schülerinnen und Schüler arbeiten in acht Gruppen zusammen. Mit dem Ziel möglichst heterogene Gruppen zu erhalten, wurde die Einteilung der Schülerinnen und Schüler von mir, in Absprache mit dem Fachlehrer Herr Müller, schon in der vorigen Stunde vorgenommen. So erhalten die Schülerinnen und Schüler die Möglichkeit in heterogenen Gruppen mit- und voneinander zu lernen.[97] Besonders der Schüler, der die Klasse wiederholt, soll seine Mitschülerinnen und Mitschüler unterstützen.[98]

Die Erarbeitung setzt sich aus zwei Arbeitsaufträgen zusammen. Damit erhalten die Schülerinnen und Schüler die Möglichkeit eine anschauliche Begründung für die Winkelsumme kennen zu lernen und sich handelnd mit dem Inhalt auseinander setzen zu können. Des Weiteren müssen sie die im ersten Arbeitsauftrag festgestellte Vermutung im zweiten Arbeitsauftrag sichern und beweisen.

Arbeitsauftrag 1 fordert die Schülerinnen und Schüler auf, die Quizfrage durch „Umlegen" der Winkel zu beantworten. Die Schülerinnen und Schüler sollen ein Dreieck zeichnen, die Ecken abreißen und so aneinander legen, dass sie mit den Spitzen zusammenstoßen. Der Arbeitsauftrag sollte mehrfach, also durch jede Schülerin und jeden Schüler der Gruppe durchgeführt werden. Es kann beobachtet werden, dass sich die Winkel zu 180° ergänzen.

95 ELSCHENBROICH, H.-J.; SEEBACH, G. Geometrie erkunden. In: mathematik lehren [2007], S. 4.

96 Vgl. Abbildung 19. Die Vorlage der Quizfrage ist der Sendung „Wer wird Millionär?" entnommen und ist umbenannt in „Wer wird Dreiecktionär?".

97 Vgl. GROEBEN, A. von der. Verschiedenheit nutzen [2008], S. 15.

98 Vgl. Abschnitt 1.

Ab mit den Ecken!

<u>Arbeitsanweisung:</u>

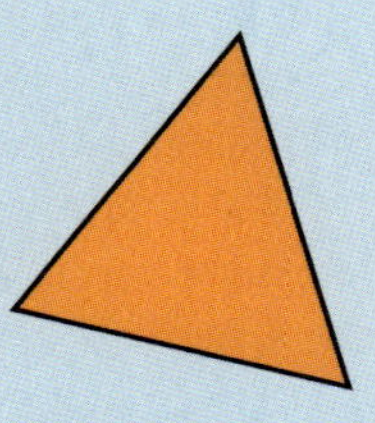

Jeder in eurer Gruppe zeichnet ein Dreieck. Ihr könnt das Papier auf dem Tisch nutzen. Schneidet die Dreiecke aus.

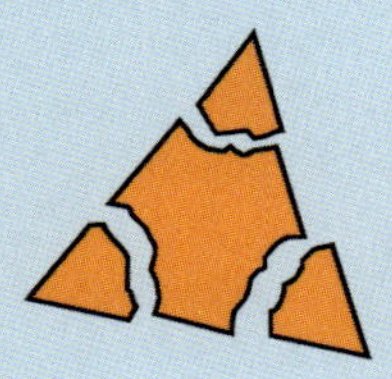

Reißt nun die Ecken ab.
Legt die Ecken so neu aneinander, dass ihr eine Beobachtung machen könnt, die euch bei der Beantwortung der Quizfrage hilft.
Trifft eure Beobachtung auf jedes der Dreiecke zu?
Solltet ihr keine Entdeckung machen, dann schaut euch den Joker an.
Füllt anschließend den Beobachtungszettel aus.

<u>Joker:</u>

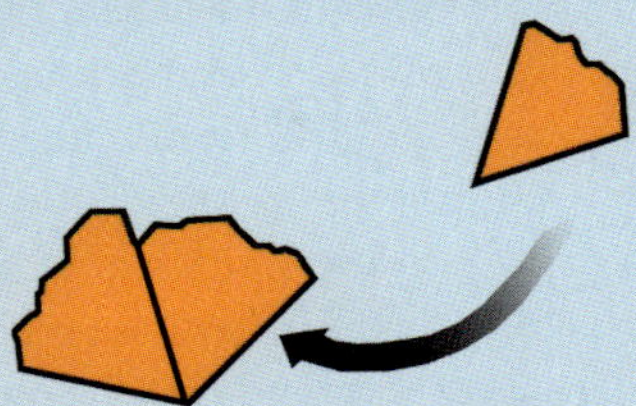

Legt die Ecken so aneinander, dass die Spitzen zusammenstoßen.

Abbildung 22: Arbeitsauftrag 1

Alternativ (oder zusätzlich) wäre auch die Thematisierung der Dreieckspflasterung denkbar gewesen. Ich habe mich jedoch nicht dafür entschieden, da in diesem Fall nur ein Beispiel betrachtet worden wäre. „Ab mit den Ecken“ zeigt an mehreren Beispielen, dass die Winkelsumme in diesen Dreiecken etwa 180° beträgt.

Der Arbeitsauftrag enthält eine Differenzierung in Form eines Jokers, um der Heterogenität der Lerngruppe gerecht zu werden.[99]

Nach der Bearbeitung des ersten Arbeitsauftrags erfolgt die Ergebnissicherung durch die Präsentation einer Gruppe an der Tafel. Mit der Frage nach der Allgemeingültigkeit und dem Beweis für die Vermutung von 180° sollen die Schülerinnen und Schüler den zweiten Arbeitsauftrag bearbeiten.

Arbeitsauftrag 2 besteht aus einer vorbereiteten GeoGebra-Datei. Pro Gruppe steht den Schülerinnen und Schülern ein Notebook zur Verfügung. Die Notebooks stehen bereits seit Beginn der Stunde zugeklappt auf den Tischen und sind nur wenige Sekunden nach dem Aufklappen betriebsbereit. Im Lehrplan wird darauf hingewiesen, dass sich „im Zusammenhang der Geometrie der Einsatz von geeigneter Geometriesoftware anbietet, um im Sinne einer dynamischen Geometrie mathematisches Experimentieren zu fördern.“[100] An einer Figur können die Schülerinnen und Schüler die Ecken eines Dreiecks verschieben. Sie erhalten direkt eine Auskunft

99 Vgl. Abschnitt 1.

100 Vgl. HESSISCHES KULTUSMINISTERIUM. Lehrplan Mathematik – Gymnasialer Bildungsgang [2008], S. 15. Siehe www.kultusministerium.hessen.de

Computer

Arbeitsanweisung:
Bewegt bei der Figur die Ecken des Dreiecks. Ihr könnt die Punkte durch Anklicken bewegen.

Was fällt euch auf, wenn ihr die Größen der Winkel betrachtet?
Solltet ihr keine Entdeckung machen, dann schaut euch den Joker an.

Nutzt für die Begründung der gemachten Beobachtung euer Wissen über spezielle Winkel.

Füllt anschließend den Beobachtungszettel aus.

Joker:

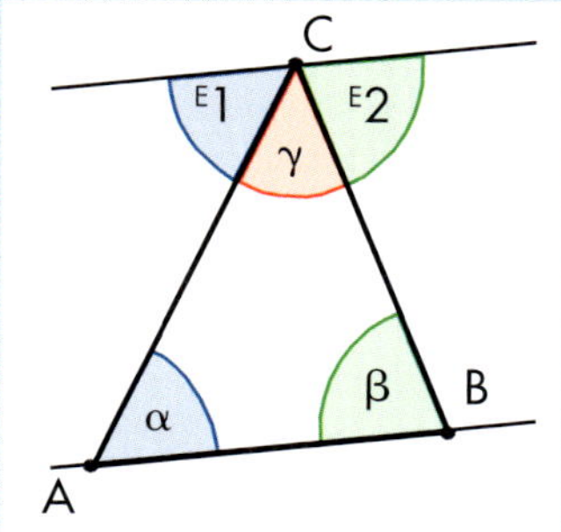

Winkel α und E1 sind gleich groß.
Winkel β und E2 sind gleich groß.

Abbildung 23: Arbeitsauftrag 2

über das Maß der Winkel im Dreieck und der Winkel an der Parallelen der Grundseite durch den Punkt C. Die Schülerinnen und Schüler können beobachten, dass die Winkel, die γ zu 180° ergänzen, gerade die Wechselwinkel von α und β sind. Durch die kontinuierliche Veränderbarkeit der Figur kann sehr schnell eine Vielzahl an Konstellationen erzeugt und überprüft werden. Auch beim zweiten Arbeitsauftrag erfolgt eine Differenzierung durch den Einsatz eines Jokers.

Die verschiedenen Arbeitsaufträge ermöglichen unterschiedlichen Lerntypen einen für sie passenden Zugang und regen eine vielfältige Auseinandersetzung an.[101]

Eine Alternative, wie z.B. der Frontalunterricht oder die Erarbeitung nur eines Arbeitsauftrags, habe ich verworfen, da mir das selbstständige Erarbeiten durch die Schülerinnen und Schüler wichtig ist. Zudem können sie so verschiedene Darstellungsformen kennen lernen[102], sich aktiv mit dem Inhalt auseinandersetzen sowie ihre Kreativität und Selbstständigkeit fördern und stärken.[103] Des Weiteren wäre ein Stationsbetrieb, der die beiden Arbeitsaufträge und eine Station, an der die Schülerinnen und Schüler Dreiecke zeichnen, die Winkel messen und die Winkelsumme berechnen müssen, denkbar gewesen. Es erscheint mir jedoch sinnvoll, die Erarbeitung in der geplanten Reihenfolge durchzuführen, da erst eine Vermutung angestellt wird, die dann im Anschluss bewiesen wird. Aus diesem Grund habe ich einen Stationsbetrieb mit beliebiger Reihenfolge der Stationen verworfen.

Während der Beschäftigung mit den Arbeitsaufträgen müssen die Schülerinnen und Schüler ihre Beobachtungen schriftlich festhalten. Nach der Bearbeitung des zweiten Arbeitsauftrags sollen sie diese Beobachtungen vorstellen. Es besteht die Möglichkeit das GeoGebra-Zeichen-

101 vgl. BARZEL, B.; BÜCHTER, A., et al. Mathematik-Methodik [2007], S. 198.

102 vgl. Konferenz der Kultusminister der Länder. Bildungsstandards im Fach Mathematik für den Mittleren Schulabschluss [04.12.2003], S. 8.

103 vgl. HESSISCHES KULTUSMINISTERIUM. Lehrplan Mathematik – Gymnasialer Bildungsgang [2008], S. 3. Siehe www.kultusministerium.hessen.de

blatt mit Hilfe des Beamers für alle zu visualisieren. Anschließend sollen die Schülerinnen und Schüler ihre Beobachtungen unter Bezugnahme ihres Wissens über Wechselwinkel begründen.

Der Satz über die Winkelsumme im Dreieck wird an der Tafel gesichert und von den Schülerinnen und Schülern im Heft notiert.

Anschließend wird die Einstiegsfolie erneut aufgelegt und von den Schülerinnen und Schülern beantwortet. Den Abschluss bildet die Beantwortung der Frage nach der Winkelsumme im Dreieck.

Sollte noch Zeit zur Verfügung stehen, beginnen die Schülerinnen und Schüler schon in der Stunde mit der Bearbeitung der Hausaufgabe. Dafür werden die einzelnen Fragen mit Hilfe des Overheadprojektors präsentiert. Die Hausaufgabe soll an den Einstieg der Stunde anschließen. Somit erfolgt eine Vertiefung der Inhalte in Form des Quiz „Wer wird Dreiecktionär?“. Die letzte Aufgabe beinhaltet schon die Frage nach der Winkelsumme in einem Viereck und bereitet somit den Verlauf des folgenden Unterrichts am Dienstag weiter vor.

5 Verlaufsplan[104]

Phase	Inhalt	Sozialform	Medien
Einstieg/ Problematisierung I	• Begrüßung; • Lehrer präsentiert eine Quizfrage; • Schülerinnen und Schüler lesen die Frage und mögliche Antworten vor; • Schülerinnen und Schüler stellen Vermutungen an.	UG	Folie / OHP /Tafel
Erarbeitung I	• Schülerinnen und Schüler erarbeiten in Kleingruppen den ersten Arbeitsauftrag „Ab mit den Ecken", indem sie: • Dreiecke ausschneiden; • die Ecken neu zusammenlegen; • erkennen, dass die Winkel zusammen 180° ergeben; • ihre Beobachtungen schriftlich festhalten.	GA	Beobachtungszettel / 1. Arbeitsanweisung / Joker / Zettel / Geodreieck / Schere
Ergebnissicherung I, Problematisierung II	• Schülerinnen und Schüler präsentieren die geometrische Begründung an der Tafel; • Problematisierung durch die Fragen nach Genauigkeit und der Allgemeingültigkeit.	SP/UG	Tafel / großes Dreieck / Magnete / Beobachtungszettel
Erarbeitung II	• Schülerinnen und Schüler erarbeiten in Kleingruppen den zweiten Arbeitsauftrag.	GA	Beobachtungszettel / Heft / 2. Arbeitsauftrag / Computer
Ergebnissicherung II	• Schülerinnen und Schüler besprechen und diskutieren ihre Beobachtungen; • Schülerinnen und Schüler begründen die Winkelsumme von 180° über die Wechselwinkel; • Der Satz wird an der Tafel gesichert und ins Heft übertragen; • Schülerinnen und Schüler beantworten die Einstiegsfrage und eine weitere Frage nach der Winkelsumme.	UG	Beobachtungszettel / Hefte / Beamer / Computer / OHP / Tafel
Didaktische Reserve	• Schülerinnen und Schüler beantworten weitere Quizfragen.	LV	Hausaufgabe

Weiteres Material auf CD-ROM unter dem Stichwort „Ab_mit_den_Ecken"

104 UG – Unterrichtsgespräch, SP – Schülerpräsentation, GA – Gruppenarbeit, LV – Lehrervortrag

Esta Wedelborn

Eine computergestützte Entdeckung

Comic als Einstieg
Legefiguren
dynamische Geometriesoftware

Satz des Pythagoras

Angeregt durch einen Comic als Unterrichtseinstieg begeben sich die Schülerinnen und Schüler auf eine Entdeckungsreise zur Ergründung der Voraussetzungen für die Gültigkeit des Satzes von Pythagoras. An den Stationen arbeiten sie mit dynamischer Geometriesoftware oder traditionellen Legefiguren, dann berichten sie über ihren Arbeitsprozess, um ihre Erkenntnisse für die Mitschüler nachvollziehbar werden zu lassen.

1 Ausgangssituation

1.1 Beschreibung der Lerngruppe

Abbildung 24: Einstiegscomic

Die Klasse 8b besuchen 14 Schülerinnen und 15 Schüler. Das Lernklima in der Klasse ist offen, die Schülerinnen und Schüler beteiligen sich rege am Unterricht, allerdings gibt es immer wieder Situationen, in denen sie sich leicht ablenken lassen. Es ist oft sehr unruhig. Das liegt zum einen daran, dass viele Nebengespräche geführt oder Zwischenrufe zum Thema getätigt werden, zum anderen daran, dass sich die Schülerinnen und Schüler beim Melden zusätzlich durch Rufe oder Fingerschnipsen bemerkbar machen wollen. Besonders ein Schüler fällt dadurch auf, dass er oft ohne Aufforderung am Unterrichtsgespräch teilnimmt. Eine sehr gute mündlichen Beteiligung weist ein sehr leistungsstarker Junge auf: Er nimmt rege am Unterrichtsgeschehen teil, gibt richtige und weiterbringende Beiträge und zeigt auch im Schriftlichen, dass er die Inhalte verstanden hat. Allerdings muss darauf geachtet werden, dass andere Schülerinnen und Schüler ebenfalls die Möglichkeit der Beteiligung behalten. Grundsätzlich kann festgestellt werden, dass sich im Allgemeinen die Jungen am Unterrichtsgespräch aktiver beteiligen als die Mädchen. Dieses korreliert allerdings nicht mit den schriftlichen Leistungen: hier sind keine Unterschiede festzustellen.

Eine Schülerin ist oft krank und fehlt entsprechend häufig – oft während ganzer Themenblökke. Daher benötigt sie intensive Hilfe im Unterricht. Da allerdings die gezeigte Stunde in ein neues Thema einführt, wird diese Problematik nicht zum Tragen kommen.

Die Schülerinnen und Schüler haben bislang nur wenige Erfahrungen in Partnerarbeit, Gruppenarbeit oder offenen Unterrichtssituationen gesammelt. Die Methode des Stationsbetriebs haben sie nicht kennen gelernt.

1.2 Rahmenbedingungen

Seit den Osterferien hospitiere ich in der Klasse 8b. Der Unterricht findet dienstags in der 1. und 2. und donnerstags in der 6. Unterrichtsstunde statt. Leider kann ich an der Donnerstagsstunde nicht teilnehmen, da ich zeitgleich eigenverantwortlichen Unterricht habe. Seit einigen Wochen haben die Schülerinnen und Schüler auch am Montagnachmittag eine Doppelstunde[105], an dieser nehme ich ebenfalls hospitierend teil. Einzelne Mathematikstunden habe ich jeweils kurzfristig als Vertretung übernommen. In diesen Stunden haben ein gutes Gesprächsklima und ein freundlicher Umgangston geherrscht, was zu einer positiven Interaktion innerhalb der Klasse und zwischen den Schülerinnen und Schülern und mir geführt hat. Die Stunde des Unterrichtsbesuches ist der vierte selbst angeleitete Unterricht in dieser Klasse.

Im Klassenraum sind die Tische frontal zur Tafel ausgerichtet. Es bleibt nur ein kleiner Freiraum vor der Tafel, so dass die Bedingungen für offenere Unterrichtsformen (z.B. Stationsbetrieb) nicht optimal sind. Aus diesem Grund und weil eine Station mithilfe von Computern zu bearbeiten ist, habe ich mich entschlossen in den Computerraum zu gehen. Es ist zu erwarten, dass die Schülerinnen und Schüler dadurch zunächst ein wenig irritiert sind. Auch haben meines Wissens die Schülerinnen und Schüler noch nicht im schulischen Rahmen mit Computern gearbeitet. Da allerdings die Rechner nur als Hilfsmittel zur Visualisierung verwendet werden, ist die Handhabung nicht sehr anspruchsvoll. So gehe ich davon aus, dass eine mögliche weitere Verunsicherung durch das neue Medium durch dessen Attraktivität wieder ausgeglichen wird.

2 Lernmöglichkeiten und Kompetenzen

2.1 Didaktisches Zentrum der Stunde

Das didaktische Zentrum der Stunde besteht in der Hinführung zum Satz des Pythagoras. Die Schülerinnen und Schüler sollen den Satz kennen lernen und die Voraussetzungen erarbeiten, die für dessen Einsatz notwendig sind. Die Erarbeitung soll an verschiedenen Stationen geschehen.

2.2 Fachliche Kompetenzen

Die Schülerinnen und Schüler

- erarbeiten die ikonische Darstellung des Satzes,
- lernen die symbolische Form des Satzes kennen und überprüfen diese,
- sollen die Voraussetzungen des Satzes erarbeiten (Voraussetzungen: Das Dreieck muss rechtwinklig sein und die Seiten a und b müssen Katheten sein),

105 Zur Zeit des Konfirmandenunterrichts haben die Schülerinnen und Schüler eine Stunde weniger Mathematik als vorgegeben erhalten, die jetzt, nachdem der Konfirmandenunterricht abgeschlossen ist, nachgeholt wird.

- wenden ihr bisheriges Wissen auf neue Zusammenhänge an (z.B. Satz des Thales),
- üben handwerkliche Fähigkeiten (Messen, genaues Zeichnen),
- sollen die Ansätze mathematisch argumentierend kommunizieren und ihre Lösungen vergleichend diskutieren können.

2.3 Methoden-, Selbst- und Sozialkompetenz

Um die Inhalte der Stunde zu begreifen, ist es vonnöten, dass die Schülerinnen und Schüler konzentriert die Stationen bearbeiten, Vorgehensweisen besprechen, durchführen und Ergebnisse festhalten. Durch Gruppenarbeit entwickeln sie ihre Fähigkeit weiter, Lösungswege zu diskutieren. Sie bauen ihre Kompetenz, Ergebnisse zu präsentieren, weiter aus. Sie lernen Äußerungen anderer Schülerinnen und Schüler zu mathematischen Inhalten zu verstehen und zu überprüfen. Die Darstellung der Ergebnisse dient der Erweiterung der kommunikativen Kompetenz und der Stärkung ihrer Selbstsicherheit.

3 Fachliche Aspekte

3.1 Curriculumsbezug und Einordnung des Themas in den unterrichtlichen Zusammenhang

Der Satz des Pythagoras ist laut Lehrplan[106] in der 8. Klasse vorgesehen. Bei der Vorführstunde handelt es sich um die Einführungsstunde. In der vorhergehenden Stunde sind die verschiedenen Eigenschaften von Dreiecken zur Vorbereitung wiederholt worden. In den nächsten Stunden nach der Einführung werden die Schülerinnen und Schüler herausarbeiten, in welchen Bereichen der Satz des Pythagoras genutzt werden kann und durch Anwendungsaufgaben den Einsatz üben. Des Weiteren sollen die Schülerinnen und Schüler Beweise des Satzes, sowie den Höhensatz und Kathetensatz des Euklid kennen lernen.

3.2 Didaktische und methodische Planungsaspekte

Fachdidaktische Überlegungen

Der Satz des Pythagoras ist ein zentrales Thema im Mathematikunterricht[107]. Die Sätze der Satzgruppe des Pythagoras helfen zahlreiche mathematische Fragestellungen bei Konstruktionen, Beweisen, Herleitungen von Formeln etc. zu beantworten. Das Anwenden dieser Sätze ermöglicht es, z.B. Längenberechnungen bei Strecken in der Ebene und in der Raumgeometrie durchzuführen. Weitere Einsatzgebiete sind u.a. die analytische Geometrie und die Trigonometrie[108].

106 vgl. HESSISCHES KULTUSMINISTERIUM. Lehrplan Mathematik - gymnasialer Bildungsgang [2003]

107 vgl. HESSISCHES KULTUSMINISTERIUM. Lehrplan Mathematik - gymnasialer Bildungsgang [2003], S.26.

108 vgl. http://www.didaktik.mathematik.uni-wuerzburg.de/history/pythagoras/site1.html.

Der Satz des Pythagoras ist einer der einprägsamsten Sätze in der Mathematik, den viele Menschen noch lange nach Beendigung der Schulzeit aufsagen können - allerdings nur in der Formel „$a^2 + b^2 = c^2$“. Die Vorraussetzungen sind meistens in Vergessenheit geraten[109]. Daher möchte ich in der Einführungsstunde hierauf den Schwerpunkt legen. Den Schülerinnen und Schülern soll bewusst werden, dass der Satz nur in einem rechtwinkligen Dreieck gilt und nur zutrifft, wenn a und b die Katheten sind und c die Hypotenuse ist.

In einigen Büchern[110] wird mit dem Höhensatz und Kathetensatz des Euklid begonnen. Ich habe mich dagegen entschieden und halte mich so an die Reihenfolge des Schulbuchs der Schülerinnen und Schüler, da m.E. der Satz des Pythagoras anschaulicher und leichter verständlich ist. Die Äquivalenz, die in dem Satz steckt, wird erst in der nächsten Stunde thematisiert. In dieser Stunde soll zunächst nur auf die Richtung „vom rechtwinkligen Dreieck zum Satz“ im Mittelpunkt stehen. Hierin liegt eine systematische Vereinfachung des komplexen Wissensgebietes.

Methodische Überlegungen

Der Unterrichtseinstieg erfolgt über einen Comic. Anhand dieses Comics sollen die Schülerinnen und Schüler eine Vorstellung entwickeln, was mit „$a^2 + b^2 = c^2$“ gemeint sein könnte. Dies wird mit Hilfe von Quadraten und einem Dreieck, die an der Tafel befestigt werden, visualisiert. Ich habe mich für diesen Einstieg entschieden, um über den Comic die Motivation der Schülerinnen und Schüler zu erhöhen und so einen Leitfaden für den Unterricht herzustellen. Des Weiteren spricht der Comic den zentralen Aspekt des neuen Themas an und führt so didaktisch reduziert zum Kern der Sache[111]. Da die Vorführstunde der erste Teil einer Doppelstunde ist, kann das Bild entweder als Abschluss der ersten Einheit oder als Fortführung in der zweiten Stunde erneut genutzt werden.

Eine ganz andere Herangehensweise wäre, die Schülerinnen und Schüler den Satz selbst entdecken zu lassen. Sie könnten verschiedene Dreiecke ausmessen und die Seitenlängen sowie deren Quadrate in eine Tabelle schreiben und so auf die Erkenntnis stoßen, dass „$a^2 + b^2 = c^2$“ ist[112]. Ich habe mich dagegen entschieden, da es für die Schülerinnen und Schüler zunächst nicht ersichtlich ist, warum sie die Quadrate berechnen sollen und so das Entdecken sehr geführt ist. Wie oben ausgeführt setze ich den Schwerpunkt der Stunde anders, um das selbstständige Arbeiten der Schülerinnen und Schüler zu fördern.

In Gruppenarbeit sollen die Schülerinnen und Schüler anhand von Stationen[113] die Aussage prüfen, die auf dem Comic abgebildet ist. Die Stationen sind so ausgelegt, dass die Schülerinnen und Schüler die Voraussetzungen, die für den Satz gelten, erarbeiten können.

109 vgl. http://www.gymnasium-syke.de/faecher/mathematik/.

110 vgl. z.B. UHER, B. Mathe-Welt: Satz des Pythagoras. In: mathematik lehren [1994]

111 vgl. GREVING, J.; PARADIES, L. Unterrichts-Einstiege [2007], S. 17.

112 vgl. KLIPPERT, H. Stochastik, Pythagoras [2008], S. 18.

113 vgl. LEUDERS, T. Mathematik-Didaktik [2005], S. 236f.

Station 1:

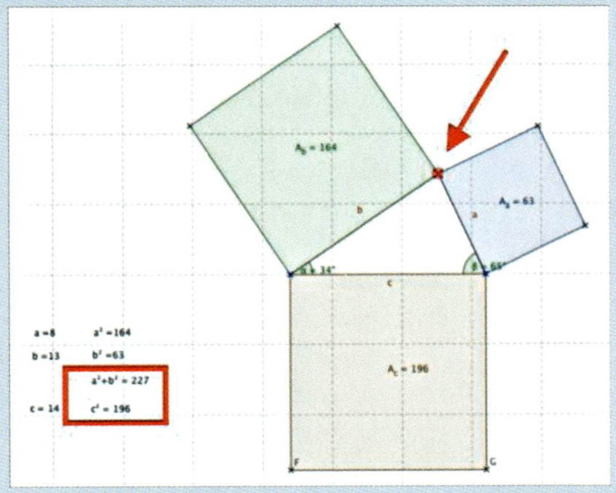

Bewege durch Anklicken die Spitze des Dreiecks und suche Dreiecke für die gilt: „$a^2 + b^2 = c^2$“. Zeichne mindestens vier Möglichkeiten auf dein Arbeitsblatt.
Bitte Zeichne die Möglichkeiten auf die Seite c

c = 14 cm

Was fällt dir auf?

Wenn du nicht weiterkommst, liegen vorne Hilfekärtchen aus!

Abbildung 25: Arbeitsblatt Station 1

- **Station 1** ist eine computergestützten Station, bei der die Schülerinnen und Schüler herausfinden sollen, dass die Aussage „$a^2 + b^2 = c^2$“ nur in rechtwinkligen Dreiecken gilt[114]. Sie sollen durch Verschiebung der Dreiecksspitze weitere Dreiecke suchen, bei denen der Satz zutrifft und diese auf ihr Arbeitsblatt übertragen. So erhalten sie entweder durch Messen der Winkel oder durch Nutzung des Thaleskreises die Voraussetzungen.

- **Station 2** beschäftigt sich mit der Vorraussetzung, dass der Satz nur in der abgebildeten Form gilt, wenn a und b Katheten und c die Hypotenuse ist. Es liegen verschiedene rechtwinklige Dreiecke aus, bei denen die Schülerinnen und Schüler die relevanten Größen messen und in eine Tabelle eintragen sollen. Allerdings sind hier die Benennungen der Hypotenuse bzw. der Katheten immer unterschiedlich. Sollten die Schülerinnen und Schüler nicht erkennen, dass die Kathetenquadrate addiert werden müssen, um das Hypotenusenquadrat zu erhalten, liegen Hilfekärtchen bereit.

- Für schnelle Gruppen steht eine **Zusatzstation** bereit, bei der der Legebeweis des Satzes erarbeitet werden soll. Da diese Station nicht von allen bearbeitet wird, wird sie in der anschließenden Sicherung nicht besprochen. Für eine zeitnahe und selbstständige Kontrolle liegen allerdings Lösungen bereit. In den folgenden Stunden werden alle Schülerinnen und Schüler diese Beweisführung noch in ähnlicher Form kennen lernen.

114 Für diesen Zweck habe ich eine GeoGebra-Datei entwickelt, die ein Dreieckmit den Seitenquadraten zeigt. Der Flächeninhalt der jeweiligen Quadrate wird von dem Programm angezeigt.
Die nötige Software lässt sich kostenfrei unter http://www.geogebra.org/ herunterladen.

Station 2:

Messe die Seitenlängen der ausliegenden Dreiecke und trage die Werte in die Tabelle.

Überprüfe, für welche der ausliegenden Dreiecke der Satz $a^2 + b^2 = c^2$ stimmt.

Dreieck	a	a^2	b	b^2	c	c^2
1						
2						
3						

Wie müsste der Satz umformuliert werden, damit die Aussage für alle ausliegenden Dreiecke stimmt?
Wenn du nicht weiterkommst liegen vorne Hilfekärtchen aus!

Hilfekärtchen 1
Kannst du die Quadrate anders addieren, damit die Aussage des Satzes stimmt?

Hilfekärtchen 2
Welche Seitenquadrate müssen zusammengerechnet werden? Wie heißen die Seiten?

Hilfekärtchen 3
Verwende den Begriff Kathete und Hypotenuse.

Abbildung 26: Arbeitsblatt Station 2 und Hilfekärtchen

Die Schülerinnen und Schüler sollen die Stationen in von mir gebildeten leistungsheterogenen[115] Dreiergruppen durchlaufen. Die Stationen bauen nicht aufeinander auf, so dass sie in unterschiedlicher Reihenfolge bearbeitet werden können. Jede Station wird 5-fach aufgebaut. Alternativ hätten die Aufgaben der Stationen im Klassenverband mit Hilfe eines Beamers und des Overheadprojektors bearbeitet werden können. Dieses würde aber nicht das unterschiedliche Lerntempo der Schülerinnen und Schüler berücksichtigen.

Durch die Absprachen in den einzelnen Gruppen haben auch die etwas stilleren Schülerinnen und Schüler die Möglichkeit, aktiv am Unterrichtsgeschehen teilzunehmen. Es werden in den Stationen, wie im Lehrplan[116] gefordert, eigenständig und im Rahmen kooperativer Arbeitsformen Lösungswege entwickelt.

Nach Beendigung der Stationen werden die Ergebnisse mithilfe des Overheadprojektors präsentiert und an der Tafel fixiert. Die Schülerinnen und Schüler bekommen Zeit, die Ergebnisse auf einen vorgefertigten Bogen[117] zu übertragen.

Zum Abschluss (als didaktische Reserve) oder als Auftakt für die Folgestunde sollen die Schülerinnen und Schüler eine Antwort auf die im Comic gestellte Frage formulieren und so ihr in den Stationen erworbenes Wissen zusammenfassend darstellen.

115 Ich habe mich für leistungsheterogene Gruppen entschieden, damit die leistungsschwächeren Schülerinnen und Schüler durch die -stärkeren Unterstützung bekommen und diese dabei durch das Lehren ebenfalls die Thematik vertiefen.

116 vgl. HESSISCHES KULTUSMINISTERIUM. Lehrplan Mathematik - gymnasialer Bildungsgang [2003], S.3.

117 Um den zeitlichen Rahmen einhalten zu können habe ich die Zeichnung für die Schülerinnen und Schüler vorgefertigt.

4 Geplanter Verlauf[118]

Phase	Inhalt	Sozialform	Medien
Einstieg	· Begrüßung · Comic	UG	Folie
Erarbeitung I	· Diskussion über die Aussage des Comics	UG	Tafel
Sicherung I	· Erstellung einer Skizze	UG	Tafel
Erarbeitung II	· Stationsbetrieb	GA	Computer, Arbeitsblätter
Sicherung II (Erster mögl. Stundenausstieg)	· Vorstellung der Ergebnisse	UG	Tafel, Overheadprojektor
Didaktische Reserve	· Rückgriff auf die anfängliche Diskussion / Entwicklung und Vorstellung einer Antwort	EA / UG	

Weiteres Material auf CD-ROM unter dem Stichwort „Pythagoras"

118 UG - Unterrichtsgespräch, GA – Gruppenarbeit, EA - Einzelarbeit

Imke Roggemann

Unsere Klasse plant einen Ausflug

Kosten berechnen
Kommunizieren
Planungsentscheidungen

Zuordnungen, Kostenberechnungen

Ausgehend von dem real bevorstehenden Klassenausflug vertiefen die Schülerinnen und Schüler Inhalte der bisherigen Unterrichtseinheit an Hand von Sachaufgaben. Dabei soll vor allem das mathematische Modellieren und Kommunizieren im Mittelpunkt stehen. Aus den erarbeiteten Teamergebnissen werden Planungsentscheidungen abgeleitet.

1 Lehr- und Lernsituation

Der Unterrichtsbesuch findet in einer 5. Klasse statt. Diese Klasse besteht aus 26 Schülern und Schülerinnen, von denen 10 Jungen und 16 Mädchen sind. Ich hospitiere in dieser Klasse seit dem Beginn des Schuljahres und unterrichte sie seit den Herbstferien in drei der fünf Unterrichtsstunden. In dieser Zeit haben die Schülerinnen und Schüler und ich im Unterricht aber auch beim Wandertag ein sehr positives Verhältnis zueinander aufgebaut. Einige der Schülerinnen und Schüler sind sehr aufgeweckt, manchmal sogar vorlaut und undiszipliniert. Gerade für diese Schülerinnen und Schüler ist es wichtig, klare Regeln einzuführen. Ich bin daher dazu übergegangen, mit einem Belobungssystem zu arbeiten.

Die Lerngruppe setzt sich aus Schülerinnen und Schüler aus unterschiedlichen Grundschulen zusammen, so dass sie sich zu Beginn erst an einander gewöhnen mussten. Die Integration aller Schülerinnen und Schüler in die neue Klassengemeinschaft ist gut gelungen. Schwieriger wiegt nun die sehr heterogene Verteilung der Kompetenzen im Fach Mathematik. Die Spannweite ist dabei in dieser Klasse besonders groß. Dabei ist die Kompetenz des mathematischen Problemlösens sowohl im Hinblick auf die Richtigkeit der Verfahrensanwendung als auch auf deren Anwendung sehr unterschiedlich. Mindestens vier der Jungen stechen durch ihre schnelle Auffassungsgabe und hohe Kompetenzstufe im Bereich des mathematischen Modellierens und Problemlösens hervor. Einige der Mädchen rechnen zwar gut, aber langsam, zwei andere Mädchen haben große Schwierigkeiten beim Lösen einfacher Aufgaben. Insgesamt haben die Schüler noch Schwierigkeiten, mathematisch zu kommunizieren.

Auf Grund der großen Heterogenität der Klasse, insbesondere im Hinblick auf die Geschwindigkeit muss in dieser Klasse eine Binnendifferenzierung durchgeführt werden.

Die Schülerinnen und Schüler sind am Mathematikunterricht sowohl mündlich als auch schriftlich sehr lebhaft und meist konzentriert beteiligt. Sie haben zum großen Teil eine gute Selbstkompetenz und können sich selbst gut einschätzen. Die Arbeit mit einer Lerntheke, an der sie selbst Aufgaben auswählen dürfen, sind sie bereits gewöhnt.

Der Ehrgeiz einiger der Schüler geht soweit, dass sie sehr auf sich selbst fixiert sind und mehr darauf bedacht sind, schnell weiter zu rechnen als ihren Mitschülern zu helfen. Auf der Methodenebenen der Teamarbeit ist in dieser Hinsicht noch Handlungsbedarf. In letzter Zeit haben wir mit der Partnerarbeit gute Erfolge erzielt. Da es den Schülerinnen und Schüler in der Kommunikation untereinander nicht immer gelingt, sich sachlich und angemessen auszudrücken, muss das mathematische Kommunizieren jedoch auch im Unterrichtsgespräch geübt werden. Das Lösen scheinbar offener Aufgaben ist für die Schüler neu. Es kann erst jetzt, da die Rechenfertigkeiten und Rechenregeln gefestigt sind, eingesetzt werden. Ich bin trotzdem der Meinung, dass die Schülerinnen und Schüler in der Lage sind, die Aufgaben zu bearbeiten. Ich hoffe durch die Motivation der Schüler auf Grund der Einbettung der Aufgaben an die gute Arbeit in den Teams anknüpfen zu können.

2 Methodisch-Didaktische Überlegungen

Die vorliegende Unterrichtsstunde stellt den Beginn der Vertiefungsphase innerhalb der Einheit „Rechnen" da. Innerhalb dieser Einheit wurden die Verfahren zum schriftlichen Rechnen, die aus der Grundschule bekannt waren, wiederholt. Außerdem wurden die Rechenregeln „Punkt- vor Strichrechnung", die Klammer, das Assoziativ-, Kommutativ- sowie Distributivgesetz neu eingeführt. Im Mittelpunkt dieser Regeln stehen die sich aus den Regeln ergebenen Rechenvorteile. Die Verfahren sowie die Regeln sind ausführlich geübt und am Freitag durch eine Klassenarbeit überprüft worden. In der heutigen Stunde sollen sie an lebensnahen Aufgaben angewandt werden. Der Alltagsbezug wird durch die Motivation und die Aufgaben selbst sofort deutlich. Den Schülern soll klar werden, wie umfangreich ihr Wissen bereits einsetzbar ist. Aus diesem Grund habe ich die bevorstehende Klassenfahrt als Thema gewählt. Sie stellt einen Kontext da, der für alle Schüler in gleicher Weise von Bedeutung ist. Um den Zusammenhang für alle zu verdeutlichen, lasse ich die Schüler mögliche Fragen formulieren, die die Klassenlehrerin haben könnte.

Stellvertretend für diese Fragen stelle ich im Anschluss die Textaufgaben kurz vor.

Textaufgaben geben die Möglichkeit, mathematisches Modellieren mit dem Lösen des mathematischen Problems zu verknüpfen. Gerade das mathematische Modellieren soll hier geübt werden. Es ist in der vorangegangenen Übungsphase oft zu kurz gekommen, da hier die Rechenverfahren im Vordergrund standen.

Die Aufgaben sollen in Partnerarbeit gelöst werden. Diese Methode hat sich, wie erwähnt, in letzter Zeit als effektiv erwiesen. Hier müssen die Schülerinnen und Schüler stärker aufeinander hören und miteinander arbeiten. Auf diese Weise kommunizieren und argumentieren sie auf ganz natürliche Weise mathematisch.

Anfahrt-Aufgabe

Wir wollen mit dem Bus nach Duderstadt reisen. Duderstadt liegt 50 km von Witzenhausen entfernt.
Hier sind zwei Angebote von Busunternehmen.

a) Berechne jeweils die Kosten für den Bus und vergleiche die beiden Angebote. Welches ist das bessere Angebot?
b) Wie viel kostet die Fahrt pro Person bei dem güstigeren Angebot?

Hansen-Reisen
Unser moderner Bus verfügt über Klimaanlage und 3 Fernseher. Er fasst bequem 80 Personen. Während der Fahrt stehen ihnen kleine Snacks und kalte Getränke zur Verfügung.
Unser Bus kostet 800 € Grundmiete. Für jeden gefahrenen Kilometer berechnen wir zusätzlich 23,50 €.
Steigen Sie ein, zu der schönsten Fahrt Ihres Lebens...

Busunternehmen Müller
Mit den Bussen von Müller in den Urlaub....
Unsere kleinen familiären Busse sind für jeden etwas.
Fahren Sie mit unseren Kleinbussen für 32 Personen fast privat.
Die Busse kosten lediglich 385€ als festen Grundpreis. Bei uns fahren Sie für nur 27€ pro Person zusätzlich (bis zu 100 km)!
Da kann man sich den Urlaub gönnen...

Abbildung 27: Beispielaufgabe

Duderstadt-Aufgabe

Aufgabe: Lies die Information über Duderstadt. Hier haben sich einige Fehler eingeschlichen.
Finde die Fehler und erkläre sie (Eventuell musst du nachrechnen).

Duderstadt
Duderstadt ist eine Stadt im Landkreis Göttingen im südöstlichen Niedersachsen.
Duderstadt besteht aus der Innenstadt und umliegenden Ortsteilen. Von den knapp 23.000 Einwohnern leben rund 10.000 in der Kernstadt und 17.000 in den Ortsteilen.
Die Stadt Duderstadt ist schon sehr alt. Im Jahr 929 wird sie das erste Mal in einer Urkunde erwähnt. Es gibt die Stadt also schon mindestens seit 1100 Jahren.
Das mittelalterliche Stadtbild wird geprägt von rund 500 Fachwerkhäusern. Um diese alten Fachwerkhäuser zu erhalten, muss jedes Jahr durchschnittlich 1500€ für jedes Haus ausgegeben werden. Im letzten Jahr standen jedoch 200.000€ zu wenig, also 400.000€ zur Verfügung.

Abbildung 28: Beispielaufgabe

Die Aufgaben sind unterschiedlich komplex, so dass eine Differenzierung nach dem Schwierigkeitsgrad stattfinden kann. Ich teile die ersten Aufgaben den Schülern zu, damit alle Aufgaben bearbeitet werden. Die Differenzierung nach der Bearbeitungsgeschwindigkeit ist dadurch gegeben, dass das jeweils schnellste Paar ihre Lösung auf eine Folie schreiben soll. Alle anderen nehmen sich jeweils eine weitere Aufgabe von der Aufgabentheke. Auf dieser Lerntheke finden sich die fünf Aufgaben wieder. Zwei schwierigere Aufgaben sind mit einem Stern gekennzeichnet. Es ist wichtig, dass die Teams nicht heterogen zusammengesetzt sind. Die Schüler sitzen zum großen Teil in recht homogenen Teams zusammen. Auf diese Weise ist gewährleistet, dass sie sich sowohl gegenseitig unterstützen können als auch mit einem gemeinsamen Interesse an die Lerntheke herangehen.

Die sachliche mathematische Kommunikation soll in der Phase der Sicherung weiter geübt werden. Dafür stellt die Gruppe, die die Folie angefertigt hat, die Aufgabe anhand des von mir vorbereiteten Plakates vor. Die Lösung soll daraufhin von anderen Schülern erklärt werden. Die Schülerinnen und Schüler müssen so die Lösungen der anderen verstehen und sich darüber austauschen. Auf diese Weise wird außerdem der Fokus weg von der eigenen Lösung und auf die gemeinsame Erarbeitung gelenkt.

In dieser Unterrichtsstunde werden vermutlich nicht alle Ergebnisse vorgestellt werden können. Dies wird in der darauffolgenden Stunde geschehen. Ich finde es wichtig, dass die

Schüler sowohl über ihr eigenes Arbeiten, als auch ihre Teamarbeit zu urteilen lernen. Abschließend soll daher kurz über die Teamarbeit reflektiert werden.

Als Hausaufgabe sollen die Schülerinnen und Schüler einen Brief an die Klassenlehrerin schreiben, in dem sie eine der bearbeiteten Probleme beantworten und erklären, wie sie auf die Lösung gekommen sind. So soll jede Schülerinnen und jeder Schüler das mathematische Argumentieren schriftlich anwenden und die Rechenschritte begründen.

3 Lernmöglichkeiten und Kompetenzen

Das didaktische Zentrum dieser Stunde besteht darin, die Inhalte der Unterrichtseinheit an Hand von Sachaufgaben zu vertiefen. Dabei soll vor allem das mathematische Modellieren und Kommunizieren im Mittelpunkt stehen.

3.1 Sachkompetenzen

Die Schülerinnen und Schüler:

- modellieren ein realitätsnahes Problem (K3),
- verstehen und strukturieren das Problem (K1),
- bearbeiten diese Probleme mit ihnen bekannten mathematischen Verfahren (K2),
- entwickeln beim Lösen der Probleme mehrschrittige Argumentationen (K1),
- erläutern ihren Partnern und in der Abschlussdiskussion der Lerngruppe mögliche Lösungsideen, Lösungsschritte und Ergebnisse (K6).

3.2 Methodenkompetenzen

Die Schülerinnen und Schüler:

- entwickeln ihre Kooperations- und Kommunikationsfähigkeit im Team und im Unterrichtsgespräch,
- stellen ihre Ergebnisse strukturiert und begründet dar,
- präsentieren ihre Ergebnisse,
- üben sich selbst einzuschätzen.

4 Geplanter Unterrichtsverlauf [119]

Phase	Inhalt / Lernaktivitäten	Sozialform	Medien
Einstieg	Klassenlehrerin bitte um Hilfe bei der Vorbereitung der Klassenfahrt.	LV	
Vorbereitung	Sammlung von Themen zur Klassenfahrt. Vorstellung der Aufgaben. Klärung der Anzahl der Personen Arbeitsauftrag: 1. Bearbeiten der zugewiesenen Aufgabe. 2. Eigenständiges Weiterarbeiten an ausgesuchter Aufgabe von der Theke.	UG LV	TA
Erarbeitungsphase	In Teams werden differenzierte Aufgaben zu der Klassenfahrt bearbeitet. Erste Aufgabe wird zugeteilt. Schnelle Gruppen: Lösungen auf Folie.	PA	Aufgabenblatt
	Schülerinnen und Schüler wählen eigenständig nächste Aufgabe und bearbeiten diese.	PA	Aufgabentheke
Sicherung	Schülerinnen und Schüler, die die Folie beschrieben haben, erklären die Aufgabenstellung an Hand der vorbereiteten Plakate und legen die Folie auf. Schülerinnen und Schüler besprechen die Lösung.	Präsentation UG	Plakate Folie
HA:	Brief an die Klassenlehrerin mit der Lösung des Problems.		
Reflexion	Wie hat das Arbeiten im Team geklappt?	UG	

Weiteres Material auf CD-ROM unter dem Stichwort „Klassenausflug"

119 LV – Lehrervortrag, UG – Unterrichtsgespräch, PA – Partnerarbeit, TA – Tafelanschrieb, HA – Hausaufgaben

Alexander Arnecke

Die Renovierung eines Zimmers

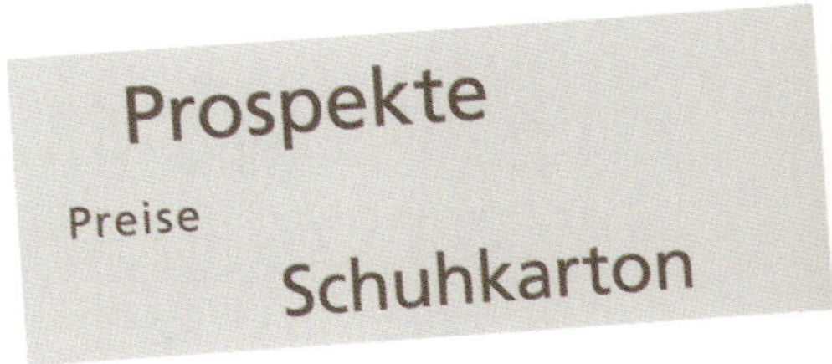

Flächeninhalt und Umfang von Rechtecken und Quadraten

Ausgehend von einer Geschichte und einem Modell (Schuhkarton) berechnen die Schülerinnen und Schüler in arbeitsteiliger Gruppenarbeit Renovierungskosten. Die Preise werden aktuellen Prospekten entnommen, Unterschiede zwischen berechnetem und tatsächlichem Materialverbrauch werden thematisiert.

1 Lerngruppenanalyse

Der Erweiterungskurs Mathematik setzt sich aus Schülerinnen und Schülern der Klassen 6b und 6c zusammen. Er besteht aus 12 Schülerinnen und 8 Schülern. Ich unterrichte diesen Kurs seit Beginn dieses Schuljahres in einer Doppelsteckung, jeweils montags in den ersten beiden Stunden und mittwochs in der zweiten Stunde. Dienstags in der fünften Stunde wird der Kurs von der Fachlehrerin unterrichtet. Das Verhältnis der Lerngruppe zu mir ist freundlich und aufgeschlossen, jedoch neigt die Klasse manchmal zur Unruhe, was sich in Gesprächen der Schülerinnen und Schüler untereinander äußert.

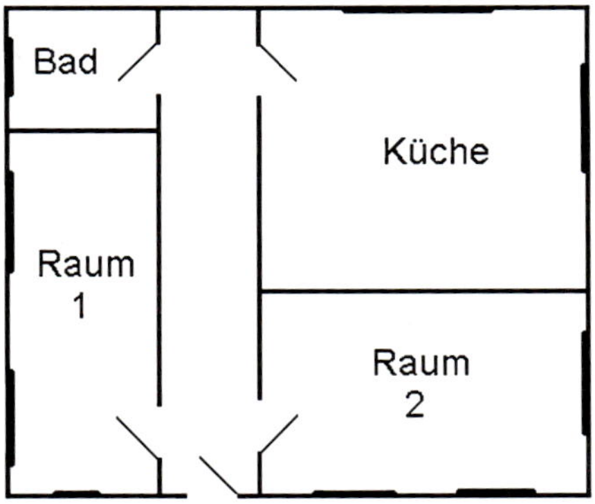

Abbildung 29: Einstiegsfolie

Das Verhältnis der Schülerinnen und Schüler untereinander ist unterschiedlich. Die Schülerinnen und Schüler gehen größtenteils freundlich miteinander um, jedoch entstehen zwischen einem bestimmten Schüler und anderen Schülern manchmal Spannungen, da dieser schnell auf Äußerungen und Fragen der anderen Schülerinnen und Schüler genervt reagiert. In einem Einzelgespräch mit dem betreffenden Schüler habe ich versucht dieses zu klären. Innerhalb des Kurses existieren verschiedene kleine Freundschaftsgruppen. Innerhalb dieser Gruppen helfen sich die Schülerinnen und Schüler gegenseitig bei aufkommenden Fragen. Jedoch ist der Umgangston der Schülerinnen und Schüler zwischen den einzelnen Gruppen nicht immer freundlich.

Zwei weitere Schülerinnen und ein weiterer Schüler, die auch zu den leistungsschwächeren Schülerinnen und Schüler gehören, fallen durch häufige Gespräche mit ihren Mitschülern auf. Dies habe ich ebenfalls versucht durch Gespräche mit den betreffenden Schülerinnen und Schüler und durch Auseinandersetzen zu minimieren. Des Weiteren habe ich für die Gruppenarbeit die Einteilung der Gruppen selber vorgenommen, damit die eben erwähnten Schülerinnen und Schüler in Gruppen mit leistungsstärkeren Schülerinnen und Schüler aber auch mit Schülerinnen und Schüler, mit denen sie weniger befreundet sind, zusammenarbeiten. Somit möchte ich einerseits gewährleisten, dass die Gruppen die ihnen gestellten Aufgaben lösen können, andererseits möchte ich dadurch mögliche Privatgespräche minimieren und die Konzentration der Schülerinnen und Schüler auf den Unterrichtsstoff lenken. Da die Schülerinnen und Schüler wenige Erfahrungen mit Gruppenarbeit haben, erhalten sie in den Gruppen weitere Aufgaben (Zeitwächter, Lautstärkewächter, Gruppenwächter) zugeteilt (siehe methodische Überlegungen). Das Präsentieren von Ergebnissen mit Hilfe von Folien oder der Tafel bereitet den Schülerinnen und Schüler keine Probleme.

Den Leistungsstand der Lerngruppe würde ich als sehr heterogen bezeichnen. Eine Gruppe von 5 Schülerinnen und Schüler zeigt im Unterricht sehr gute Leistungen und bringt diesen mit ihren Beiträgen gut voran. Sie verstehen die mathematischen Zusammenhänge schnell und können ihr erlerntes Wissen gut in neuen Situationen anwenden. Des Weiteren zeigt ein Viertel der Schülerinnen und Schüler ein weniger ausgeprägtes mathematisches Verständnis. Bei ihnen zeigen sich Probleme beim Anwenden des neu erlernten Stoffes, sowie beim Anwenden von weiter zurückliegendem Stoff. In Arbeitsphasen wende ich mich daher verstärkt diesen Schülerinnen und Schüler zu, um ihnen geeignete Hilfestellungen zu geben. Eine Gruppe von 10 Schülerinnen und Schüler befindet sich im mittleren Leistungsfeld. Innerhalb dieser Gruppe ist die Beteiligung am Unterricht unterschiedlich stark ausgeprägt.

2 Lernmöglichkeiten und Kompetenzen

Das didaktische Zentrum dieser Stunde besteht darin, dass die Schülerinnen und Schüler ihre Sach- und Methodenkompetenz, sowie ihre Sozialkompetenz weiterentwickeln. Sie sollen an Hand eines Modells die Kosten für die Renovierung eines „Modellzimmers" berechnen.

2.1 Fachliche Kompetenzen

Die Schülerinnen und Schüler beschäftigen sich an Hand eines Alltagsbeispiels mit der Flächen- und Umfangsberechnung von Rechtecken. Die Schülerinnen und Schüler sollen

- den Flächeninhalt und den Umfang von Rechtecken berechnen,
- Teilflächen durch Subtraktion von Flächeninhalten berechnen,
- Probleme mathematisch lösen (K2), mathematisch modellieren (K3) sowie mit symbolischen, formalen und technischen Elementen der Mathematik umgehen (K5).

2.2 Methodische Kompetenzen

Das „Modellzimmer" dient den Schülerinnen und Schüler als Visualisierung und als Hilfestellung beim Modellierungsprozess. Die Schülerinnen und Schüler sind angehalten

- nötige Informationen aus dem Modell zu entnehmen,
- ihre Ergebnisse zu präsentieren.

Im Bereich der Sozialkompetenz sollen die Schülerinnen und Schüler ihre Teamfähigkeit in der Gruppenarbeit ausbauen.

3 Bezug zum Lehrplan und Einbettung der Stunde in die Unterrichtseinheit

Die Flächenberechnung und die Berechnung des Umfangs von Quadraten und Rechtecken sind im Lehrplan für die Jahrgangsstufe 5 und auch für die Jahrgangsstufe 6 vorgesehen. Hierbei sollen Flächeninhalte von Grundstücken, Wänden, Fenstern, Türen, etc. bearbeitet und die Verbindung zum Rechnen mit Bruchzahlen hergestellt werden[120].

In der Jahrgangsstufe 6 spielt die Bruchrechnung und das Rechnen mit Dezimalzahlen eine große Rolle. Die Schülerinnen und Schüler haben zunächst Teiler, Vielfachmengen, die Primfaktorzerlegung sowie die Teilbarkeitsregeln behandelt. Anschließend wurden die Brüche eingeführt. Die Schülerinnen und Schüler haben dann das Kürzen und Erweitern sowie das Bestimmen von Bruchteilen von Größen erlernt. Angeschlossen hat sich daran eine Einheit zu Kreisen und Winkeln. Dabei wurden auch der Winkelsummensatz im Dreieck und Viereck behandelt. Als nächstes wurde die Addition und Subtraktion von Bruchzahlen und die Spiegelung und Verschiebung von ebenen Figuren besprochen. Danach folgte die Multiplikation und Division von Brüchen und die Verbindung der vier Grundrechenarten. Nun wurden die Dezimalzahlen eingeführt. Die Schülerinnen und Schüler haben dabei das Umwandeln von Bruchzahlen in Dezimalzahlen, das Vergleichen von Dezimalzahlen sowie Addition, Subtraktion, Multiplikation und Division von Dezimalzahlen kennen gelernt.

In der letzen Stunde wurden nochmals die verschiedenen Flächenmaße wiederholt. Außerdem haben die Schülerinnen und Schüler Lernplakate zum Berechnen des Flächeninhalts und des Umfangs von Rechtecken erstellt. Die heutige Stunde soll den Schülerinnen und Schüler zum Üben und Anwenden des Erlernten im Anwendungsbezug dienen. Des Weiteren soll der Realitätsbezug nochmals verdeutlicht und das Rechnen mit Dezimalzahlen angewendet werden.

120 vgl. HESSISCHES KULTUSMINISTERIUM. Rahmenplan Mathematik für den gymnasialen Bildungsgang G9 (Sekundarstufe I) [2003]

4 Methodische Überlegungen

Die Renovierung eines Zimmers

Die Tante des Mathelehrers möchte in eine neue Wohnung ziehen und muss diese vor dem Einzug renovieren. Dabei müssen die Wände tapeziert, ein Teppichboden verlegt und Fußleisten angebracht werden. Sie möchte nun wissen, wie teuer die Renovierung der Wohnung sein wird.

Könnt ihr dabei helfen?!?

Arbeitsauftrag

An Euren Tischen findet Ihr das Modell eines Zimmers und den Prospekt eines Baumarktes.

Berechnet in Gruppen, wie teuer die Renovierung des Zimmers sein wird. Tragt Eure Ergebnisse auch in die Tabelle ein. Geht beim Berechnen in der unten angegebenen Reihenfolge (Teppichboden, Fußleisten, Tapete) vor.

	Menge	Kosten
Teppichboden		
Fußleisten		
Tapete		
Gesamtkosten		

Abbildung 30: Arbeitsauftrag

Als Einstieg in die Unterrichtsstunde möchte ich den Schülerinnen und Schülern eine Geschichte von einem Umzug erzählen und mit ihnen diskutieren, was beim Renovieren eines Zimmers durchzuführen ist. Mit Hilfe des Overhead-Projektors zeige ich den Schülerinnen und Schüler den Grundriss einer Wohnung, wobei zwei Zimmer in diesem Grundriss den beiden in der Gruppenarbeit verwendeten Modellzimmern entsprechen. Die Frage nach den Kosten der Renovierung wird durch die Lehrkraft gestellt. Die Schülerinnen und Schüler bearbeiten dann den Arbeitsauftrag in 3er- und 4er-Gruppen. Ich habe mich aus verschiedenen Gründen für eine Gruppenarbeit entschieden. Zum einen fördert und fordert die Gruppenarbeit soziale und kommunikative Kompetenzen[121]. Die Schülerinnen und Schüler sollen mit ihren Gruppenmitgliedern über mögliche Lösungswege diskutieren und somit ihre Teamfähigkeit und Diskussionsfähigkeit verbessern. Zum anderen erhöht die Gruppenarbeit die Interaktionsmöglichkeiten in der Klasse und führt zu einer verbesserten Beteiligung der Schülerinnen und Schüler[122]. Außerdem nehmen die Schülerinnen und Schüler die Gruppenarbeit als motivierender wahr, weil sie Erklärungen durch Mitschüler als hilfreich empfinden und weil Gruppenarbeit den Lernenden einen Rahmen für informelle Kommunikation, die frei ist vom direkten Kontrollieren und Bewerten durch die Lehrperson, gewährt[123].

Zusätzlich bekommt jedes Gruppenmitglied eine weitere Funktion zugeteilt. Diese Funktionen sind der Zeitwächter, der Lautstärkewächter und der Gruppenwächter. Der Zeitwächter soll auf die Einhaltung der vorgegebenen Zeit achten. Der Lautstärkewächter achtet auf eine angemessene Lautstärke in der Gruppe und der Gruppenwächter ist dafür verantwortlich, dass jedes Gruppenmitglied mitarbeitet und sich die Lösungen notiert. Somit wird den Schülerinnen und Schüler noch mehr Verantwortung für ihren eigenen Lernprozess übertragen und sie fühlen sich für die Arbeit der Gruppe verantwortlich. Des Weiteren erzielen gut organisierte Gruppen meistens bessere Ergebnisse.

121 vgl. BARZEL, B.; BÜCHTER, A., et al. Mathematik-Methodik [2007], S. 84

122 vgl. BOVET, G.; HUWENDIEK, V., et al. Leitfaden Schulpraxis [2006], S. 95

123 vgl. BARZEL, B.; BÜCHTER, A., et al. Mathematik-Methodik [2007], S. 84

Während der Gruppenarbeit bekommt jede Gruppe ein Modell eines Zimmers, für welches sie die Renovierungskosten ermitteln sollen. Das Arbeiten mit den Modellen dient den Schülerinnen und Schülern als Visualisierung und als Hilfe für die Modellierung der Aufgabe. Zusätzlich verdeutlichen die Modelle nochmals den Anwendungsbezug der Aufgabe.

Abbildung 31: Baumarkt-Werbung

Die Präsentation der Ergebnisse soll mit Hilfe des Overhead-Projektors geschehen. Anschließend möchte ich mit den Schülerinnen und Schülern über mögliche Gründe diskutieren, ob man tatsächlich nur die ausgerechnete Menge an Tapete, an Fußleisten oder an Teppichboden kaufen sollte. Die Schülerinnen und Schüler sollen in dieser Phase erkennen, dass bei Tapeten und auch bei Fußleisten mit Verschnitt zu rechnen ist. Falls noch genügend Zeit vorhanden ist, möchte ich ebenfalls mit den Schülerinnen und Schülern diskutieren, dass der Teppich im Baumarkt eine Breite von vier Metern besitzt und welche Menge an Verschnitt bei den beiden Räumen anfallen würde.

Ich habe mich für die Aufgabe der Renovierung eines Zimmers entschieden, da sie aus der Erlebniswelt der Schülerinnen und Schüler ist. Viele Schülerinnen und Schüler haben schon einmal eine Renovierung gesehen oder bei einer Renovierung mitgeholfen. Alternativ zur Gruppenarbeit hätte man die Aufgabe auch in Einzel- oder Partnerarbeit sowie im Unterrichtsgespräch bearbeiten können. Ich habe mich aber aus verschiedenen Gründen für die Gruppenarbeit entschieden. Neben der Förderung und Forderung der sozialen Kompetenzen wäre der Zeit- und Materialaufwand beim Erstellen der Modelle ein weiterer Grund sich für die Gruppenarbeit zu entscheiden.

5 Geplanter Unterrichtsverlauf[124]

Phase	**Inhalt**	**Sozialform**	**Medien**
Einstieg/ Motivation	Der Lehrer präsentiert den Grundriss einer Wohnung und erzählt eine Geschichte von einem Umzug.	LV	OHP
Erarbeitung	Die Schülerinnen und Schüler berechnen in Gruppen die Kosten für die Renovierung eines Zimmers.	GA	Modell- zimmer, Werbung
Ergebnissicherung (minimal)	Die Schülerinnen und Schüler präsentieren ihre Lösungen	SV	OHP
Vertiefung	Die Schülerinnen und Schüler diskutieren mögliche Gründe, warum man mehr Tapete / Fußleisten als die berechnete Menge kaufen sollte.	UG	Tafel
Hausaufgabe	Die Schülerinnen und Schüler erhalten ein Maßband und sollen die Renovierungskosten für ein Zimmer bei sich zu Hause bestimmen.		

Weiteres Material auf CD-ROM unter dem Stichwort „Renovierung"

124 UG – Unterrichtsgespräch, GA – Gruppenarbeit, LV – Lehrervortrag, SV – Schülervortrag, OHP – Overheadprojektor

Benjamin Jeske

Vertragshandy oder Kartenhandy?

Kostenbremse
Jokerkarten
gestufte Jokerkarten

Lineare Funktionen

Die Schülerinnen und Schüler modellieren in heterogenen Gruppen selbständig zwei Handytarife mit Hilfe von linearen Funktionen. Zur Förderung der Selbstkompetenz stehen niveaugestufte Jokerkarten zur Verfügung.

1 Bemerkungen zur Lerngruppe

Die Lerngruppe der 8. Klasse setzt sich aus elf Schülerinnen und neun Schülern zusammen. Ich unterrichte diese Gymnasialklasse seit Beginn der 7. Klasse eigenverantwortlich. In der Klasse herrscht ein angenehmes Lernklima und die Lernenden begegnen sich und der Lehrperson mit Respekt. Außerdem kann das Verhältnis zwischen den Lernenden und mir als gut beschrieben werden. Es herrscht alles in allem eine vertraute Zusammenarbeit. Dies hat sich zuletzt auf der Klassenfahrt bestätigt.

Die Schülerinnen und Schüler zeigen wenig Interesse und sind teilweise nicht bereit, ihnen gestellte Aufgaben mit einer entsprechenden Sorgfalt zu bearbeiten. Dies kann mit dem Problem der frühen Adoleszenz zu tun haben[125] und deshalb sollte der Unterricht in besonderem Maße interessant gestaltet werden. Des Weiteren ist die Mathematik bei vielen Lernenden ein Unsicherheitsfaktor in ihrer Schulkarriere. Die unterrichtliche Situation erfordert das Anwenden von Methodenvielfalt. Das Anknüpfen an die Erfahrungswelt der Jugendlichen kann dabei motivierend wirken. Außerdem sollte den Lernenden ermöglicht werden, Erfolgserlebnisse zu haben.

Das Leistungsniveau innerhalb der Klasse kann als heterogen bezeichnet werden. Vier Schülerinnen und Schüler gehören zur Leistungsspitze. Dies ist vor allem durch ihr Arbeitsverhalten begründet. Die Lernenden sind bereit, einzelne Inhalte nachzuarbeiten und sich selbst anzueignen. Ihr Fleiß führt im Unterricht zu einer guten Mitarbeit und sie können den Unterrichtsprozess vorantreiben. Die Bearbeitung von Aufgaben aus dem Anforderungsbereich können gut bewältigt werden. Transferaufgaben hingegen können von diesen Lernenden nur teilweise geleistet werden. Zehn Schülerinnen und Schüler können der Leistungsmitte zugeordnet werden. Besondere Probleme bereiten ihnen Aufgaben, bei denen eine besondere Kreativität bei der Entwicklung von Lösungswegen verlangt wird. In manchen Unterrichtssituationen spreche ich die Schülerinnen und Schüler direkt an, um sie in einen Erarbeitungsprozess zu integrieren und ihnen Möglichkeiten für Erfolgserlebnisse einzuräumen. Dabei wird stets darauf geachtet, die Lernenden nicht bloßzustellen oder zu schikanieren. Diese stoßen aber relativ schnell an ihre Grenzen und können einem gemeinsamen Erarbeitungsprozess nicht immer folgen. Ein grundlegendes Desinteresse an der Mathematik kann ihnen jedoch nicht unterstellt werden, die Arbeitseinstellung ist aber nur bei einigen Lernenden einer Gymnasialstufe angemessen.

125 vgl. OERTER, R.; MONTADA, L., et al. Entwicklungspsychologie [2002], Kapitel 7: Jugendalter.

Fünf Schülerinnen und Schüler gehören zu den leistungsschwächeren in der Klasse. Hier fehlt es meist an grundlegenden Fertigkeiten, wie zum Beispiel das Aufstellen und Berechnen einer Wertetabelle zu einer gegebenen Funktion. Darüber hinaus ist das Arbeitsverhalten ihrer Situation nicht angemessen. Auch bei dieser Gruppe von Lernenden wird immer wieder auf unterschiedliche Weise versucht, sie integrativ und motivationsfördernd in den Unterrichtsprozess aufzunehmen. Gewisse Defizite bei der Reproduktion mathematischer Zusammenhänge können zum Beispiel durch ein geeignetes Lehr-Lern-Arrangement aufgearbeitet werden.

Eine Schülerin ist erst zu Beginn der Woche neu in die Klasse gekommen und ihr Leistungsvermögen kann noch nicht fundiert eingeschätzt werden.

Im letzten Schuljahr sind zwei Nachhilfekurse eingerichtet worden, die zum Teil von den Lernenden genutzt wurden; dadurch konnten sie ihre Leistungen verbessern. Über die Sommerferien ist aber ein gewisser Rückschritt erkennbar gewesen, so dass nach den Herbstferien erneut ein Nachhilfekurs eingerichtet worden ist.

Das Präsentieren von Arbeitsergebnissen kann von den meisten Lernenden der Klasse geleistet werden, sollte aber stets im Unterricht geübt und vertieft werden.

Aufgrund der Leistungszusammensetzung der Klasse ist es wichtig, den Unterricht differenziert zu gestalten und zu versuchen, unterschiedliche Zugänge zu einem Sachverhalt zu ermöglichen. Des Weiteren wird eine gewisse Kleinschrittigkeit und Sicherung von Arbeitsergebnissen durch mich oder die Schülerinnen und Schüler selbst als sinnvoll eingestuft.

Die nötige Motivationsförderung, Kleinschrittigkeit, Sicherung der Ergebnisse und die Möglichkeit, sich auf unterschiedliche Weise einen Sachverhalt zu vergegenwärtigen, soll durch die Vorgehensweise und die Aufgabenstellung in der dargestellten Stunde sichergestellt werden. Die nötige Binnendifferenzierung wird durch die Wahl der Methode erreicht.

2 Lernmöglichkeiten und Kompetenzen

2.1 Didaktisches Zentrum

Das didaktische Zentrum dieser Stunde liegt darin, in heterogenen Gruppen eine anwendungsorientierte Fragestellung mit Hilfe von linearen Funktionen selbständig zu bearbeiten, ein Angebot zu wählen und dies entsprechend zu begründen. Dabei können die Schülerinnen und Schüler ihre Fach-, Methoden- und Sozialkompetenz schulen und erweitern.

2.2 Fachkompetenz

Der zentrale fachliche Aspekt dieser Stunde liegt in der Bearbeitung einer anwendungsorientierten Fragestellung aus dem Bereich der linearen Funktionen. Die Schülerinnen und Schüler sind angehalten,

- ihre Kompetenz mathematisch zu modellieren, zu fördern, indem sie eine komplexe Situation vereinfachen, mathematisch lösen, interpretieren und sich begründet für ein Angebot entscheiden,
- mathematisch zu argumentieren und zu kommunizieren, indem sie ihre Lösungswege beschreiben, begründen und validieren,
- ihr mathematisches Wissen über lineare Funktionen und insbesondere über mathematische Darstellungen anzuwenden, indem sie in ihren Lösungsprozess Wertetabellen und/oder Funktionsgraphen aufnehmen.

2.3 Methodenkompetenz

Die Lernenden werden in dieser Stunde mit verschiedenen Methoden konfrontiert, so dass sie lernen können

- in heterogenen Gruppen selbständig eine reale, komplexe Aufgabe zu bearbeiten und während dieses Prozesses verschiedene Argumente zuzulassen, zu diskutieren und sich als Gruppe für ein Angebot zu entscheiden,
- die ihnen zur Verfügung gestellten gestuften Lernhilfen bei Bedarf sinnvoll in ihren Erarbeitungsprozess zu integrieren,
- ihre Fähigkeit des Präsentierens zu erweitern, indem sie ihren Lösungsweg und ihr Ergebnis der Lerngruppe vorstellen.

2.4 Sozialkompetenz

Die Lernenden können in dieser Stunde erfahren, dass sie zusammen in der Lage sind, eine komplexe Aufgabe zu lösen. Dabei können die Schülerinnen und Schüler soziale Kompetenzen erwerben bzw. erweitern, wie etwa

- die Förderung des Selbstvertrauens und der Kooperation, indem sie die Aufgabe zusammen erfolgreich bearbeiten,
- das Erleben von Selbständigkeit sowie das Gewinnen neuer Motivation, indem sie ihren Bearbeitungsprozess selbständig organisieren,
- die gegenseitige Unterstützung in einem Lehr-Lern-Arrangement, indem sie sich gegenseitig helfen oder die Hilfe anderer annehmen.

3 Zum Thema der Stunde

3.1 Curriculare Einordnung der Stunde in die Unterrichtseinheit

In der Jahrgangsstufe 8 sieht der hessische Lehrplan für den gymnasialen Bildungsgang für das Fach Mathematik das Thema „Algebra/Funktionen“ vor. Ein verbindlicher Unterrichtsinhalt in diesem Themengebiet sind „Lineare Funktionen.“[126]

Die Schülerinnen und Schüler sollen den Funktionsbegriff kennen lernen und sollen in diesem Zusammenhang die linearen Funktionen als eine wichtige Klasse von Funktionen erarbeiten. Der Kontext der linearen Funktionen lässt einen Anwendungsbezug zu und die Schülerinnen und Schüler sollen lernen, „reale Situationen in die Sprache der Mathematik zu übertragen und zu lösen und das Ergebnis zu interpretieren.“[127] Des Weiteren kann in diesem Themengebiet an die Lebenswelt der Lernenden angeknüpft werden.

Zu Beginn der Unterrichtseinheit ist zunächst der Zuordnungsbegriff aufgenommen und thematisiert worden, um schließlich den Funktionsbegriff als eindeutige Zuordnung zu definieren. Dabei ist immer wieder auf funktionale Zusammenhänge aus dem Alltag hingewiesen worden. Zum Beispiel der Zusammenhang zwischen der Kraftstoffart und dem aktuellen Literpreis, oder bei der Fahrt in den Urlaub die verstrichene Reisezeit mit der zurückgelegten Entfernung.[128] Bei der Bearbeitung und Vertiefung des Funktionsbegriffes sind die Begriffe Definitions- und Wertemenge eingeführt worden. Anschließend haben die Schülerinnen und Schüler sich mit Graphen, Wertetabellen und Funktionsgleichungen als wichtigen Darstellungsformen von Funktionen beschäftigt. Nach diesem Zugang sind die Begriffe der Steigung (auch Steigungsdreieck) und des y-Achsenabschnittes eingeführt worden. Hierbei ist im Verlauf des Unterrichts ein Schwerpunkt darauf gelegt worden, Graphen zu gegebenen Funktionsgleichungen zu zeichnen, und umgekehrt zu gegebenen Graphen zugehörige Funktionsgleichungen aufzustellen. Die Berechnung der Steigung aus zwei Punkten ist noch nicht behandelt worden. Bei der Schwerpunktsetzung haben die Lernenden schon Modellierungsaufgaben kennen gelernt und bearbeitet.

In der heutigen Stunde sollen die Schülerinnen und Schüler ihr bisher erarbeitetes Wissen bei einer komplexen und realen Aufgabe anwenden. Sowohl Graphiken, Wertetabellen, das Angeben der Steigung und des y-Achsenabschnitts, als auch die Nutzung des Steigungsdreiecks können in den Lösungsprozess integriert werden.

In den folgenden Stunden wird die Aufgabe dazu genutzt, den Schülerinnen und Schülern zu vermitteln, wie man den Schnittpunkt der Funktionen rechnerisch durch Gleichsetzen der Funktionsgleichungen bestimmen kann. Im Zuge dessen wird die Gruppe auch lernen, Funktionen aufzustellen, so dass die rechnerische Bestimmung der Steigung hier integriert werden kann.

---

126 vgl. HESSISCHES KULTUSMINISTERIUM. Lehrplan Mathematik - gymnasialer Bildungsgang [2003], S. 22

127 vgl. HESSISCHES KULTUSMINISTERIUM. Lehrplan Mathematik - gymnasialer Bildungsgang [2003], S. 21

128 vgl. BÜCHTER, A. Funktionale Zusammenhänge erkunden. In: mathematik lehren [2008], S. 5

3.2 Sachanalyse

Der Funktionsbegriff spielt in der Mathematik eine zentrale Rolle. Das Thema der Funktionen ist aus pragmatischen, formalen und kulturbezogenen Zielen Pflichtstoff im Mathematikunterricht.[129] Funktionale Beziehungen gibt es vielfältig im Alltag und in der Umwelt. Des Weiteren stellen die Funktionen ein geeignetes Feld zur Entwicklung von Kompetenzen dar.

Das Lehren funktionaler Zusammenhänge findet durch eine stetige Erweiterung des Funktionsbegriffs statt. „Schon in Klasse 5 können Schülerinnen und Schüler plausible Geschichten zur Fahrtenschreiberkarte erfinden – gewissermaßen als verbales Protokoll, das zum grafischen passt."[130] Davon ausgehend werden die linearen Funktionen thematisiert (7. – 8. Klasse). Nach den linearen Funktionen werden quadratische Funktionen (9. Klasse) und anschließend Potenzfunktionen (10. Klasse) erarbeitet. Nach den Potenzfunktionen werden die Exponentialfunktionen und die trigonometrischen Funktionen durchgenommen.[131]

Nach Vollrath kann der Funktionsbegriff durch drei Grundvorstellungen beschrieben werden. Hierbei handelt es sich um die Zuordnungs- (jedem Objekt aus einem Bereich wird genau ein anderes Objekt zugeordnet), Kovariations- (eine Funktion beschreibt, wie sich gewisse Objekte verändern, wenn sich andere Objekte verändern) und die Objektvorstellung (Funktionen sind eigenständige Entitäten, die Sachverhalte als Ganzes beschreiben).[132] Das Wissen um diese Grundvorstellungen hilft bei der Diagnose und Bearbeitung von Problemen, die bei den Lernenden auftreten können.

Lineare Funktionen in ihrer Struktur $f(x) = mx + n$ wobei m die Steigung und n den y-Achsenabschnitt angibt, eignen sich als Einstieg in den Funktionsbegriff und sollten dementsprechend Raum einnehmen. Idealtypisch lassen sich die Darstellungsformen grafisch (als Funktionsgraph oder Diagramm), verbal (als Beschreibung einer Situation), numerisch (durch konkrete Wertepaare) und symbolisch (als Funktionsterm) unterscheiden.[133]

Die komplexe und reale Aufgabe ermöglicht den Lernenden die Nutzung verschiedener Darstellungsformen und somit wird der Funktionsbegriff auf eine breite Basis gestellt.

4 Fachdidaktische und methodische Planungsaspekte

Eine Umfrage in der Klasse hat ergeben, dass fast alle Lernenden ein Handy haben, teilweise mit Vertrag und teilweise mit einer Prepaidkarte. Die Aufgabenstellung knüpft deshalb direkt an die Erfahrungswelt der Schülerinnen und Schüler an. Vielleicht haben sich die Schülerinnen und Schüler selbst schon mal die Frage gestellt, welches Angebot sie aus mehreren auswählen

129 vgl. WINTER, H. Mathematik und Allgemeinbildung. In: Mitteilungen der Gesellschaft für Didaktik der Mathematik [1995], S. 37f.

130 vgl. BÜCHTER, A. Funktionale Zusammenhänge erkunden. In: mathematik lehren [2008], S. 7

131 vgl. HESSISCHES KULTUSMINISTERIUM. Lehrplan Mathematik - gymnasialer Bildungsgang [2003], S. 7

132 vgl. VOLLRATH, H.-J. Funktionales Denken. In: Journal für Mathematik-Didaktik [1989], S. 8ff.

133 vgl. BÜCHTER, A. Funktionale Zusammenhänge erkunden. In: mathematik lehren [2008], S. 7

sollten und somit kann Interesse und Motivation geweckt werden. Die aktuellen Angebote der Anbieter[134] sind für die Klasse zu komplex und undurchsichtig, daher wird die Aufgabenstellung didaktisch stark reduziert. Die Lernenden sollen im Unterricht die Möglichkeit erhalten, sich exemplarisch mit zwei Angeboten auseinanderzusetzen und ein Angebot zu wählen. Die Aufgabe selbst ist aus den „Bildungsstandards im Fach Mathematik für den Mittleren Schulabschluss" entnommen und nochmals modifiziert worden.[135] Insgesamt muss zwischen einem tatsächlichem Realitätsbezug und der Möglichkeit der Bearbeitung der Fragestellung abgewogen werden. Die Problembewältigung steht im Vordergrund und gerade für mittlere und leistungsschwächere Schülerinnen und Schüler ist die didaktische Reduktion als sinnvoll einzustufen.

Deine Eltern wollen dir zum Geburtstag das Xtra Pac LG GB 102 Handy schenken. Die monatlichen Kosten für das Handy sollst du aber selbst aufbringen.
Folgende zwei Angebote liegen dir vor.

	Angebot 1 Vertrag	Angebot 2 Karte
Kosten für das Handy	1,00 Euro	99,95 Euro
Bereitstellungsgebühr	24,95 Euro	--
Monatliche Grundgebühr	9,95 Euro	--
Minutenpreis in alle Netze:	0,15 Euro	0,40 Euro
Preis für SMS	0,20 Euro	0,20 Euro

Abbildung 32: Einstiegsfolie

Zu Beginn der Stunde sitzen die Lernenden in den von mir eingeteilten heterogenen Gruppen. Diese sind so zusammengesetzt worden, dass in einigen Gruppen jeweils ein leistungsstarker, Lernende aus dem mittleren Leistungsbereich und ein leistungsschwacher Schüler vertreten sind. Eine Gruppe besteht dann nur aus Schülerinnen und Schülern der Leistungsmitte, doch auch hier sind Leistungsunterschiede erkennbar, so dass auch hier von einer heterogenen Gruppe gesprochen werden kann. Das Lehr-Lern-Arrangement bietet durch ein mögliches Kompetenzerleben, Autonomieerleben und die soziale Eingebundenheit die Möglichkeit der Motivationsförderung.[136] Des Weiteren erhalten die Schülerinnen und Schüler durch das Arbeiten in heterogenen Gruppen die Möglichkeit, mit- und voneinander zu lernen.[137] Die Art des Lehr-Lern-Arrangements ist den Lernenden bekannt und somit ist auch gewährleistet, dass sich die leistungsschwächeren Schülerinnen und Schüler in den Bearbeitungsprozess der Gruppe einbringen können. Die Leistungsstärkeren müssen ihre Fähigkeiten ebenfalls in das Lehr-Lern-Arrangement einbringen, so dass sie positive Erfahrungen machen können. Bei der Bearbeitung der Aufgabe bedarf es eines gewissen Austausches bzw. einer Diskussion, so dass eine methodische Alternative wie zum Beispiel Einzel- oder Partnerarbeit verworfen wird. Außerdem kann das Aufgabenformat für viele Schülerinnen und Schüler in Einzelarbeit eine Überforderung darstellen und somit könnte Misserfolg und Demotivation die Folge sein.

Die zu bearbeitende Aufgabe wird den Schülerinnen und Schülern mit Hilfe einer Folie präsentiert und die gegebene Situation wird gemeinsam erläutert. Hierbei müssen die Lernenden

134 vgl. Angebote von O2, Telekom etc. auf den entsprechenden Homepages.

135 vgl. KONFERENZ DER KULTUSMINISTER DER LÄNDER. Bildungsstandards im Fach Mathematik für den Mittleren Schulabschluss [04.12.2003], S. 36f.

136 vgl. OERTER, R.; Montada, L., et al. Entwicklungspsychologie [2002], S. 935f.

137 vgl. GROEBEN, A. von der. Verschiedenheit nutzen [2008], S. 15.

erkennen, dass der Anschaffungspreis, die Bereitstellungsgebühr und die Kosten für eine SMS vernachlässigt werden können. In einem zweiten Schritt wird der Arbeitsauftrag hergeleitet. Der Arbeitsauftrag ergibt sich theoretisch aus der gegebenen Situation. Die Schülerinnen und Schüler sollen also gemeinsam die Situation herausarbeiten und dazu eine Aufgabenstellung formulieren. Diese könnte zum Beispiel sein[138] „Welches Angebot ist günstiger?" oder „Ermittle, ab wie viel telefonierter Minuten Angebot 1 billiger ist als Angebot 2!"

Joker 1

Wie könnt ihr als Mathematikerin bzw. Mathematiker arbeiten, um ein Ergebnis zu bekommen?

Lösung zu Joker 1

1. Möglichkeit: Legt eine Wertetabelle an.
   → Dann weiter mit Joker 2A, Joker 2B
2. Möglichkeit: Stellt für beide Angebote eine Funktionsgleichung auf.
   → Dann weiter mit Joker 3A, Joker 3B und Joker 3C

Abbildung 33: Jokerkarte

Die Formulierung des Arbeitsauftrages ermöglicht den Schülerinnen und Schülern Selbständigkeit und Autonomie. Außerdem stellt das Verfassen eines Arbeitsauftrages eine Kompetenz dar und dieses Vorgehen kann auf die Lernenden motivierend wirken. Der von mir auf der Folie festgehaltene Arbeitsauftrag leitet die Gruppenarbeitsphase ein und die Lernenden können in den Bearbeitungsprozess eintreten. Die Kleinschrittigkeit und die Diskussion im Plenum zu Beginn des Unterrichts haben den Vorteil, dass die Lernenden aktiviert und in das Unterrichtsgeschehen eingebunden werden.

Zur Bearbeitung der Aufgabe stehen den Schülerinnen und Schülern Jokerkarten zur Verfügung. Diese Methode stellt eine Differenzierungsmöglichkeit dar, weil die Jokerkarten unterschiedlich stark von den einzelnen Gruppen genutzt werden können. Ferner können sich die Lernenden immer wieder Denkanstöße holen, und so kann einem „Ausstieg" aus der Aufgabe entgegengewirkt werden. Die Lernenden kennen die Methode der gestuften Lernhilfen zwar, der Umgang damit kann aber weiter geübt werden. Im prozessorientierten Unterricht müssen die Schülerinnen und Schüler lernen, solche methodischen Angebote für ihren eigenen, selbstgesteuerten Lernprozess zu nutzen. Erst im zweiten Schritt, also nach der Nutzung der Jokerkarten, sollen die Schülerinnen und Schüler mich als Lehrperson um Hilfestellung bitten. Des Weiteren stehen ihnen zwei unterschiedliche Zugänge zur Bearbeitung der Problemstellung zur Verfügung. Sie können eine Wertetabelle anlegen oder eine Funktionsgleichung aufstellen und die Funktionen in ein Koordinatensystem zeichnen. Die Nutzung bzw. Integration von unterschiedlichen Darstellungsformen führt zum besseren Verständnis von funktionalen Zusammenhängen und ist aufgrund der Klassen-, Motivations- und Leistungssituation als sehr wichtig einzustufen.

Die Gruppen sollen sich für ein Angebot entscheiden und dieses auch begründen können. Dadurch müssen die Schülerinnen und Schüler ihr Erarbeitetes interpretieren bzw. reflektieren. Je nachdem wie hoch die monatliche Gesprächszeit ist, lohnt sich Angebot 1 oder 2. An dieser Stelle müssen die Lernenden mathematisch argumentieren und kommunizieren, die Ergebnisse des Austausches werden auf einer Folie festgehalten. Zur graphischen Darstellung steht ihnen eine

138 Die Leitfrage ergibt sich eigentlich aus der Situation und deshalb können die Joker entsprechend vorbereitet werden.

Joker 2A

Füllt die folgende Wertetabelle weiter aus!

Monatliche Gesprächszeit (in min)	Monatliche Kosten (in Euro) Angebot 1	Monatliche Kosten (in Euro) Angebot 2

Joker 2B

Interpretiert die Wertetabelle!
Ab wann lohnt sich welches Angebot?

Abbildung 34: Jokerkarten

Joker 3A

Stellt für beide Angebote eine Funktionsgleichung auf.
Allgemein gilt: $f(x) = mx + n$
Was ist m? Was ist n?

Joker 3B

Nutzt die beiden Funktionsgleichungen!
Zeichnet die Graphen beider Funktionen in ein gemeinsames Koordinatensystem

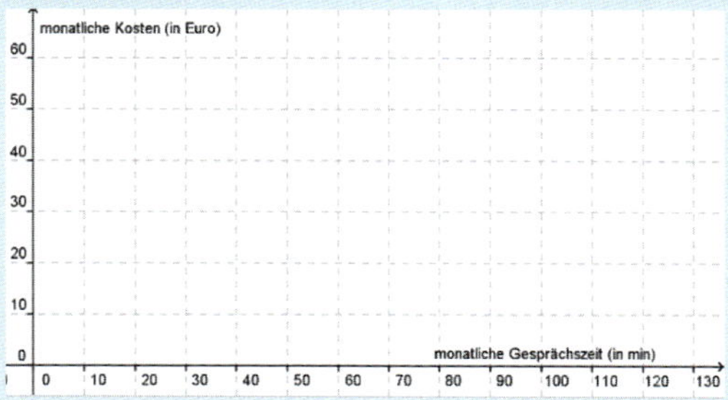

Abbildung 35: Jokerkarten

vorstrukturierte Folie zur Verfügung, die sie während ihres Erarbeitungsprozesses von mir erhalten. Nach der Erarbeitungsphase sollen einige Gruppen ihre Ergebnisse vorstellen. Die anderen Gruppen bekommen jeweils den Beobachtungsauftrag, die Vorgehensweise der vortragenden Gruppe mit ihrer zu vergleichen. Die Lernenden sind das Präsentieren von Arbeitsergebnissen gewohnt, eine stetige Verbesserung und Optimierung dieser Fähigkeit ist aber Gegenstand des Unterrichts.

Zum Abschluss diskutieren die Schülerinnen und Schüler die dargestellten Entscheidungen im Plenum. Hierbei kann erneut eine Diskussion über die getroffenen Entscheidungen unter Bezugnahme zu den Angeboten entstehen. Außerdem besteht die Möglichkeit, Aspekte wie zum Beispiel die Kosten für das Handy oder die Bereitstellungsgebühren, welche von den Eltern übernommen werden, mit einfließen zu lassen.

Als didaktische Reserve sollen die Lernenden einen Brief an ihre Eltern schreiben, in dem die Ergebnisse des Vergleichs dargestellt und erläutert werden. Das Schreiben des Briefes kann auch als Hausaufgabe formuliert werden. Die didaktische Reserve stellt eine Festigung und Vertiefung des Lernprozesses dar. Die Schülerinnen und Schüler müssen das Erarbeitete noch einmal betrachten und reflektieren, so dass eine Sicherung der Ergebnisse stattfindet.

5 Geplanter Unterrichtsverlauf[139]

Phase	Inhalt	Sozialform	Medien
Einstieg	Begrüßung der Schülerinnen und Schüler, Vorstellung der Gäste. Lehrer präsentiert mit Hilfe einer Folie das heutige Thema.	LV	Folie, OHP
Problematisierung	Schülerinnen und Schüler erfassen die Angebote und formulieren einen Arbeitsauftrag.	UG	Folie, OHP
Erarbeitung	Schülerinnen und Schüler bearbeiten innerhalb ihrer Gruppe die Aufgabe und sichern ihr Vorgehen auf einer Folie. Als Hilfestellung stehen Jokerkarten zur Verfügung.	GA	AB, Jokerkarten, Folie, Stifte
Präsentation	Einige Gruppen präsentieren ihre Ergebnisse und begründen ihre Entscheidung.	SP, UG	Tafel, Folie, OHP
Sicherung	Die Schülerinnen und Schüler diskutieren im Plenum ihr Vorgehen und beziehen weitere Aspekte in ihre Betrachtung mit ein.	UG	Tafel, Folie, OHP
Didaktische Reserve	Schülerinnen und Schüler formulieren einen Brief an die Eltern, in dem sie ihre Entscheidung begründen, abwägen und reflektieren.	EA	Stift, Heft

Weiteres Material auf CD-ROM unter dem Stichwort „Handy"

139 LV – Lehrervortrag; GA – Gruppenarbeit; UG – Unterrichtsgespräch; SP – Schülerpräsentation; EA – Einzelarbeit; OHP – Overheadprojektor; AB - Arbeitsblatt

Axel Inacker

Brennende Kerzen

Kerze
Lineare Funktionen
besondere Kerzenformen als Hausaufgabe

Graphische Darstellung von Messwerten und deren Auswertung

Zentrum der Stunde: Sorgfältiges Durchführen des Experimentes „abbrennende Kerzen", Protokollieren der Messdaten, deren graphische Darstellung und Auswertung. Kommunizieren und Argumentieren in den Gruppen und der gesamten Lerngruppe.

1 Zur pädagogischen Situation

Die Klasse 8bG, die sich aus 13 Mädchen und 10 Jungen zusammensetzt, ist mir seit Beginn dieses Schuljahrs durch eigenverantwortlich bedarfsdeckenden Sportunterricht sowie seit den Osterferien durch regelmäßige Hospitationen im Fach Mathematik bekannt. Die letzten sechs Stunden, beginnend mit der Einheit *Lineare Funktionen*, habe ich die Lerngruppe unterrichtet. Zwischen den Schülern[140] und mir herrscht von Anfang an ein freundliches Klima, sie akzeptieren mich als Lehrperson und es hat sich eine angenehme und konstruktive Arbeitsatmosphäre entwickelt.

Das Leistungsvermögen der Lerngruppe ist gekennzeichnet durch ein breites Leistungsmittelfeld und durch jeweils drei bis vier leistungsstärkere bzw. -schwächere Schüler. Bezüglich ihrer mündlichen Leistung zeigt die Gruppe eine rege Beteiligung, nur etwa fünf Schüler melden sich selten, diese versuche ich durch direkte Ansprache in den Unterricht mit einzubeziehen (siehe Methodische Überlegungen).

Zu den Entwicklungsaufgaben der Adoleszenz nach Havighurst gehört u. a. das Erstreben und Erreichen sozial verantwortlichen Verhaltens[141]. Dazu geeignete Unterrichts- und Sozialformen sind die Partner- und Kleingruppenarbeit. Diese den Schülern bekannten Interaktionsformen sollen daher in der heutigen Stunde neben dem fragend-entwickelnden Unterrichtsgespräch hauptsächlich eingesetzt werden (siehe Methodische Überlegungen).

Die Schüler arbeiten gern selbstständig und in Kooperation miteinander, sie sind aufgeschlossen gegenüber enaktivem Entdecken mathematischer Strukturen. Beim Präsentieren von Gruppenergebnissen im Plenum fällt es den vorstellenden Schülern noch schwer, den Kontakt zur Lerngruppe aufrecht zu halten und nicht ständig zum Lehrer zu blicken. Daher soll den Schülern in der heutigen Stunde Gelegenheit gegeben werden, ihre Präsentationsfähigkeit zu schulen (siehe Methodische Überlegungen).

140 Wenn nicht ausdrücklich anders vermerkt, wird die Bezeichnung Schüler im Folgenden geschlechtsneutral verwendet.

141 vgl. OERTER, R.; MONTADA, L., et al. Entwicklungspsychologie [2002], S. 270

Der Umgang mit Experimenten ist den Schülern aus dem bisherigen Verlauf der Unterrichtseinheit nicht bekannt, jedoch hat die Lerngruppe diesbezüglich Erfahrungen aus den Fächern Physik, Chemie und Biologie. Um den Lernenden in der heutigen Stunde den mathematischen Umgang mit den Messwerten aus dem Experiment zu erleichtern, sind die Arbeitsblätter vorstrukturiert.

Der Klassenraum ist trotz der relativ kleinen Gruppe eng, daher ist eine Verwendung des Tageslichtprojektors nur eingeschränkt möglich. Unter anderem deshalb habe ich mich für die Verwendung von Flip Foils entschieden (siehe Methodische Überlegungen).

2 Didaktische Überlegungen

2.1 Stellung der Stunde im Rahmen der Unterrichtseinheit

Die Schüler haben im Verlauf der Unterrichtseinheit bereits verschiedene funktionale Zusammenhänge kennen gelernt. Der Einstieg erfolgte dabei über eine Wiederholung aus Klasse 7 zu proportionalen Zuordnungen, hierbei standen der Umgang mit Wertetabellen und deren graphische Darstellung sowie die Quotientengleichheit als wesentliche Merkmale im Vordergrund. Daran anschließend wurden verschiedene Beispiele zu funktionalen Zusammenhängen bearbeitet, z. B. der Temperaturverlauf in Abhängigkeit von der Tageszeit als Beispiel einer allgemeinen Funktion und der Flächeninhalt eines Quadrats in Abhängigkeit von der Seitenlänge als Beispiel einer quadratischen Funktion. Nachfolgend wurden proportionale Funktionen behandelt, an denen die Begriffe Steigung und Steigungsdreieck wiederholt wurden, wobei auf Grund von Zeitmangel[142] zunächst nur positive Steigungswerte berücksichtigt werden konnten.

In der heutigen Stunde sollen die Schüler anhand des Kerzenexperiments zum einen erkennen, dass es auch negative Steigungswerte gibt und zum anderen, dass eine lineare Funktion nicht notwendigerweise durch den Ursprung verläuft. Auf die lineare Funktion in ihrer symbolischen Darstellung mittels der Funktionsgleichung wird in der heutigen Stunde weitgehend verzichtet, diese soll Gegenstand der darauf folgenden Stunden sein.

2.2 Zum Thema

Legitimiert wird das Thema durch den Lehrplan Mathematik, der eine Behandlung der linearen Funktionen in der Jahrgangsstufe acht vorsieht[143]. Dabei sollen sowohl der Zuordnungsaspekt als auch die Vorstellung von der Veränderung einer Größe (lineare, proportionale, antiproportionale Veränderungen) berücksichtigt werden. Zusätzlich sollen die Schülerinnen und Schüler lernen, reale Situationen in die Sprache der Mathematik zu übertragen und das Ergebnis zu interpretieren. Anknüpfend an die Aspekte proportionale Zuordnung und ihre Darstellung aus Klasse 7 sollen die Schüler im Sinn von vernetzendem Lernen in der vorliegenden Unterrichts-

142 Die Lerngruppe war eine Woche auf Klassenfahrt.

143 HESSISCHES KULTUSMINISTERIUM. Lehrplan Mathematik - gymnasialer Bildungsgang [2003]

stunde eine Erweiterung ihrer Kenntnisse (z. B. *y-Achsenabschnitt* und *negative Steigung* bei linearen Funktionen, siehe kognitive Lernziele) erfahren[144].

Gruppenarbeit

Material: Kerze mit Sockel und Lineal, Streichhölzer, Stoppuhr

Arbeitsauftrag:
Untersucht die Zuordnung *Zeit ⇨ Höhe der Kerze*

1. Zündet die Kerze an und messt für die Dauer von 5 Minuten jede Minute die Länge der Kerze.
2. Füllt die Tabelle mit den gemessenen Werten aus.

Teilt Euch die Arbeit auf: Einer stoppt die Zeit, einer misst die Länge der Kerze, einer trägt die Werte in die Tabelle ein.

3. Stellt anschließend die Zuordnung *Zeit ⇨ Höhe der Kerze* im Koordinatensystem dar.
4. Wählt ein Mitglied aus eurer Gruppe, das die Werte auf die Präsentationsfolie überträgt.

Zeit (min)	Länge der Kerze (cm)
0	7
1	

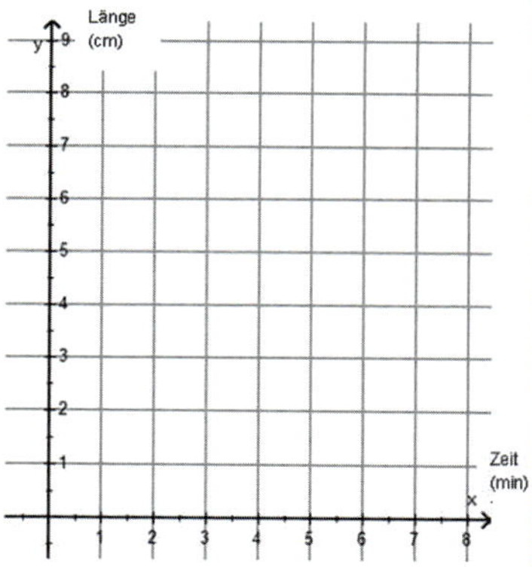

Abbildung 36: Aufgabenblatt

Zum Einstieg in das Thema der heutigen Stunde eignen sich sowohl ein experimenteller als auch ein direkter Einstieg über eine Begriffsbildung, wobei bei einer experimentellen Untersuchung vorwiegend der Aufbau einer Grundvorstellung über lineare Zusammenhänge im Vordergrund steht. Dem entgegen steht die Einführungsphase des Lehrbuchs Mathematik heute 8[145], das direkt mit dem Begriff der linearen Funktion sowie deren Bestandteilen einsteigt. Die lineare Funktion wird aus der Verschiebung einer proportionalen Funktion in Richtung der y-Achse gewonnen. Eine Auseinandersetzung mit den Grundbegriffen der negativen Steigung sowie des y-Achsenabschnitts erfolgt nicht.

Da die linearen Funktionen den Einstieg in den Bereich der Potenzfunktonen bilden und somit für das Weiterlernen der Schüler elementar sind, müssen sie eine Grundvorstellung[146] über die reine Begriffsbildung hinaus erwerben. Hinzu kommt die wichtige Stellung der linearen Funktionen beim Erwerb des Ableitungsbegriffs in der Oberstufe. Die Steigung krummliniger Graphen wird durch lineare Funktionen angenähert und beschrieben[147].

144 KONFERENZ DER KULTUSMINISTER DER LÄNDER. Bildungsstandards im Fach Mathematik für den Mittleren Schulabschluss [04.12.2003], S. 3

145 GRIESEL, H. Mathematik heute 8 [1995], S. 183

146 Bezüglich der Grundvorstellungen zum Funktionsbegriff nennt Malle (2000) zwei Aspekte:
1. Die Zuordnungs-Vorstellung: Eine Größe wird einer anderen eindeutig zugeordnet.
2. Die Kovariations-Vorstellung: Verändert sich die eine Größe, so ändert sich die zugeordnete Größe in bestimmter Weise.
MALLE, G. Zwei Aspekte von Funktionen. In: mathematik lehren [2000], S. 8f.

147 LAMBACHER-SCHWEIZER. Analysis [2000], S. 40ff.

Der Funktionsbegriff hat aber nicht nur innermathematisch seine Bedeutung, auch in unserem täglichen Leben ist er nicht wegzudenken: „Jede Zeitung ist voll von Diagrammen und Schaubildern, die zeitliche Abläufe, Temperaturschwankungen oder wirtschaftliche Entwicklungen darstellen“[148]. Das gewählte Experiment „Abbrennen einer Kerze“ ist ein mögliches Beispiel aus dieser außermathematischen Lebenswelt, andere Beispiele, wie z. B. die Ausdehnung einer Feder, eines Therabandes, o. ä. wären auch denkbar, jedoch erscheint mir das Abbrennen einer Kerze näher an der Lebenswelt der Schüler orientiert als die anderen genannten Beispiele. Zudem ist das gewählte Experiment hinsichtlich der Auswertung variabel und lässt sowohl eine proportionale als auch eine allgemein lineare Behandlung zu, wodurch das Entdecken des negativ-linearen Verlaufs erleichtert wird (siehe Methodische Überlegungen).

Durch die gewählte Vorgehensweise ist gewährleistet, dass den Schülern der Begriff der Funktion auf drei Repräsentationsebenen dargestellt wird: Auf der enaktiven Ebene wird der Graph durch das Abbrennen der Kerze produziert, auf der ikonischen Ebene wird der Graph zum Beispiel als Zeichnung auf dem Arbeitsblatt festgehalten und auf der symbolischen Ebene wird der Graph verbal interpretiert. Wittmann konstatiert in diesem Zusammenhang: „Wissen, dass in verschiedenen Darstellungen erworben wurde und verfügbar ist, kann leichter behalten werden, und die Fähigkeit, Wissen nach Bedarf in die eine oder andere Form zu transponieren, erhöht die Flexibilität und den Erfolg beim Problemlösen“.

Verzichtet werden soll in der heutigen Stunde weitestgehend auf die Darstellung einer linearen Funktion in Form der allgemeinen Funktionsgleichung (siehe Methodische Überlegungen). Hier ist eine Überforderung einiger Schüler zu befürchten, außerdem motiviert der experimentelle Zugang zu dem Problem die Formel $y = mx + b$ nicht direkt, so dass deren Erarbeitung eher kontraproduktiv zum Erwerb einer Grundvorstellung erscheint.

3 Kompetenzen

3.1 Fachkompetenzen

Die Schüler sollen

- mit Hilfe der Anleitung den Versuch durchführen (K6),
- die ermittelten Messwerte numerisch durch eine Tabelle und graphisch in einem Koordinatensystem darstellen (K4),
- ihre Kenntnisse über proportionale Funktionen (Steigungsdreieck, Erstellen einer Ausgleichsgeraden) auf den Kerzenversuch übertragen (K1),
- den *y-Achsenabschnitt* und die *negative Steigung* als Eigenschaften linearer Funktionen durch Vergleich zweier Graphen erkennen (Minimallernziel) (K4, K1),
- Möglichkeiten zur Berechnung von Funktionswerten herausfinden (Maximallernziel) (K2, K5).

148 BARZEL, B. Ich bin eine Funktion. In: mathematik lehren [2000], S. 39

3.2 Methoden- und Sozialkompetenzen

Die Schüler sollen

- in der Gruppenarbeitsphase zusammenarbeiten und sich gegenseitig helfen.

Die Schüler können

- ihre Argumentations- und Kommunikationsfähigkeit verbessern,
- ihre Präsentationsfähigkeit schulen.

4 Methodische Überlegungen

Die Durchführung und Auswertung eines Experiments hat fächerübergreifende Bedeutung für die Naturwissenschaften: Das Messen und Aufzeichnen der Kerzenhöhe bzw. das Bestimmen des schon abgebrannten Teils der Kerze (siehe Arbeitsblätter im Anhang) bereiten z. B. den Umgang mit Daten im Physik- und Chemieunterricht vor. Der Versuchsaufbau ist so gewählt, dass Kerze und Lineal senkrecht in einem Holzsockel stecken, um die jeweilige Kerzenhöhe leichter abzulesen. Dabei ist der Abstand groß genug, dass sich das Lineal nicht von selbst entzünden kann.

Alternativ zur tatsächlichen Durchführung des Experiments hätten den Schülern beim Thema *Graphische Darstellung von Messwerten und deren Auswertung* zum Einstieg Messergebnisse einer abgebrannten Kerze auf einem Arbeitsblatt gegeben werden können, die dann in Gruppen arbeitsteilig ausgewertet worden wären. Dieses Vorgehen hätte die Schüler kaum motiviert und der prozesshafte Charakter des Versuchs wäre durch die schon fertig gelieferten Ergebnisse nicht deutlich geworden.

Der Einstieg in die Stunde erfolgt fragend-entwickelnd mit Hilfe der Skizze des Versuchsaufbaus (brennende Kerze mit Lineal) auf einem Plakat. Schon an dieser Stelle bietet sich an, die mündlich sich weniger beteiligenden Schüler (siehe Zur pädagogischen Situation) durch direkte Ansprache mit in das Unterrichtsgeschehen einzubeziehen. Alternativ hätte der Einstieg auch direkt erfolgen können, jedoch wäre dadurch das Thema der Stunde nicht für alle optisch sichtbar. Darüber hinaus bietet das Plakat den Vorteil, aufkommende Fragen zum Versuch anhand der Skizze zu erläutern.

In der folgenden Gruppenarbeitsphase erstellt die Hälfte der Gruppen einen Graph zur Zuordnung *Zeit ⇨ Länge des abgebrannten Teils der Kerze* (Ursprungsgraph), die andere Hälfte einen zur Zuordnung *Zeit ⇨ Höhe der Kerze* (fallender Graph). In dieser Arbeitsphase werde ich zum einen auf den sicheren Verlauf der Experimente achten und zum anderen eventuell beratend tätig sein.

Alternativ zum arbeitsteiligen Vorgehen hätten auch alle Gruppen beide Graphen erstellen können, dann hätte sich jedoch der Zeitbedarf für die erste Erarbeitungsphase ausgedehnt und die präsentierenden Schüler hätten Ergebnisse vorgestellt, die alle anderen Schüler ebenfalls erarbeitet haben. Durch das von mir gewählte Verfahren sind die präsentierenden Schüler demge-

Hausaufgabe

Skizziert jeweils den Verlauf des Graphen zur Zuordnung *Zeit ⇨ Höhe der Kerze* der sich während des Abbrennens ergibt, wenn alle Kerzen gleich hoch sind und gleichzeitig angezündet werden.

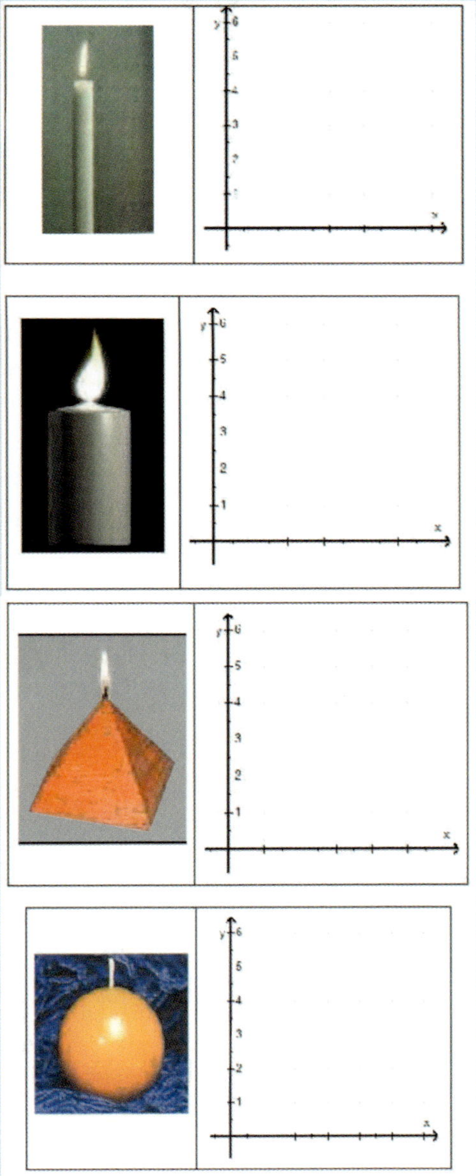

Abbildung 37: Hausaufgabe

genüber gezwungen, die Entstehung ihres Graphen genau zu erläutern, um es gerade den Schülern zu erklären, die einen anderen Graphen erstellt haben (siehe Zur pädagogischen Situation).

Die Gruppeneinteilung erfolgte aus zeitökonomischen Gründen bereits in der vorhergehenden Stunde, dabei wurde sie entsprechend der Sitzordnung vorgenommen. Das Leistungsvermögen der so gebildeten Gruppen untereinander ist ähnlich. Da die beiden Arbeitsaufträge in etwa niveaugleich sind, ist die Gruppeneinteilung anforderungsgerecht (siehe Zur pädagogischen Situation).

Das Präsentieren der Gruppenergebnisse erfolgt nicht nur wegen des engen Klassenraums auf Flip Foils, darüber hinaus können die Foils für die Dauer der Unterrichtseinheit als Merkhilfe im Klassenraum angebracht werden (siehe Zur pädagogischen Situation). Beim Präsentieren der Gruppenergebnisse versuche ich mich zurückzunehmen, um die Schüler-Schüler-Kommunikation zu fördern. Die nicht präsentierenden Schüler erhalten den Auftrag, zum einen das dargestellte Vorgehen mit der Arbeit in ihren Gruppen zu vergleichen und zum anderen den Vortrag so zu verfolgen, dass sie im Anschluss Verständnisfragen stellen können (siehe Zur pädagogischen Situation).

Der Vergleich der beiden Graphen erfolgt in Form eines fragend-entwickelnden Unterrichtsgesprächs, in dem die neuen Begriffe *y-Achsenabschnitt* und *negative Steigung* zunächst eher beiläufig gebraucht, um dann zum Abschluss dieser Phase am fallenden

Graph hervorgehoben zu werden. Alternativ hätte ich die Begriffe zuerst definieren können, allerdings würden sie durch diese vorgefertigte Formulierung schwerer in den Sprachgebrauch der Schüler übergehen. Um die entstandenen Arbeitsergebnisse zu sichern, übernehmen die Schüler den jeweils von ihnen nicht bearbeiteten Graph sowie die neu entwickelten Begriffe auf ihr Arbeitsblatt.

Die didaktische Reserve soll einerseits das Bestimmen von Funktionswerten vertiefen, andererseits das Aufstellen der Funktionsgleichung einer linearen Funktion vorbereiten. Abhängig vom Fortgang der Stunde soll dies entweder in Partnerarbeit oder im Plenum geschehen.

Zum Abschluss sollte ein Schüler die Stunde inhaltlich und methodisch zusammenfassen und reflektieren. Anhand der Hausaufgabe sollen die Schüler erkennen, dass der Abbrenngraph einer Kerze nicht immer linear verläuft und unmittelbar von der Form der Kerze abhängt. Die von den Schülern zu skizzierenden Graphen tragen deshalb zur Bildung einer Grundvorstellung des Funktionsbegriffs bei (siehe Didaktische Überlegungen).

Aufgrund der pädagogischen Situation, der didaktischen und methodischen Überlegungen ergibt sich zur Umsetzung der genannten Lernziele folgender Verlauf.

5 Verlaufsplan[149]

Phase	Inhalt	Sozialform	Medien
Einstieg	Begrüßung, Vorstellen des Experiments „Abbrennen einer Kerze“	LV / UG	
Erarbeitung I	Schüler führen Experiment durch und dokumentieren ihre Ergebnisse auf dem Arbeitsblatt, danach: Übertragen der Graphen auf die Flip Foil	GA	AB 1 , Kerzen, Sockel, Lineal, Streichhölzer, Flip Foil
Sicherung I	Vorstellen der Ergebnisse durch zwei arbeitsteilige Gruppen, zuerst eine Gruppe mit Ursprungsgraph, danach eine Gruppe mit fallendem Graph (jeweils Vergleich mit auftragsgleichen Gruppen)	UG	Tafel, Flip Foil
Erarbeitung II	Schüler vergleichen und interpretieren die beiden Graphen, Herausarbeiten der negativen Steigung und des y-Achsenabschnitts	UG	Tafel, Flip Foil
Sicherung II	Ergänzen des Arbeitsblatts	EA	AB 1
Didaktische Reserve	Schüler bearbeiten vertiefende Aufgaben	PA	AB 2
Abschluss	Schüler reflektieren Inhalte und Methoden der Stunde, Ausblick auf die nächste Stunde, Stellen der Hausaufgabe	UG	Hausaufgabenblatt

Weiteres Material auf CD-ROM unter dem Stichwort „Kerzen"

149 LV – Lehrervortrag, UG – Unterrichtsgespräch, GA – Gruppenarbeit, EA – Einzelarbeit, AB – Arbeitsblatt

Katrin Herr

Sparformen in der Zinsrechnung

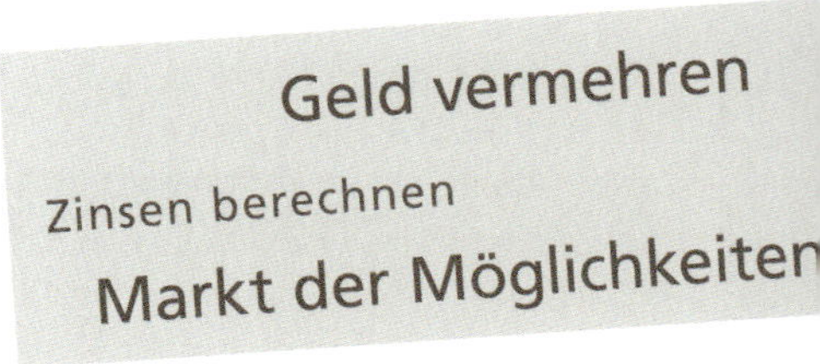

Zinsrechnung

Das Zentrum der Stunde besteht darin, dass sich die Schülerinnen und Schüler auf dem Markt der Möglichkeiten selbstständig über verschiedene Geldanlageformen informieren und anschließend in Kleingruppenarbeit das lukrativste Angebot bzgl. ihres Anwendungsbeispiels erarbeiten.

1 Lerngruppenanalyse

Das Fach Mathematik wird an meiner Schule in Form von A-, B- und C-Kursen differenziert unterrichtet. Bei der unterrichteten Lerngruppe, bestehend aus sechzehn Schülerinnen und sieben Schülern,[150] handelt es sich um einen der drei in der Jahrgangsstufe 7 angebotenen A-Kurse. Nach einer dreimonatigen Hospitationsphase übernahm ich den Unterricht in diesem Kurs eigenverantwortlich. Die inhaltliche Vorgehensweise basiert auf einer guten Absprache und Zusammenarbeit mit den Fachlehrern der anderen A-Kurse.

Das soziale Klima bzw. die Atmosphäre innerhalb der Lerngruppe ist äußerst freundlich und angenehm. Der Großteil der Schüler beteiligt sich aktiv am Unterrichtsgeschehen und interessiert sich mit Neugier und Ideenvielfalt für die Mathematik. Das Verhältnis der Schüler untereinander, aber auch das Verhältnis zwischen mir und der Lerngruppe ist durch Vertrautheit, Offenheit und Ehrlichkeit gekennzeichnet. Es herrscht ein ausgewogenes Verhältnis zwischen Ernsthaftigkeit und Fröhlichkeit. Daher genügt lediglich eine leichte Veränderung meiner Mimik bzw. Tonlage, um den Schülern zu signalisieren, dass eine Auflockerung des Unterrichts (z.B. durch einen Scherz) möglich oder aber eine konsequente Arbeit im Rahmen des Stundenthemas nötig ist.

Eine Bandbreite unterschiedlichster Charaktere ist in diesem Kurs gegeben und variiert von sehr aktiven, aber manchmal auch schwierigen bis hin zu sehr unauffälligen, aber stets zuverlässigen Schülern. Auch Schüler, auf die die Bezeichnung Klassenclown, Streber oder aber Außenseiter zutrifft, sind in diesem Kurs vorhanden.

Grundsätzlich sind die Leistungen dieser Lerngruppe heterogen. Im schriftlichen Vergleich mit den beiden anderen Kursen liegt diese Lerngruppe im Mittelfeld,[151] kennzeichnet sich allerdings durch ein hervorragendes mündliches und auch soziales Engagement. Daher gehört die Gruppenarbeit zu den gewohnten und beliebten Arbeits- und Sozialformen.

Die Lerngruppe steht dem Thema der Zinsrechnung aufgeschlossen und motiviert gegenüber, da das zuvor behandelte Thema im Rahmen der Geometrie nicht beliebt war. Mein eigenes In-

150 Im Folgenden werden mit „Schüler" sowohl Schülerinnen als auch Schüler bezeichnet.

151 Diese Tatsache variiert in Abhängigkeit zum jeweiligen Unterrichtsthema.

teresse am Unterrichtsthema besteht insofern, als die Zinsrechnung ein Gebiet der Mathematik ist, das die Alltagsrelevanz der Mathematik auf eindrucksvolle und anwendungsnahe Weise verdeutlicht.

2 Einordnung der Stunde in die Unterrichtseinheit

In Anlehnung an den Lehrplan Mathematik (Gymnasialer Bildungsgang – Jahrgangsstufen 5G bis 12G)[152] ist die Behandlung der Zinsrechnung ein verbindlicher Bestandteil der zu unterrichtenden Inhalte in der Jahrgangsstufe 7. Dabei werden in dieser Unterrichtseinheit Begriffe der Prozentrechnung auf Sachsituationen der Zinsrechnung übertragen. Der Fokus der betrachteten Stunde liegt auf der handelnden Aktivität und dem Erkennen der Alltagsrelevanz der Zinsrechnung.[153]

Vor dem Hintergrund des schuleigenen Curriculums wird die Prozent- und Zinsrechnung nicht als geschlossene Einheit unterrichtet. Am Anfang der Jahrgangsstufe 7 werden zunächst die Themengebiete der Zuordnungen und der Prozentrechnung durchgenommen. Vor der Behandlung der Zinsrechnung werden die Bereiche der rationalen Zahlen und der Dreieckkonstruktionen thematisiert.

In den vergangenen Unterrichtsstunden wurde die Unterrichtseinheit der Dreieckskonstruktionen durch eine Kursarbeit abgeschlossen. Ferner wurden in den drei an diese Unterrichtsstunde angrenzenden Stunden wichtige Aspekte der Prozentrechnung wiederholt und die drei grundlegenden Aufgabentypen der Prozentrechnung auf das Gebiet der Zinsrechnung übertragen. Verschiedene Spar- bzw. Kreditformen, ebenso eine mögliche Berechnung der Zinsen über Zinsfaktoren, wurden bislang nicht diskutiert.

Im direkten Anschluss an den Unterrichtsbesuch werden verschiedene Kreditformen im Vordergrund stehen. In den folgenden Unterrichtsstunden werden daraufhin komplexere Aufgabenstellungen der Zinsrechnung – auch mithilfe eines PCs – behandelt.

3 Fachliche Analyse des Unterrichtsgegenstandes

Die Zinsrechnung ist als Weiterführung bzw. Anwendung der Prozentrechnung im Größenbereich der Geldwerte zu verstehen. Grundlegende Begriffe wie Grundwert, Prozentsatz und Prozentwert und deren Berechnung werden im Rahmen der Zinsrechnung analog auf die Begriffe Kapital, Zinssatz und Zinsen und deren Berechnung übertragen. Als Weiterführung werden Jahres-, Monats- und Tageszinsen berechnet.

152 HESSISCHES KULTUSMINISTERIUM. Lehrplan Mathematik – Gymnasialer Bildungsgang [2008]. Siehe www.kultusministerium.hessen.de

153 Vgl. HESSISCHES KULTUSMINISTERIUM. Lehrplan Mathematik – Gymnasialer Bildungsgang [2008], siehe www.kultusministerium.hessen.de. Die handelnde Aktivität bezieht sich auf das Erkunden von Bankkonditionen (hier: fiktives Bankinstitut) und die Alltagsrelevanz auf Begriffe wie Kapital, Zinsen, Zinssatz, Spar- und Kreditformen.

In Bezug auf das heutige Unterrichtsthema[154] spielt die Berechnung der Zinsen eine zentrale Rolle und demonstriert einen der drei grundlegenden Aufgabentypen der Zinsrechnung. Zur Berechnung der Zinsen genügt lediglich die Multiplikation des Kapitals mit dem entsprechenden Zinssatz, was in den meisten Fällen mit Hilfe des Taschenrechners erfolgt.[155] Allerdings wird auch an einigen Stellen gezielt hervorgehoben, dass sich das Prozentzeichen auf einen Bruch mit dem Nenner 100 bezieht und somit die Zinsen auch auf diesem Weg berechnet werden können.

4 Didaktische Überlegungen

Vor dem Hintergrund curricularer Vorgaben spiegelt diese Unterrichtsstunde zentrale Ziele des Mathematikunterrichts wider. Neben dem Beherrschen von elementaren Kalkülen geht es vor allem darum, dass den Schülern Anwendungsrelevanz des fachspezifischen Wissens aufgezeigt wird und sie ihr Wissen zum Lösen entsprechender Probleme in aktuellen oder zukünftigen Anwendungssituationen umsetzen können.[156]

Die eigenständige Bearbeitung verschiedener Sparformen festigt einerseits den kalkülhaften Umgang mit den erforderlichen Begriffen der Zinsrechnung,[157] schult aber andererseits eine Übertragung der Mathematik und des Umgangs mit der Mathematik auf alltags- bzw. wirklichkeitsnahe Situationen[158]. Andere Wissensgebiete (hier: Bankwesen) und Auszüge aus der Fachsprache dieses Wissensgebietes werden den Schülern handlungsorientiert näher gebracht. Außerdem wird auf diesem Weg unterschwellig ein Bewusstsein für einen geeigneten Umgang mit Geld angestrebt.

Aufgrund der Heterogenität der Lerngruppe[159] bieten die Informationsblätter einfache (z.B. Sparbuch), aber auch schwierige Aufgabenstellungen (z.B. Bundesschatzbriefe). Demzufolge wird eine **eigenständige Binnendifferenzierung** ermöglicht, indem die Schüler anhand ihrer eigenen Leistungseinschätzung wählen und bei auftretenden Schwierigkeiten z.B. zu einer einfacheren Aufgabenstellung übergehen können. Damit wird jedem Schüler – unabhängig von seinen mathematischen Fähigkeiten – ein Erfolgserlebnis zugesichert. Bei der Anwendung verschiedener Zinssätze (z.B. Bundesschatzbriefe) sind Schwierigkeiten denkbar, da diese Möglichkeit bislang noch nicht thematisiert wurde und daher wohl eher den leistungsstärkeren Schülern zuzuordnen ist.

Um zusätzlich einer Informationsüberfrachtung entgegen zu wirken, eignet sich als didaktische Reduktion eine Einschränkung der Aufgabenstellungen auf kursunabhängige Sparformen und

154 Die Vorgehensweise bei der Beschäftigung mit verschiedenen Spar- bzw. Kreditformen erfolgt analog.

155 Vereinzelt verfügen die Schüler nicht über einen Taschenrechner mit einer Prozenttaste.

156 vgl. HESSISCHES KULTUSMINISTERIUM. Lehrplan Mathematik – Gymnasialer Bildungsgang [2008]. Siehe www.kultusministerium.hessen.de

157 vgl. Einordnung der Stunde in die Unterrichtseinheit. Bislang wurden die drei Aufgabentypen der Prozentrechnung lediglich auf die Zinsrechnung übertragen und ansatzweise geübt.

158 Auch im zukünftigen Alltag der Schüler ist es wünschenswert, dass vor einem Abschluss z.B. eines Sparbriefs intensive Erkundigungen von Seiten der „Schüler“ stattfinden.

159 vgl. Lerngruppenanalyse.

daher die Vernachlässigung kursabhängiger Sparformen (z.B. Bundesobligationen, Pfandbriefe).

Die Einschätzung des zeitlichen Rahmens stellt in dieser Unterrichtsstunde eine Schwierigkeit dar. Für die anfängliche Erkundungsphase wird ein ausreichend großer Zeitraum eingeplant, um eine intensive Informationssuche zu gewährleisten. Im Vorfeld ist noch nicht abzusehen, für welche Sparformen sich die Schüler innerhalb der Erarbeitungsphase entscheiden. Daher ist es denkbar, dass in der anschließenden Phase des Ergebnisvergleichs nur wenige oder aber alle Beispiele geklärt werden. Im Hinblick auf die Bearbeitung aller Ergebnisse ist schon jetzt ein Zeitproblem zu erwarten.

5 Methodische Überlegungen

Sparbuchsparen ohne feste Laufzeiten, aber mit festem Zinssatz

Gewöhnlich gibt es beim Sparbuchsparen keine festen Zinssätze, da sich die Zinssätze – je nach Lage des Kapitalmarktes – von Zeit zu Zeit ändern können.

Bei der Schwabenbank erhalten Sie ein Sparbuch der neuen Art:

- keine Kündigungsfristen,
- keine festen Laufzeiten,
- fester Zinssatz von 2,5 %.

Bei weiteren Fragen stehen Ihnen die Mitarbeiter unseres Hauses gerne zur Verfügung

Mit freundlichen Grüßen,
Ihre Schwabenbank

Abbildung 38: Leichte Aufgabenstellung

Das eigenständig konzipierte Hörspiel[160] stellt einen bislang unbekannten und daher sicherlich motivierenden Weg des Unterrichtseinstiegs im Mathematikunterricht dar. Obwohl die Inhalte des Hörspiels fiktiv und z.T. überzogen sind,[161] wird den Schülern der direkte Alltagsbezug des Unterrichtsthemas deutlich. Zudem wird die akustische - nicht wie üblich die visuelle - Erfassung von Informationen gefördert.

Nachdem die notwendigen Informationen aus dem Hörspiel gefiltert und zusammengetragen sind, beginnt der Markt der Möglichkeiten. Ursprünglich wird diese Methode im Rahmen der Rückmeldung eingesetzt bzw. dient als Präsentation (selbstständig) erarbeiteter Inhalte.[162] An dieser Stelle hingegen wird die Informationssuche bzw. –selektion im Hinblick auf den bevorstehenden Arbeitsauftrag angestrebt. Die freie Beweglichkeit im Klassenraum initiiert eine lockere Atmosphäre, indem sich die Schüler mit einem oder zwei Partnern – informierend und unterhaltend – wie auf einem Wochenmarkt die Informations-

160 Bei der Umsetzung des Hörspiels waren Referendare der Geschwister-Scholl-Schule Melsungen behilflich.

161 Der dargestellte zeitliche Aspekt, dass eine Klassenfahrt bereits sechs Jahre vor der Durchführung geplant wird, ist unrealistisch.

162 vgl. HUGENSCHMIDT, B.; TECHNAU, A. Methoden schnell zur Hand [2002], 2002, S. 102. In dieser Form ist die Methode bereits bekannt.

plakate eines erfundenen Bankinstituts durchlesen.[163] Außerdem stellt diese Informationssuche einen direkten Bezug zur realen Vorgehensweise im Alltag her. Die doppelte Ausführung der Plakate dient der Vermeidung eines Engpasses bei der Informationssuche.

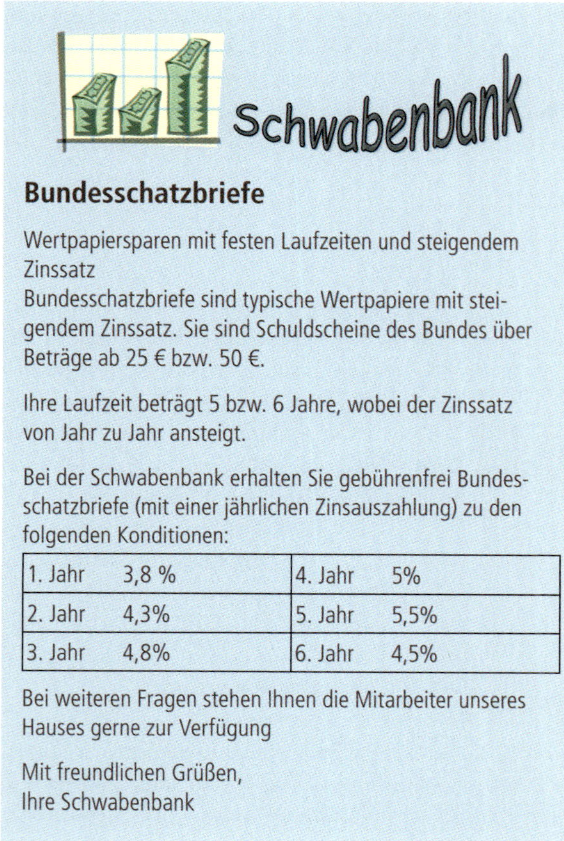

Schwabenbank

Bundesschatzbriefe

Wertpapiersparen mit festen Laufzeiten und steigendem Zinssatz
Bundesschatzbriefe sind typische Wertpapiere mit steigendem Zinssatz. Sie sind Schuldscheine des Bundes über Beträge ab 25 € bzw. 50 €.

Ihre Laufzeit beträgt 5 bzw. 6 Jahre, wobei der Zinssatz von Jahr zu Jahr ansteigt.

Bei der Schwabenbank erhalten Sie gebührenfrei Bundesschatzbriefe (mit einer jährlichen Zinsauszahlung) zu den folgenden Konditionen:

1. Jahr	3,8 %	4. Jahr	5%
2. Jahr	4,3%	5. Jahr	5,5%
3. Jahr	4,8%	6. Jahr	4,5%

Bei weiteren Fragen stehen Ihnen die Mitarbeiter unseres Hauses gerne zur Verfügung

Mit freundlichen Grüßen,
Ihre Schwabenbank

Abbildung 39: Schwierige Aufgabenstellung

Ein methodischer Vorteil ist, dass eine **eigenständige Binnendifferenzierung** ermöglicht wird, da sich die Wahl der zu bearbeitenden Sparform am jeweiligen Interesse und Leistungsstand der Schüler orientiert. Ferner können sich alle Schüler nach ihren individuellen Voraussetzungen aktiv engagieren. Erfahrungsgemäß arbeiten oftmals leistungsschwächere und –stärkere Schüler zusammen.[164] Auch die Kommunikation der einzelnen Paare bzw. Gruppen untereinander ist an dieser Stelle durchaus möglich bzw. wünschenswert.
Im Anschluss an den Markt der Möglichkeiten findet mit Hilfe der Informationsblätter eine ruhige und konzentrierte Bearbeitung verschiedener Sparformen am Arbeitsplatz der Schüler statt (die Farbwahl der Informationsblätter entspricht den Informationsplakaten, farbige Punkte signalisieren den Schwierigkeitsgrad der Aufgabe). Demnach wird nicht nur die Art der Aufgabenstellung sondern auch das Arbeitstempo eigenständig von den Schülern bestimmt.[165]

Methodische Lernhilfen erfolgen insofern, dass die Lehrerin im Rahmen der Schülerbeobachtung entweder beim Verständnis der Informationsblätter behilflich ist oder aber leistungsschwächeren Schülern eine leichtere Sparform zuweist. Eine Schwierigkeit liegt darin verborgen, dass manche Schüler z.T. sehr schnell über Unverständnis klagen. Diese mangeln-

163 Die Partner- bzw. Gruppenarbeit gehört zu den gewohnten Arbeitsformen (vgl. Lerngruppenanalyse). Die eigenständige Auswahl des oder der Partner unterstützt eine gute Zusammenarbeit aufgrund vorhandener Sympathien und unterbindet eine mögliche Zurückhaltung schwächerer Schüler. Hierbei sei anzumerken, dass in der Vergangenheit auch schon Gruppen von Seiten der Lehrerin zusammengesetzt wurden, um die Sozialfähigkeit der Schüler auf einem anderen Wege zu fördern (richtiger Zugang auf „unbeliebtere" Mitschüler, Förderung der Kontaktfähigkeit).

164 Gewöhnlich ergänzen sich die eigenständig gewählten Partner in Form einer Unterstützung der leistungsschwächeren durch die leistungsstärkeren Schülern sehr gut.

165 Bei einer Bearbeitung im Kursverband würden Nachfragen leistungsschwächerer Schüler eventuell unterdrückt oder unter Umständen zu einem Leerlauf leistungsstärkerer Schüler führen.

de Geduld bei der Erarbeitung neuer Sachzusammenhänge gestaltet die Aufgabenstellung sehr schwierig. Daher wird dem Markt der Möglichkeiten ein genügend großer Zeitrahmen eingeräumt.

Beim anschließenden Ergebnisvergleich werden die Aufgaben an der Tafel von den Schülern vorgetragen und gemeinsam besprochen. Einerseits wird hiermit die Korrektur möglicher Rechenfehler angestrebt und andererseits erhalten auf diese Weise alle Schüler einen rechnerischen Überblick über weitere Sparformen. Zusätzlich bekommen alle Schüler die noch nicht bearbeiteten Informationsblätter, so dass alle Schüler mit dem gesamten Material dieser Unterrichtsstunde ausgestattet sind. Im „Idealfall" werden alle Sparformen von Seiten der Schüler erörtert, so dass die Lehrerin hier nur eine kontrollierende Funktion einnimmt bzw. Hilfestellungen bei der Präsentation gibt. Allerdings kann die methodische Vorgehensweise im Rahmen der Ergebnissicherung variieren. Da die Aufgabenstellung vorgibt, sich mit einer beliebigen Sparform auseinander zu setzen, besteht die Gefahr, dass nicht alle Möglichkeiten von den Schülern bearbeitet wurden. In diesem Fall werden die noch nicht präsentierten Sparformen in Form eines Lehrer-Schüler-Gesprächs geklärt (methodische Planungsalternative). Eine weitere Planungsalternative besteht im Hinblick auf mögliche Zeitprobleme. Sollte die Bearbeitung der Aufgaben einen größeren Zeitraum in Anspruch nehmen, werden die Sparformen Sparbrief und Bundesschatzbrief exemplarisch erklärt. Die Bearbeitung der anderen Aufgaben stellt in diesem Fall die Hausaufgabe dar.

Als Stundenabschluss werden die wichtigsten Aspekte der Stunde zusammengetragen und die eingangs erwähnten „überzogenen" Informationen des Hörspiels angesprochen.

6 Lernmöglichkeiten und Kompetenzen[166]

Das didaktische Zentrum der Unterrichtsstunde besteht darin, dass sich die Schüler auf dem Markt der Möglichkeiten selbstständig über verschiedene Geldanlageformen informieren. Im Anschluss daran erarbeiten sie in Kleingruppenarbeit das lukrativste Angebot bzgl. ihres Anwendungsbeispiels. Abschließend werden die Gruppenresultate präsentiert und diskutiert.

6.1 Fachkompetenzen

Die Schüler sollen

- Probleme mathematisch lösen (K2), indem sie selbstständig verschiedene Sparangebote untersuchen, relevante Informationen filtern und die jeweiligen Zinsen berechnen. Hierbei müssen sie über eine geeignete Lösungsstrategie verfügen.
- anwendungsorientierte Probleme mathematisch modellieren (K3), indem sie eine realitätsbezogene Situation verstehen und in ein mathematisches Modell übertragen. Nach der Bearbeitung des modellierten Teilaspektes sollen sie die Ergebnisse real interpretieren.
- mathematische Darstellungen verwenden (K4), indem sie im Rahmen der Ergebnissicherung ihre Lösungswege an der Tafel (mit sprachlicher Untermauerung) erläutern.

166 vgl. KONFERENZ DER KULTUSMINISTER DER LÄNDER. Bildungsstandards im Fach Mathematik für den Mittleren Schulabschluss [04.12.2003]

- mit formalen und technischen Elementen der Mathematik umgehen (K5), indem sie die Formeln der Zinsrechnung nutzen, um die gesuchte Größe (Zinsen) zu ermitteln,
- mathematisch kommunizieren (K6), indem sie sich mit einem Partner oder in einer Kleingruppe verbal austauschen und Lösungswege fachsprachenadäquat diskutieren. Auch sollen sie ihre Fähigkeit zur mathematischen Verbalisierung im Rahmen des Ergebnisvergleichs üben (Förderung der Argumentationsfähigkeit in mathematischen Diskussionen).

6.2 Sozialkompetenzen

Die Schüler sollen

- ihre Kooperationsfähigkeit durch das Arbeiten in evtl. heterogenen Kleingruppen steigern. Hierzu gehört das gegenseitige Unterstützen im Lern- und Erarbeitungsprozess, aber auch das adäquate Korrigieren evtl. auftretender Denk- und Rechenfehler innerhalb der Gruppe,
- ihre Kommunikationsfähigkeit beim verbalen Informationsaustausch gegenüber ihrem Partner/innerhalb ihrer Kleingruppe verbessern,
- ihre Kommunikationsfähigkeit innerhalb der Klassengemeinschaft üben, indem sie im Rahmen der Ergebnispräsentation aktiv zuhören.

6.3 Methodenkompetenzen

Die Schüler sollen die Methode „Markt der Möglichkeiten“ zur Steigerung selbstständiger Arbeitsformen üben.

7 Geplanter Unterrichtsverlauf[167]

Phase	Inhalt	Sozialform	Medien
Einstieg	Vorstellung des Unterrichtsthemas, Anhören des Hörspiels und Zusammentragen der wichtigsten Informationen aus dem Hörspiel	LV	Hörspiel
Erkundungsphase	„Markt der Möglichkeiten", Schüler erkunden diesen Markt der verschiedenen Sparformen und wählen eine Möglichkeit zur näheren Bearbeitung.	PA/GA	Plakate
Erarbeitungsphase	Schüler bearbeiten in Partner- oder Kleingruppenarbeit ein oder zwei Sparangebote. Lehrerin steht den Schülern als Beraterin zur Verfügung und gibt Hilfestellungen.	PA/GA	Informationsblätter, Heft
Ergebnissicherung	Die Gruppen stellen ihre Ergebnisse vor und erklären den Mitschülern ihre Vorgehensweise. Lehrerin verfolgt die Erklärungen der Schüler und greift bei Fehlern oder Unklarheiten informierend ein.		Tafel
Abschluss	Zusammenfassung der wichtigsten Aspekte und Erkenntnisse der Unterrichtsstunde und Ausblick auf die nächste Stunde	UG	

Weiteres Material auf CD-ROM unter dem Stichwort „Zinsen"

167 UG – Unterrichtsgespräch, LV – Lehrervortrag, GA – Gruppenarbeit, PA – Partnerarbeit

%-überall
Symbolkärtchen
Prozent- und Grundwert

Kristin Kromrei

Prozente, auch in unserem Sportunterricht?

Prozentrechnung

Zentrum der Stunde: Die Schülerinnen und Schüler sollen selbstständig in Gruppenarbeit handlungsorientiert die allgemeinen Formeln zur Berechnung des Prozent- und Grundwertes anhand der Umwandlung der Dreisatzschemata durch den Tausch von Symbolkärtchen erarbeiten und auf selbst gestalteten Merkblättern festhalten.

1 Zur pädagogischen Situation

Die Klasse 7b besteht aus 32 Schülern[168] mit 15 Mädchen und 17 Jungen. Die Lerngruppe ist mir seit Mitte des letzten Schuljahres durch Hospitation im Fach Sport bekannt. Seit Beginn des Schuljahres unterrichte ich die Klasse eigenverantwortlich sechs Stunden die Woche, vier Stunden in Mathematik und zwei Stunden in Sport. Das Verhältnis zwischen den Schülern und mir empfinde ich prinzipiell als freundlich und konstruktiv, was sich in einer angenehmen Arbeitsatmosphäre widerspiegelt. Mit einigen sozial auffälligeren Schülern gerate ich im Sportunterricht häufiger maßregelnd aneinander, sodass das Verhältnis hier temporär schwankt. Dies äußert sich im Mathematikunterricht gegebenenfalls vereinzelt durch demonstrative Lustlosigkeit oder Stören.

Die Klassenatmosphäre ist sehr positiv, so dass Gruppen- und Partnerarbeiten inhaltlich gut gelingen, auch wenn die Zusammensetzung vorgegeben wird[169]. Das lebhafte Temperament vieler Jungen sorgt in offenen Unterrichtsphasen schnell für eine erhöhte Geräuschkulisse durch laute Gespräche. Solange diese themenbezogenen sind und ein konzentriertes Arbeiten trotzdem möglich ist, räume ich ihnen diese Freiheit ein. Während Unterrichtsgesprächen akzeptiere ich Störungen des Lernklimas durch Unruhe nicht und sanktioniere diese nach Regeln, die die Klasse erarbeitet hat.

168 Mit der Bezeichnung „Schüler“ sind im Folgenden stets Schülerinnen und Schüler gemeint. Im Interesse einer flüssigen Lesbarkeit wird die weibliche Form nicht extra aufgeführt.

169 vgl. Kapitel „Methodische Entscheidungen“

Die Lerngruppe zeichnet sich insgesamt durch eine hohe Lern- und Mitarbeitsbereitschaft aus. An Phasen, die im Unterrichtsgespräch durchgeführt werden, beteiligen sich etwa zwei Drittel der Schüler, was anzahlmäßig je nach Komplexitätsgrad variiert. Limitierende Faktoren sind grundsätzlich die Konzentrationsfähigkeit und die motivations- und themenabhängige Arbeitsgeschwindigkeit. Um zu aktiver Mitarbeit und Aufmerksamkeit zu motivieren, werden die Aufgaben möglichst aus der Lebensumwelt der Schüler gestaltet und die Rechenvereinfachung durch die erarbeiteten Formeln verdeutlicht. Im Unterricht reagiert die Klasse positiv auf Arbeitsformen, bei denen mit bildlichen Darstellungen (Poster, Folien, Zeichnungen an der Tafel) oder mit realen Gegenständen gearbeitet wird[170].

Ein grundlegendes Lehr-Lernproblem stellt die Größe der Gruppe mit ihrer Leistungsheterogenität dar. Die individuellen kognitiven Lernvoraussetzungen reichen von „sehr gut" bis „ausreichend", wobei vier Jungen und zwei Mädchen die Leistungsträger der Lerngruppe sind und vier bis fünf Schüler als leistungsschwach anzusehen sind. Da es aufgrund der Gruppengröße nicht immer möglich ist allen Schülern in gleichem Maß Äußerungsanlässe zu bieten und sie ihrer Leistungsfähigkeit entsprechend zu fördern, bietet sich Gruppenarbeit an, um alle Schüler gleichermaßen in den Lernprozess einzubeziehen. Die Leistungsstärkeren bekommen die Chance ihr Wissen durch Erläuterungen zu vertiefen und die anderen Schüler haben direkte Ansprechpartner. Um relativ gleichstarke Gruppen zu bilden, wurde dies bei der Einteilung zur Gruppenarbeit beachtet. Aus diesem Grund wird der Wiederholer (P.) in einer relativ leistungsschwachen Gruppe mitarbeiten, um hier seine guten mathematischen Fähigkeiten einbringen zu können.

2 Allgemeine didaktische Überlegungen und die Stellung der Stunde im Rahmen der Unterrichtseinheit

Die Unterrichtsreihe zum Sachgebiet „Prozentrechnung"[171] wurde Mitte letzter Woche begonnen. Nach der Einführungen in den Prozentbegriff über den Vergleich von Anteilen und die Umwandlung zwischen den verschiedenen Darstellungen Bruch,- Dezimal- und Prozentschreibweise waren die Grundaufgaben zur Prozentrechnung Inhalt des Unterrichts. Die Berechnung des Prozentwertes und des Grundwertes erfolgte bisher über das Dreisatzschema[172]. Zur Verkürzung der Rechenwege und Erweiterung der Lösungsansätze sollen die Schüler in dieser Stunde die bekannten Lösungswege durch eine Umwandlung anhand von Bezeichnungskarten für P, G und p% in die zugehörigen Formeln überführen. Das elementare Ersetzen der Zahlenwerte durch die äquivalenten Bezeichnungen dürfte für keinen Schüler der Klasse ein Problem darstellen und ist daher zusammen mit der Berechnung der Eingangsbeispiele das Minimalziel der Stunde. Darüber hinaus den Sinn der entstanden Formel so zu verstehen, dass sie entsprechend weiter umgeformt werden können, wird voraussichtlich nicht allen Schülern möglich sein.

170 vgl. Kapitel „Methodische Entscheidungen"

171 vgl. HESSISCHES KULTUSMINISTERIUM. Rahmenplan Mathematik für den gymnasialen Bildungsgang G9 (Sekundarstufe I) [2003], S. 16.

172 vgl. LAMBACHER-SCHWEIZER. Mathematik 7 [2002], S. 46ff.

3 Methodische Schwerpunktsetzung

Der handlungsorientierte Übergang vom Dreisatzschema zur Formelentwicklung soll den Schülern eine aktive Auseinandersetzung mit dem mathematischen Gegenstand ermöglichen. Über die Anknüpfung an vorhandenes Wissen wird die Einordnung in ein systematisches Raster ermöglicht[173]. Die Methode Formeln zu entwickeln ist den Schülern neu und wird deshalb über den systematischen Austausch der Beispielzahlen durch Kärtchen mit den allgemeinen Bezeichnungen visualisiert eingeführt. Die verschiedenen optischen Darstellungsformen der einzelnen Kärtchen sollen die Schüler auf dem visuellen Lernweg ansprechen und eine Unterscheidung erleichtern. Die Verankerung der Formeln im Gedächtnis soll durch den mehrperspektivischen Zugang unterstützt werden. Die Herstellung eines eigenen Merkblatts nach Kriterien, die gemeinsam entwickelt werden, soll den Schülern nachfolgend zu einem verbesserten Zugang zu den Inhalten verhelfen.

Die Auswahl der Aufgabenbeispiele basierend auf Fotos, die im Sportunterricht der Klasse aufgenommen wurden, soll als Motivationshilfe wirken. Es sind Situationen dargestellt, die die Schüler selbst erlebt haben[174] und mit positiven Assoziationen verbunden sind. Eine Auseinandersetzung mit den Fotoinhalten wird bei den Schülern hoffentlich ein freudvolles Arbeiten initiieren.

Die Entscheidung zur Sozialform „Gruppenarbeit" leitet sich aus den heterogenen kognitiven Lernvoraussetzungen der Schüler ab. Wie im Kapitel „zur pädagogischen Situation" beschrieben, ist es sowohl für die leistungsschwächeren, als auch die leistungsstärkeren Schüler von Vorteil gemeinsam zu arbeiten, da so alle Schüler einbezogen werden können. Die Leistungsschwächeren bekommen schon während der Arbeitsprozesse Unterstützung und nicht erst bei der Präsentation der Ergebnisse. Die Überlegung zur Bildung von „gleich guten" Gruppen entspricht diesem Grundsatz, die Zusammensetzung der Gruppen wird daher von mir vorgegeben. Gleichzeitig soll durch die Gruppenbildung kein unnötiger Zeit- und Organisationsaufwand entstehen. Die Gruppen arbeiten themengleich, so dass sich jeder selbst mit allen Stundeninhalten auseinandersetzen kann und so keine vorgesetzten Ergebnisse aufgenommen werden müssen. Das eigenständige Erarbeiten der Formeln innerhalb kooperativer Arbeitsformen gibt den Schülern außerdem die Möglichkeit ihre Kreativität und Selbständigkeit zu fordern.

Die Sicherung der entwickelten Formel mit der gesamten Lerngruppe soll den Schülern einen reflektierenden Blick auf ihre Lösungswege und Ergebnisse ermöglichen. Das Erweitern der bereits vorhandenen Plakate um die Formel, erläutert noch mal das Vorgehen und steht den Schülern bei der anschließenden Einzelarbeit als Hilfe zur Verfügung, sodass alle Schüler inhaltlich korrekte Merkblätter für sich erstellen können. Das Erstellen der Formel wird auf dem Merkblatt noch einmal von jedem Schüler selbst durchgeführt, nur wird dieses Mal die andere Einstiegsaufgabe umgewandelt. Dass die Merkblätter in Partner- oder Einzelarbeit produziert werden, hat außerdem organisatorische Gründe, denn das Zerschneiden und Aufkleben der Kärtchen und Beispielaufgaben erfordert Platz. Außerdem soll jeder Schüler selbst entscheiden, inwieweit er das Merkblatt gestalten möchte.

173 vgl. ebenda, S. 2.

174 vgl. HESSISCHES KULTUSMINISTERIUM. Rahmenplan Mathematik für den gymnasialen Bildungsgang G9 (Sekundarstufe I) [2003], S. 16.

Aufgabe a)

Wir habe die Pyramide mit 34% der Personen gebaut, die eigentlich vorgesehen waren. Wie viele sollten es eigentlich sein?

G = ________ , P =________, p% =_________

Berechnung mit dem **Dreisatzschema**:

Abbildung 40: Aufgabenblatt

Die Anwendung der gewonnenen Formeln wird sich aus zeitlichen Gründen wahrscheinlich auf die Überprüfung der Eingangsaufgaben beschränken müssen. Das Berechnen weiterer Aufgaben wird aber für die schnell arbeitenden Schüler angeboten und ist für alle Schüler verpflichtend als Hausaufgabe zu erledigen.

4 Lernperspektiven und Kompetenzen

Die Schüler sollen in Gruppenarbeit handlungsorientiert die allgemeinen Formeln der Prozentrechnung anhand der Umwandlung der bereits bekannten Dreisatzschemata durch den Tausch von Symbolkärtchen erarbeiten und auf selbst gestalteten Merkblättern festhalten.

4.1 Fachkompetenzen

Die Schüler sollen

- die bereits bekannten Dreisatzschemata auf die aktuellen Aufgaben anwenden können und somit festigen (modellieren und berechnen) (K3 und K5 (A I)),
- die nötigen Angaben zur Berechnung aus graphischen Darstellungen und Sachaufgaben zu fächerübergreifenden Situationen herauszulösen lernen (K2, K3, K4 (A II)),
- lernen verschiedene Lösungsansätze zu vergleichen und ihre Gemeinsamkeiten zu erkennen (K3, K4 (A II-III)),
- über einen handlungsorientierten Zugang mit der Aufstellung von Formeln bekannt gemacht werden (K4 (A II)),
- Aufgaben anhand der gewonnenen Formeln berechnen und die Richtigkeit der Ergebnisse abschätzen zu üben (K5, K1 (A II)),
- lernen ihren Wissenserwerb in selbst gestalteten Merkblättern festzuhalten (K6 (A II-III)).

4.2 Sozial- und Methodenkompetenzen

Die Schüler sollen

- lernen auch in Gruppenarbeitsformen ausdauernd, konzentriert und verlässlich zu arbeiten.
- ihren Mitschülern aufmerksam zuhören (K6),
- die Möglichkeit bekommen ihre Kreativität und Selbständigkeit zu fordern und dadurch eventuell zu fördern,
- eigenständig und im Rahmen kooperativer Arbeitsformen Lösungsansätze suchen und abgleichen (K1, K6 (A II)),
- ihre Sozialkompetenz weiter fördern, indem sie sich in der Partner- und Gruppenarbeit gegenseitig unterstützen und lernen die Hilfe anderer Schüler anzufordern und anzunehmen.

5 Verlaufsplan[175]

Phase	Inhalt	Sozialform	Medien
Einstieg	• Die Klasse betrachtet gemeinsam die Fotos der letzten Sportstunde • Zielsetzung der Stunde besprechen: die Herleitung von Formeln aus den Dreisatzrechnungen	Plenum	Folie
Arbeitsphase I *Reproduzieren*	• Besprechung des Arbeitsauftrags zu AB ① + ② • Gruppeneinteilung • Berechnung der Aufgaben zum Prozentwert und Grundwert mittels der Dreisatzschemata	Plenum GA (4er)	AB ①, AB ②, Plakate zum Dreisatzschema
Sicherung I	• Einsicht der Lösungen möglich		Lösungsblätter
Erarbeitungsphase I *Produzieren*	• Austeilen der AB ③ + ④ • Rückfragen zu dem Arbeitsauftrag? • gegebenenfalls Beispiel auf den Plakaten • Erarbeitung der Formeln innerhalb der Gruppen mit gemeinsamen Kärtchen • Überprüfung der Formeln anhand der Eingangsaufgaben	GA	AB ③, AB ④, Kärtchen, Kleber, Scheren
Sicherung II (Minimalziel)	• Vorstellung und Besprechung der Lösungen mit gleichzeitiger Ergänzung der vorhandenen Plakate	Plenum	Plakate zum Dreisatzschema, Kärtchen, Klebehilfen
Arbeitsphase II *Produzieren* (Optimalziel)	• Beratschlagung über die Inhalte eines Merkblattes • Herstellung eigener Merkblätter für die Arbeitsblattmappe basierend auf der bisher nicht genutzten Eingangsaufgaben	Plenum, EA/PA	Folie, buntes Papier, Kärtchen, Kleber, Scheren
Arbeitsphase III (Maximalziel)	• Anwendung der erarbeiteten Formeln auf weitere Aufgaben • restlichen Aufgaben sind Hausaufgabe	EA	AB ⑤

Weiteres Material auf CD-ROM unter dem Stichwort „Prozente"

175 EA – Einzelarbeit, GA – Gruppenarbeit, PA = Partnerarbeit, AB – Arbeitsblatt

Ramona Helmig

Geblitzt?

Radarfalle
anschauliche Grenzwertbildung
Internetrecherche als Hausaufgabe

Von der mittleren zur lokalen Änderungsrate

Im Zentrum dieser Stunde steht entdeckendes Lernen an einem Modell zur Förderung der Grundvorstellung mathematischer Grenzwertbildung. Ausgehend von einem Bildimpuls erkennen die Schülerinnen und Schüler an der Problemstellung „Geschwindigkeitsmessung auf dem Heimweg", die Notwendigkeit des Übergangs von der mittleren zur lokalen Änderungsrate. Wesentlich ist hier auch der weitere Ausbau des Argumentationsverhaltens (zuhören, Argumente anderer einbeziehen und die eigene Position einbringen)

1 Zur pädagogischen Situation der Lerngruppe

Seit Beginn des Schuljahres unterrichte ich eigenverantwortlich diesen Grundkurs Mathematik, Jahrgangsstufe 11, mit 15 Schülerinnen und 10 Schülern[176]. Nach der 10. Klasse ist dieser Kurs, wie üblich, neu zusammengesetzt worden. Sieben Schüler kommen aus dem Realschulzweig (drei verschiedene Klassen), 12 Schüler aus drei unterschiedlichen Gymnasialklassen. Zwei Schüler sind als Quereinsteiger (Gymnasium, Berufsfachschule) neu an dieser Schule. Vier Schüler wiederholen die 11. Klasse (aus verschiedenen Kursen). Allein diese Zusammensetzung macht einerseits die Heterogenität der Lerngruppe, andererseits den mangelhaften Zusammenhalt zwischen den Schülern deutlich. Damit bringt diese Ausgangslage sowohl in fachlicher als auch in methodischer Hinsicht vielfältige Schwierigkeiten mit sich, die häufig das Unterrichtsgeschehen massiv beeinflussen. Dennoch ist das Klima insgesamt positiv, es gibt keine großen Antipathien unter den Schülern. Der Kontakt zwischen mir und den Schülern ist freundlich und offen, wenngleich einige Schüler etwas zurückhaltend sind.

Die fachliche Kompetenz der Schüler ist in diesem Kurs mit Ausnahme einiger weniger Schüler sehr schwach. Das Grundwissen aus der Sekundarstufe I ist nur lückenhaft vorhanden oder abrufbar[177]. Die Bereitschaft, diese Defizite und Inhalte aus dem aktuellen Unterricht nachzuarbeiten, ist bei vielen Schülern nicht oder nur sporadisch vorhanden. Dies spiegeln sowohl die mündlichen Leistungen, vor allem aber die Klausur- und Testergebnisse wieder, bei denen

176 Aufgrund der besseren Lesbarkeit verzichte ich im Folgenden auf eine Unterscheidung zwischen Schülerinnen und Schülern. Es sind jedoch ausdrücklich beide Geschlechter gemeint.

177 Dies gilt sowohl für Schüler aus der Realschule als auch aus Gymnasialklassen.

jeweils etwa zehn Schüler Leistungen unter 5 Punkten erzielten[178]. Im Gegensatz dazu gibt es auch vier sehr leistungsstarke Schüler, die durch das langsame Lerntempo des Kurses oft unterfordert sind und so zusätzliche Beschäftigung brauchen (vgl. methodische Überlegungen).

Erste Maßnahmen zur Verbesserung des sozialen Klimas habe ich durch Partnerarbeiten und zufällig gemischte Gruppen initiiert. Letztere Arbeitsform wurde von den meisten Schülern zunächst positiv aufgenommen, stößt aber mittlerweile aufgrund der (meist) ungleichen Verteilung der Leistungsträger bei vielen Schülern auf Ablehnung. Generell wünscht sich ein nicht zu vernachlässigender Teil der Gruppe frontalen Unterricht, bzw. jemanden „der alles mal vorrechnet“. Das selbständige Entwickeln von Lösungen ist für viele Schüler ungewohnt und aufgrund der fachlichen Defizite, aber auch der mangelnden Bereitschaft dazu schwierig und bedarf einer besonderen methodischen Anleitung (vgl. methodische Überlegungen). In Unterrichtsgesprächen kristallisieren sich immer die gleichen Schüler heraus, die aktiv mitarbeiten, während andere eine „Konsumhaltung“ zeigen. Die Kommunikation während der Gruppenarbeitsphasen muss deutlich verbessert werden. Teilweise kommt es innerhalb einer Gruppe zu verschiedenen Ergebnissen, da jedes Gruppenmitglied für sich arbeitet. Auch eigenständige Entscheidungen, z.B. arbeitsteilig an den Aufgaben zu arbeiten, werden nicht gefällt. Die Teamfähigkeit – sowohl als „ganzheitliche soziale Kompetenz“, als auch „eher technische Fähigkeit (...), in Gruppen effektiv arbeiten zu können“[179] – gehört jedoch zweifellos zu den Schlüsselkompetenzen, die Schule vermitteln muss. Deshalb und um möglichst alle Schüler in den Unterricht zu integrieren und zur aktiven Auseinandersetzung mit der Mathematik zu motivieren, ist der Kurs in Absprache mit den Schülern seit den Herbstferien in sechs feste Arbeitsgruppen[180] unterteilt, die sich nach Sympathie unter Berücksichtigung der verschiedenen Leistungsfähigkeiten zusammengesetzt haben und in jeder Stunde zusammen sitzen und gemeinsam arbeiten[181] (vgl. methodische Überlegungen). Auf diese Weise ist die Heterogenität der Lerngruppe in ihren Grundzügen aufgefangen und eine Kommunikation untereinander wird gefördert. Vor allem die schwächeren Schüler sollen so ermutigt werden, im Schutz der Gruppe Fragen zu stellen. Leistungsstarke Schüler können ihr Wissen gewinnbringend einsetzen. Die Fortschritte in diese Richtung vollziehen sich langsam, aber kontinuierlich. Zusätzlich zu den heterogenen Gruppenzusammensetzungen möchte ich den unterschiedlichen Lernvoraussetzung durch den Einsatz von abgestuften Lernhilfen gerecht werden; diese Methode ist den Schülern bekannt. Auf diese Art wird zusätzlich die Eigenverantwortung und Selbstständigkeit der Schüler gefördert.

2 Lernmöglichkeiten und Kompetenzen

Das didaktische Zentrum der Stunde bildet die Berechnung der Geschwindigkeit zum Zeitpunkt eines Blitzers. Ausgehend von der Durchschnittsgeschwindigkeit (mittlere Änderungsrate) sollen die Schüler die Notwendigkeit einer lokalen Änderungsrate (Momentangeschwindig-

178 Die schwachen Leistungen fallen auch in anderen Fächern und durch die gesamte Jahrgangstufe 11 auf, so dass aus diesem Grund bereits eine Jahrgangskonferenz stattfand. In einzelnen Fächern, darunter auch Mathematik, werden nun Förderkurse angeboten, um Defizite – soweit möglich – aufzuarbeiten.

179 BOVET, G.; HUWENDIEK, V., et al. Leitfaden Schulpraxis [2006], S. 399.

180 Auch W. Mattes schlägt dieses Verfahren für schwierige Lerngruppen vor. vgl. MATTES, W. Methoden für den Unterricht [2002], S.35.

181 Organisatorisch bedeutet dies für jede Stunde einen Zeitverlust wegen Auf- und Abbau der Gruppentische, durch zunehmende Gewohnheit verkürzen sich diese Phasen.

keit) erkennen. Dabei sollen die Schüler ihre Grundvorstellungen zum Differenzenquotienten erweitern und die lokale Änderungsrate einschließlich der Grenzwertbildung am Beispiel der Geschwindigkeit inhaltlich und anschaulich nachvollziehen.

2.1 Fachkompetenzen

Die Schüler sollen

- *mathematische Darstellungen verwenden*, indem sie den grafischen Fahrplan beschreiben, interpretieren und sich für weitere Aufgaben zunutze machen,
- *mit symbolischen, formalen und technischen Elementen der Mathematik umgehen*, indem sie Durchschnittsgeschwindigkeiten (mittl. ÄR) in vorgegeben Abschnitten berechnen,
- *Probleme mathematisch lösen*, indem sie selbständig Lösungsansätze zu deren Berechnung entwickeln, überprüfen, präsentieren und mit den Ergebnissen der Mitschüler vergleichen und beurteilen,
- *mathematisch kommunizieren*, indem sie sich gruppenintern und im Plenum intensiv über Lösungswege austauschen, vergleichen und reflektieren.

2.2 Methodenkompetenzen

Die Schüler sollen

- Arbeitsmaterialien und Ergebnisse übersichtlich und in sauberer Form präsentieren,
- Ergebnisse anderer Gruppen betrachten, reflektieren und verwenden.

2.3 Sozialkompetenzen

Die Schüler sollen

- in Kleingruppen kooperativ und zielorientiert arbeiten und sich gegenseitig unterstützen
- üben, in der Gruppe zu diskutieren und sich auf ein gemeinsames Ergebnis zu einigen.

3 Entscheidungsfelder des Unterrichts

3.1 Allgemeine didaktische Überlegungen

Das Kursthema „Analysis I" beginnt in der Jahrgangsstufe 11 zunächst mit der wiederholenden Betrachtung elementarer Funktionsklassen der Mittelstufe bevor mit der „Einführung in die Differentialrechnung" die Ableitung als fundamentaler Begriff der Analysis im Mittelpunkt steht. Dieser Begriff soll „durch den Aufbau algebraischer und geometrischer Grundvorstellungen sowie unter Berücksichtigung des Anwendungs- und Modellbildungsaspektes"[182] erarbeitet werden. Dabei ist vor allem die Betrachtung und Mathematisierung von Grenzwertprozes-

182 vgl. HESSISCHES KULTUSMINISTERIUM. Rahmenplan Mathematik für den gymnasialen Bildungsgang G9 (Sekundarstufe II) [2003], S. 45.

Knuffingen, 15.20 Uhr:

Max hat's geschafft. Die 8. Stunde ist endlich vorbei und einem gemütlichen Nachmittag mit seiner Freundin Elli steht nichts mehr im Weg. Er flitzt zu seinem Auto und düst in Richtung Herzhausen. Leider sind momentan viele Landwirte mit ihrer Rüben- und Kohlernte unterwegs, so dass die Fahrt etwas länger dauert, als ihm lieb ist...

Der grafische Fahrplan seiner Tour sieht so aus:

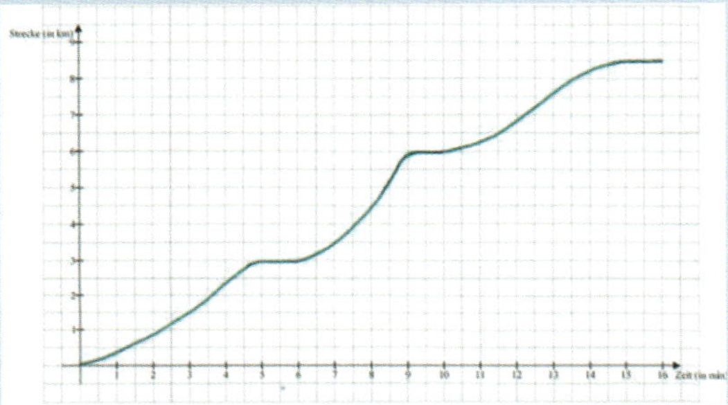

Was könnt ihr über den Streckenverlauf sagen? Berechnet die Durchschnittsgeschwindigkeiten der Teilabschnitte (Teilabschnitte werden im Plenum geklärt)

Abbildung 41: Arbeitsblatt 1

sen für die Schüler ungewohnt und damit von besonderer didaktischer Bedeutung. Ziel muss es sein, dieses „Kernstück der Analysis (...) gleichermaßen als Grundverständnis, Methode und Kalkül in den Köpfen der Schülerinnen und Schüler sinnstiftend zu verankern“[183]. Als zentrale Grundvorstellung führe ich die Ableitung über den Aspekt der Änderungsraten ein. Dafür sprechen die einfache Behandlungsmöglichkeit konkreter Beispiele, die mathematisch und lernpsychologisch („dynamisches Prinzip“) fundamentale Bedeutung von Grenzwerten sowie deren gute Verbalisierungsmöglichkeiten als Vorstufe der Formalisierung. Das Problem der Graphensteigung, d.h. die Approximation der Tangentensteigung durch die Sekantensteigung, liefert eine zusätzliche geometrische Veranschaulichung der mittleren bzw. lokalen Änderungsraten, stellt jedoch nicht das Schlüsselproblem im Sinne des traditionell häufig gewählten Einstieges dar[184].

Am Anfang der Einheit steht eine ausführliche Betrachtung des Differenzenquotienten[185] als wichtiges Maß zur Beschreibung funktionaler Abhängigkeiten vor allem in realen Anwendungsproblemen (Bevölkerungswachstum, Temperaturschwankung etc.). Die Schüler haben diesen Quotienten in den vorherigen Stunden als Änderungsverhältnis (Steigungsdreieck) und als mittlere Änderung pro Einheit in verschiedenen Kontexten kennen gelernt, selbst aufgestellt und interpretiert. Der Begriff des Grenzwertes ist noch nicht bekannt[186], kann aber problemlos parallel zum Ableitungsbegriff erarbeitet werden. Vor allem in realen Problemen ergibt sich bei Beobachtung der mittleren Änderungsraten die Notwendigkeit, diese durch die lokale Änderungsrate zu ersetzen, was schlussendlich die Behandlung des Ableitungskalküls in den Folgestunden nach sich ziehen wird[187].

183 ebd.

184 Die lineare Approximation als Grundverständnis der Differentialrechnung einzuführen, liefert zwar anschaulich ähnlich gute Möglichkeiten („Funktionenmikroskop“), bietet sich aber aufgrund der schwierigeren Handhabbarkeit der Beispiele in diesem Kurs nicht an.

185 Die Schüler können Grundvorstellungen zum Differntialquotienten erst entwickeln, wenn vorher Grundvorstellungen zum Differenzenquotienten entwickelt wurden. Vgl. MALLE, G. Vorstellungen vom Differenzenquotienten fördern. In: mathematik lehren [2003], S. 62

186 Ausnahme: Schüler, die die Jahrgangsstufe 11 wiederholen

187 vgl. BLUM, W.; TÖRNER, G. Didaktik der Analysis [1983], S. 93

Bei Elli angekommen gibt's erstmal ein Küsschen, dann die schlechte Nachricht:
Elli hat im Radio von einem Blitzer gehört – an dem ist Max 4,5km (x = 480 min) nach seinem Start vorbei gefahren, allerdings unbemerkt.
Muss er mit Post rechnen?

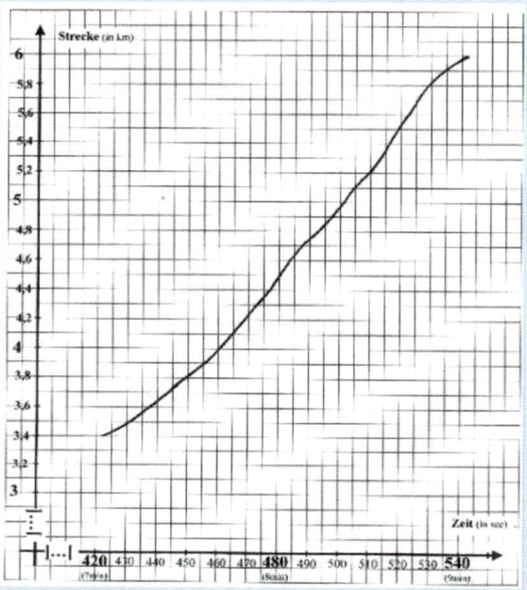

(Vergrößerter Ausschnitt $7 \leq x \leq 9$)

Abbildung 42: Arbeitsblatt 2

Im Zentrum der heutigen Stunde steht, am Beispiel der Geschwindigkeit, der Übergang von der mittleren zur lokalen Änderungsrate, d.h. von der Durchschnittsgeschwindigkeit zur Momentangeschwindigkeit. Das Phänomen „Geschwindigkeit" und das Problem der Geschwindigkeitsübertretung mit ihren Folgen stellen einen Bezug zwischen dem Thema und dem Alltag der Schüler her. Die thematische Nähe zum Erwerb des Führerscheins begünstigt eine motivierte Auseinandersetzung. Ein grafischer Fahrplan als Ausgangspunkt fördert den verständigen Umgang mit mathematischen Darstellungen, deren Interpretation und Verwendung, was zu den geforderten Kompetenzen im Sinne der Bildungsstandards gehört. Da hierbei kein rein formal-technischer Umgang mit Mathematik gefordert ist, haben viele Schüler die Möglichkeit, ihr Wissen einzubringen. Die Geschwindigkeit zu einem bestimmten Zeitpunkt (auf Höhe des Blitzers) wissen zu wollen, wirft in Anknüpfung an vorhandenes Wissen automatisch Fragen auf („sonst hatten wir immer zwei Punkte" etc.) und fordert die Schüler auf, selbstständig Lösungsideen zu entwickeln und auszuprobieren, was ebenfalls zu den allgemeinen mathematischen Kompetenzen gehört. Ziel soll es sein, dass die Schüler einerseits die Notwendigkeit einer lokalen Änderungsrate erkennen, andererseits die Möglichkeiten zu deren Bestimmung erkennen und nachvollziehen. Eine verbale Konkretisierung der lokalen Änderungsrate sowie die Frage nach der „Genauigkeit der Geschwindigkeit" sind unverzichtbare Bestandteile, die vor dem Hintergrund der vermutlich differierenden Gruppenergebnisse (vgl. methodische Überlegungen) gut initiiert werden können. Eine Formalisierung des Begriffes „Differentialquotient" über den Limes schließt sich erst in den folgenden Stunden an, wenn das Grundverständnis hinreichend aufgebaut ist.

3.2 Sachstrukturanalyse

Der grafische Fahrplan, der Ausgangspunkt für alle Überlegungen in der heutigen Stunde ist, zeigt die zurückgelegte Strecke (in km) in Abhängigkeit von der Zeit (in min). Das Schaubild suggeriert eine Untergliederung in drei Teilabschnitte, die Rückschlüsse über den Streckenverlauf zulassen (z.B. Wartezeiten an der Ampel oder beim Abbiegen). Bildet man mit dem

Differenzenquotienten die Durchschnittsgeschwindigkeiten der einzelnen Teilabschnitte, also die mittleren Änderungsraten, erhält man folgende Ergebnisse:

Abschnitt 1	$\frac{\Delta Strecke}{\Delta Zeit} = \frac{s(5)-s(0)(km)}{5-0(min)} = \frac{3km}{5min} = 36\frac{km}{h}$
Abschnitt 2	$\frac{\Delta Strecke}{\Delta Zeit} = \frac{6-3(km)}{9-6(km)} = 60\frac{km}{h}$
Abschnitt 3	$\frac{\Delta Strecke}{\Delta Zeit} = \frac{8{,}5-6(km)}{15-10(min)} = 30\frac{km}{h}$

(Die Wartezeiten von der 5.-6. und 9.-10. Minute wurden nicht in die Rechnung einbezogen.)

Die gesuchte Momentangeschwindigkeit zum Zeitpunkt $t_0 = 8min$ (Blitzer) entspricht der lokalen Änderungsrate. Man erhält sie durch die Grenzwertbildung der mittleren Änderungsrate für $\Delta t \rightarrow 0$. Da im Beispiel keine Funktionsgleichung angegeben ist, die eine rein rechnerische Grenzwertbestimmung ermöglicht, müssen aus dem Graphen Daten für möglichst kleine Zeitintervalle bestimmt werden. Je kleiner das Intervall, desto genauer die Annäherung an die Momentangeschwindigkeit. Vor allem bei größeren Intervallen (z.B. 30 sec) entscheidet auch deren Lage mit t_0 am linken/rechten Rand oder in der Intervallmitte über die Genauigkeit. Liegt t_0 am rechten/linken Rand des Zeitintervalls, so ist eine Verkleinerung der Zeitspanne auf 5 Sekunden nötig, um zu erkennen, dass die Momentangeschwindigkeit mindestens 108 km/h beträgt. Bei einer mittigen Lage von t_0 „reicht" eine Spanne von 10 Sekunden[188]. Folgende Tabelle verdeutlicht den Grenzwertprozess (t_0 am rechten Intervallrand):

$\Delta t = 1min = 60$ sec	$\Delta t = 30$ sec	$\Delta t = 10$ sec	$\Delta t = 5$ sec
$\frac{\Delta s}{\Delta t} = \frac{4{,}5-2{,}3(km)}{480-420(sec)} = 78\frac{km}{h}$	$\frac{\Delta s}{\Delta t} = \frac{4{,}5-3{,}8(km)}{480-450(sec)} = 84\frac{km}{h}$	$\frac{\Delta s}{\Delta t} = \frac{4{,}5-4{,}25(km)}{480-470(sec)} = 90\frac{km}{h}$	$\frac{\Delta s}{\Delta tt} = \frac{4{,}5-4{,}35(km)}{480-475(sec)} = 108\frac{km}{h}$

Für eine Funktion f bildet man die lokale Änderungsrate mit dem Limes des Differenzenquotienten: $\lim_{x \rightarrow x_0} \frac{f(x) - f(x_0)}{x - x_0}$. Existiert dieser Grenzwert, ist f an der Stelle x_0 differenzierbar und der Grenzwert heißt Ableitung von f an der Stelle x_0.

3.3 Methodische Überlegungen

Die fachlichen und methodischen Kompetenzen der Lerngruppe (vgl. päd. Situation der Lerngruppe) fordern einen vielfältigen Wechsel von frontalen Phasen, nicht zu langen Gruppenarbeiten und immer wieder kehrenden Phasen der Ergebnissicherung. Gerade zu langes eigenständiges Arbeiten an einem (komplexen) Problem überfordert viele Schüler. Dennoch ist die Gruppenarbeit aus bereits genannten Gründen unverzichtbar. Als Rahmen der Gruppenarbeit wird sowohl der Einstieg als auch die abschließende Diskussion im Plenum geführt[189]. Das

188 Diese Ergebnisse sind abhängig von der Genauigkeit beim Ablesen der Daten, Abweichungen werden also sehr wahrscheinlich aufkommen.

189 Dies entspricht dem gängigen Verfahren, wie es auch H. Meyer erklärt. Vgl. MEYER, H. Unterrichtsmethoden II. [2003], S. 243.

sichert die Verbindlichkeit für alle Schüler und ermöglicht es mir, auf eventuelle Probleme situativ einzugehen. Der Hauptteil der Stunde wird in zwei unterschiedlich gewichtete Gruppenarbeitsphasen gegliedert, die von einer ersten Ergebnissicherung und der Formulierung der zentralen Frage der Stunde (ebenfalls im Plenum) unterbrochen werden. Durch die Zweiteilung der Aufgabe ist diese weniger komplex und lässt im ersten Teil für alle Schüler Erfolgserlebnisse zu. Die erste Gruppenarbeitsphase sieht arbeitsteilige Aufträge vor, die einerseits zeitsparend, andererseits förderlich für das Gemeinschaftsgefühl sind. Die Aufträge der zweiten Phase sind arbeitsgleich, um vielfältige Anregungen für eine Diskussion zu erhalten und sicherzustellen, dass alle Schüler sich bereits mit dem Thema auseinander gesetzt haben, wenngleich sie möglicherweise trotz Hilfestellungen noch kein endgültiges Ergebnis haben.

Die Berechnung der Durchschnittsgeschwindigkeiten während der ersten Arbeitsphase hat in erster Linie reproduktiven Charakter und ermöglicht allen Schülern Erfolgserlebnisse. Mögliche Fehlerquelle ist das Umrechnen der Einheiten (km/min in km/h), eine kleine Erinnerung dazu können die Schüler am Pult einsehen. Durch die jeweils doppelte Vergabe der Teilabschnitte ist eine gegenseitige Kontrolle durch die Schüler gewährleistet. Während der zweiten Arbeitsphase erhalten die Gruppen einen vergrößerten Ausschnitt des grafischen Fahrplans auf einer Styroporplatte sowie einige Pins und unterschiedlich große Haushaltsgummis. Mit diesen Materialien haben sie die Möglichkeit, die Änderungen der beiden Größen (Zeit, zurückgelegte Strecke) kenntlich zu machen und mit diesen Daten zu rechnen[190]. Durch die unterschiedlichen Zeitintervalle wird der Grenzwertbildungsprozess visualisiert. Ist dies innerhalb einer Gruppe nicht der Fall, z.B. weil der erste Versuch „ins Schwarze“ trifft, so wird dieser Aspekt jedoch spätestens beim Vergleich aller Ergebnisse deutlich. Während im bisherigen Unterricht die mittlere Änderung *pro Einheit* thematisiert wurde, reicht diese Betrachtung nun nicht mehr aus. Der Graph ist so gewählt, dass nur eine Unterschreitung der „Minutentaktung“, also eine Verkleinerung des Zeitintervalls (auf 10 bzw. 5 sec) und eine „günstige Lage des Intervalls“, rechnerisch zeigen, dass der Fahrer tatsächlich zu schnell gefahren ist (vgl. Sachstrukturanalyse). Am Lehrerpult liegen abgestufte Lernhilfen bereit, die den Schülern Denkanstöße geben sollen, um ihnen bei Problemen zu helfen. Alternativ könnte der vergrößerte Graph auch an einem Plakat „untersucht“ werden, allerdings ist hier eine Korrektur der Einzeichnungen nicht möglich. Eine Visualisierung am PC wäre ebenfalls denkbar, die Vergleichbarkeit aller Schülerergebnisse lässt sich hier jedoch nur schwer umsetzen. Ferner unterstützen die Haushaltsgummis durch ihre Elastizität den dynamischen Prozess und bieten dadurch, obwohl sie sich nicht „unendlich klein“ zusammenziehen, einen methodischen Vorteil.

Am Ende beider Gruppenarbeitsphasen werden die Schülerergebnisse präsentiert, aber nicht von den einzelnen Gruppen erläutert, sondern dem Kurs als Diskussionsgrundlage zur Verfügung gestellt. Die Durchschnittsgeschwindigkeiten aus der ersten Phase halten die Gruppen selbständig an der Folie fest bzw. kontrollieren durch ein Häkchen. Da alle Gruppen die gleichen Rechnungen nur mit verschiedenen Werten durchgeführt haben, ist eine Erläuterung der Rechenwege nicht notwendig, vielmehr können die Ergebnisse interpretiert und z.B. Rückschlüsse über den Streckenverlauf gezogen werden. Am Ende der zweiten Arbeitsphase heften die Gruppen ihre „Modelle“ sowie zwei Ergebniskarten an die Tafel: Je nach Wahl „Geblitzt?

190 Die Schüler kennen diese Methode von einer Demonstration an der Tafel. Eine ausführliche Beschriftung der Koordinatenachsen soll rein technische Probleme beim Ablesen der Daten weitestgehend vermeiden. Aus diesem Grund ist beim „Zoomen“ der Maßstab der Achseneinteilung unterschiedlich gewählt, 1:6 bei der Zeit, 1:5 bei der Strecke. Zwar wird so der Graph etwas „verzerrt“, für die Thematik hat dies jedoch keinen Einfluss.

– Ja“ bzw. „Geblitzt? – Nein“ und „Er ist … km/h gefahren“. Diese Karten ermöglichen den Schülern während der Gruppenarbeit ein zielgerichtetes Arbeiten sowie beim Vergleich eine schnelle Übersicht über die Ergebnisse. Außerdem lässt sich durch die Karten und Modelle im Gegensatz zur Tafelanschrift ein schnelles Umordnen realisieren, das durch eine Rangfolge die zunehmende Genauigkeit der Momentangeschwindigkeit und damit den Grenzwertbildungsprozess veranschaulichen kann. Eine Zusammenfassung der Stunde erfolgt mündlich durch ein oder zwei Schüler und ist Bestandteil der Hausaufgabe, damit jeder Schüler die Ergebnisse der Stunde reflektiert und an einem zweiten Beispiel anwendet.

4 Verlaufsplan[191]

Phase	Inhalt	Sozialform	Medien
Einstieg / Motivation	Bildimpuls: grafischer Fahrplan/♥Geschichte • kurzer Austausch/Interpretation • Einzeichnen der Teilabschnitte • Zuordnen Teilabschnitte/Gruppen	L, P	Folie (grafischer Fahrplan)
Arbeits- und Sicherungsphase I	• Berechnung der Durchschnittsgeschwindigkeit in den Teilabschnitten • Schüler notieren Ergebnisse bzw. Kontrollhäkchen an der Folie	GA (2 je Abschnitt)	Folie, AB (grafischer Fahrplan)
	• Besprechung/Interpretation der Ergebnisse (Streckenverlauf)	P	Folie
Überleitung	Elli hat im Radio von einem Blitzer gehört… • Einzeichnen des Blitzers im Graphen • Formulierung der zentralen Frage: „War Max zu schnell und wurde geblitzt?"	L	Folie
Arbeitsphase II	• selbstständige Versuche, die Geschwindigkeit zu diesem Zeitpunkt zu bestimmen • Graphen (mit Pins/Gummis) und „Ergebniskarten" (geblitzt? ja/nein, „Er fuhr … km/h") an die Tafel	GA	vergrößerter Graph auf Styropor, „Ergebniskarten", Pins, versch. Gummis, gestufte Hilfen
Sicherungsphase II	• Vergleich der Ergebnisse (still) Diskussion (Gemeinsamkeiten, Unterschiede, Lage/Länge der Zeitintervalle, „Momentangeschwindigkeiten", etc.)	(EA) P	Modelle, „Ergebniskarten"
Alternative: Falls keine/unvollständige Ergebnisse der Gruppen vorliegen, werde ich zwei unterschiedliche, von mir vorbereitete Modelle zur Diskussion stellen, dann Abschluss.			
Abschluss	• Vergleich mit eingangs berechneter Durchschnittsgeschwindigkeit • Thematisierung der Genauigkeit • Zusammenfassung durch Schüler	P	(alles)
Gewünschter Stundenausstieg			

191 P - Plenum, GA - Gruppenarbeit, EA - Einzelarbeit, L - Lehrervortrag, AB - Arbeitsblatt, HA – Hausaufgabe

Didaktische Reserve / Hausaufgabe	Wie funktioniert ein Tachometer beim Auto?
	HA: • Fasse wesentliche Erkenntnisse der letzten Stunde in eigenen Worten zusammen. Hinweis: Die Begriffe Durchschnittsgeschwindigkeit, Momentangeschwindigkeit, Zeitspanne sollen darin vorkommen. • Berechne die Momentangeschwindigkeit zum Zeitpunkt t=8,5 min möglichst genau. • Recherchiere im Internet, wie eine Radarkontrolle funktioniert.

Weiteres Material auf CD-ROM unter dem Stichwort „Geblitzt"

Jörg Steiper

Ein oben offener Karton

Pappmodell
maximales Volumen
Schneiden und falten,
messen, rechnen

Extremalproblem mit Analysis

Das Didaktische Zentrum der Stunde liegt in der mathematischen Modellierung eines Verpackungsproblems. Dazu stellen die Schülerinnen und Schüler in Gruppenarbeit reale Verpackungsmodelle her und bestimmen deren Volumen, vergleichen ihre Ergebnisse, erkennen selbstständig die Mathematisierung des Problems und stellen die zugehörige Zielfunktion auf. Die Lösung der Zielfunktion liefert dann mehrere Ergebnisse, die im Plenum auf Sinnhaftigkeit und Realitätsbezug diskutiert werden.

1 Zur pädagogischen Situation

Der Orientierungskurs 11 Mathematik besteht aus 27 Schülerinnen und Schülern mit 13 Mädchen und 14 Jungen. Seit Beginn des Halbjahres unterrichte ich den Kurs vier Stunden die Woche im Fach Mathematik. Das Verhältnis zwischen mir und den Schülerinnen und Schüler beurteile ich als freundlich und entspannt.

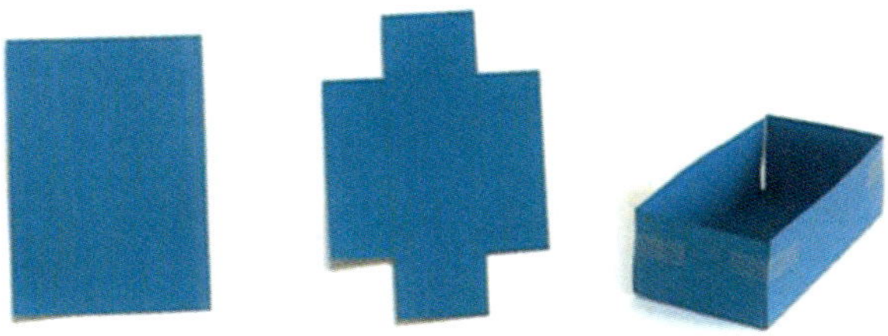

Die Lernatmosphäre ist insgesamt als gut zu bezeichnen. Es kommt zwar öfters zu kleineren Ruhestörungen, welche ich aber durch verbale und nonverbale Impulse beende, wenn sie das produktive Miteinander stören. Bei größerer Unruhe im Kurs fordere ich die Schülerinnen und Schüler auf, ihre Fragen laut zu äußern, um diese im Plenum diskutieren zu können.

Zum Leistungsvermögen und der Motivation der Schülerinnen und Schüler habe ich folgende Differenzierungen beobachtet: Ungefähr ein Drittel der Schülerinnen und Schüler beteiligt sich aktiv und motiviert am Unterrichtsgeschehen, wobei sich dies auch in den schriftlichen Leistungen in der letzten Klausur widerspiegelte. Lediglich ein Junge fällt hier auf, der zwar eine sehr gute schriftliche Leistung (beste Klausur) erbracht hat, sich aber bis dahin kaum im Unterricht beteiligt hatte. Ich versuche ihn seitdem zu ermutigen, sich aktiver am Unterrichtsgeschehen zu beteiligen, um ihn in diesem Bereich stärker zu fördern. Ein größerer Teil der Schülerinnen und Schüler beteiligt sich nur selten aktiv am Unterricht, verfolgt ihn aber konzentriert. In dieser Gruppe sind einige Schülerinnen und Schüler, die ihr potentielles Leistungsvermögen noch nicht ganz ausschöpfen. Eine kleine Gruppe Schülerinnen und Schüler, hauptsächlich Jungen, beteiligt sich wenig bis gar nicht am Unterrichtsgeschehen. Unter diesen Schülerinnen und Schüler befinden sich auch zwei Jungen, welche die Schule am Ende des Schuljahres verlassen werden. Diese Gruppe versuche ich zu motivieren, sich zumindest bei einfachen Aufgabenstellungen zu beteiligen, und fordere in solchen Phasen auch Schülerinnen und Schüler ohne Meldung zur Beteiligung auf, wenn ich mir sicher bin, die betreffende Person dann nicht bloßzustellen[192]. Insgesamt weist der Kurs, bis auf die leistungsstärkste Gruppe, ein für einen Orientierungskurs geringes Leistungsvermögen und eine geringe Motivation auf. Viele Schülerinnen und Schüler haben Probleme mit einfachen mathematischen Grundfertigkeiten (Termumformungen, Bruchrechnung, Ausklammern etc.) und zeigten auch keine Motivation, diese Defizite selbstständig aufzuarbeiten. Aus diesem Grunde habe ich für den ganzen Kurs Arbeitsblätter erstellt, welche die Schülerinnen und Schüler als Hausaufgaben bearbeiten und dadurch ihre Defizite abbauen sollen. Diese Defizite werde ich in der heutigen Stunde durch entsprechende methodische Maßnahmen (Gruppenzusammensetzung, Hilfen) beachten.

2 Sachanalyse

Der Lehrplan des Landes Hessen und das Schulcurriculum der Schule sehen Extremalprobleme im Kontext der Anwendung und Weiterführung des Ableitungskalküls als verbindlichen Unterrichtsinhalt vor[193]. Extremwertaufgaben stellen in Form von Optimierungsproblemen eine wichtige Anwendung des Ableitungskalküls dar. Sie bieten außerdem die Möglichkeit, Alltagsbezüge herzustellen. Dadurch bekommt das eher innermathematisch angesiedelte Thema „Kurvendiskussion", welche an sich nur eine rein rechnerische Routine ist, eine tiefergehende Bedeutung für die Schülerinnen und Schüler. Auch im Hinblick auf die Verfügbarkeit von grafikfähigen Taschenrechnern, CAS-Systemen oder vergleichbarer Software für den PC wird die Stellung von Extremwertaufgaben deutlich. Während diese technischen Hilfsmittel in Zukunft sicherlich einen Großteil der rein routinemäßigen Arbeiten übernehmen werden, bleibt davon der Kern der Extremwertaufgaben, die mathematische Modellierung eines Problems, unberührt und gewinnt sogar an Gewicht.

Die Struktur einer mathematischen Modellierung setzt sich aus folgenden Prozessschritten zusammen:[194]

1. Problemsituation verstehen,
2. Problem strukturieren / präzisieren,
3. Problem mathematisieren,
4. Mathematische Werkzeuge auswählen, erschaffen, anwenden,
5. Ergebnis interpretieren,
6. Ergebnis validieren.

Angewandt auf das vorliegende Beispiel der Extremwertaufgaben bedeutet dies:

- Fragestellung / Problemstellung klären,
- Skizze oder Modell zur Klärung des Sachverhaltes anfertigen,
- Bedingungen (Extremal- und Nebenbedingungen) aufstellen,

192 vgl. BOVET, G.; HUWENDIEK, V., et al. Leitfaden Schulpraxis [2006], 2004, S. 272

193 vgl. HESSISCHES KULTUSMINISTERIUM. Rahmenplan Mathematik für den gymnasialen Bildungsgang G9 (Sekundarstufe II) [2003], S. 49

194 vgl. BLUM, W.; LEISS, D. Modellieren im Unterricht mit der Tanken-Aufgabe. In: mathematik lehren [2005], S. 19

- Zielfunktion aufstellen und evtl. vereinfachen,
- Kurvendiskussion der Zielfunktion durchfuhren,
- Fehlende Größen durch Einsetzen der Ergebnisse in die Bedingungen berechnen,
- Schlussfolgerung aus dem Ergebnis ziehen, also auf das reale Problem beziehen.

Es gibt eine Vielzahl von möglichen Anwendungsaufgaben im Bereich Extremwertaufgaben. Als Beispiele seien das Zaunproblem, das Problem einer quaderförmigen Verpackung oder das Dosenproblem genannt. Während erstgenanntes auch schon mit Mittelstufenmethoden ohne Anwendung der Differentialrechnung durch Bestimmung der Scheitelpunktsform lösbar ist, bedürfen die beiden anderen Probleme Methoden der Differentialrechnung. Hierbei eignet sich aber letztgenanntes Problem weniger gut zur haptischen Erfassung des Problems, weswegen ich mich für die zweite Problemstellung entschieden habe. In dem konkreten Fall, den die Schülerinnen und Schüler in dieser Stunde bearbeiten sollen, geht es darum, ein Verpackungsproblem zu lösen. Hierbei soll aus einem vorgegebenen Bogen Pappe (Länge 41 cm, Breite 29 cm) eine nach oben offene Schachtel maximalen Volumens entstehen. Dazu werden aus dem Bogen an den Ecken Quadrate der Seitenlänge x herausgeschnitten und die so entstehenden Seitenteile hochgeklappt. Die Zielfunktion würde in dem Fall die Formel für das Volumen eines Quaders (V (a; b; c) = a b c) darstellen. Die Nebenbedingung sind hierbei die um den Faktor 2x reduzierten Seitenlängen des Pappbogens und x ein Ausdruck für die Höhe der Schachtel:

$$a = 41 - 2x$$
$$b = 29 - 2x$$
$$c = x$$

Diese Nebenbedingungen werden nun in die Zielfunktion eingesetzt und diese vereinfacht, wodurch sich ein leicht zu differenzierender Ausdruck ergibt:

$$V(a,b,c) = a * b * c$$
$$V(x) = (41 - 2x) * (29 - 2x) * x$$
$$= 4x^3 - 140x^2 + 1189x$$

Differenzieren der Zielfunktion und Anwendung der notwendigen und hinreichenden Bedingungen für Extremalstellen liefert:

$$x_{HP} \approx 5{,}58$$
$$x_{TP} \approx 1{,}75$$

Da in der Aufgabenstellung nach dem Maximalvolumen gefragt war, kommt als Lösung nur der Hochpunkt bei $x_{HP} \approx 5{,}58$ infrage. Dies bedeutet, dass man ein Quadrat der Seitenlänge *5,58 cm* ausschneiden muss. Daraus ergibt sich nach dem Falten ein Schachtelvolumen von ungefähr *2970* cm^3, also knapp drei Liter. Der Tiefpunkt gibt noch Anlass zur Diskussion. Dieser stellt mathematisch gesehen die Stelle dar, an dem die Zielfunktion lokal den geringsten Wert annimmt. Auf die Realität bezogen ergibt dieser Wert jedoch keinen Sinn, da er ein negatives Volumen repräsentieren würde. Mit der gleichen Argumentation sind nur Werte in dem Intervall [0 , 14,5] sinnvoll, da man ansonsten entweder negative Länge, negative Volumina oder Seitenlängen vorliegen hat, deren Summe größer ist als die Gesamtlänge einer Seite des Ursprungsbogens. An diesem Beispiel wird deutlich, warum am Ende des oben genannten Modellierungskreislaufs immer eine Interpretation der Ergebnisse und ein Rückbezug zur Realität notwendig ist.

3 Einordnung der Stunde in die Unterrichtseinheit

Die Analysis gehört neben der Linearen Algebra und Analytischen Geometrie und der Stochastik zu den abiturrelevanten Themen der gymnasialen Oberstufe. Die Analysis nimmt unter anderem in Form des Funktionenbegriffs zeitlich und räumlich einen sehr breiten Raum in der Oberstufe ein (gesamte Jahrgangsstufe 11 und erstes Halbjahr Jahrgang 12). Der Lehrplan hebt hier neben der Begriffsbildung den Modellbildungsaspekt besonders hervor[195]. Während im ersten Halbjahr des Jahrgangs 11 diese Begriffsbildung[196] im Vordergrund stand, steht im Mittelpunkt des zweiten Halbjahres die Anwendung des Ableitungskalküls. Demzufolge wurden in dem Orientierungskurs 11 zu Beginn des Halbjahres die im ersten Halbjahr eingeführten mathematischen Methoden unter dem Begriff der „Kurvendiskussion" gebündelt und in dieser Form eingeübt. Davon ausgehend wurde das Konzept der Kurvendiskussion auf die Behandlung von Kurvenscharen ausgeweitet. Um aber nicht bei einem reinen Kalkültraining zu verharren, soll in der zweiten Hälfte des Schulhalbjahres verstärkt der Anwendungsbezug und Modellierungscharakter in Form von Extremwert- und Rekonstruktionsaufgaben in den Vordergrund treten[197]. Dieser sinnstiftende Kontext ist für das Verständnis und die Motivation, warum man sich überhaupt mit dem Ableitungskalkül in Form einer Kurvendiskussion beschäftigt, elementar.

Während in den vorherigen Stunden die Betrachtung von Kurvenscharen im Mittelpunkt stand, soll in der heutigen Stunde der Einstieg in das Thema Extremwertaufgaben erfolgen. Nach dem Einstieg in das Thema soll mit den Schülerinnen und Schülern in den folgenden Stunden ein Lösungsschema erarbeitet werden. Dem sollen verstärkt anwendungsbezogene Aufgaben zur Übung erfolgen. An dieser Stelle kann man zur Vertiefung des Alltagsbezuges auch reale Probleme aus dem Umfeld der Schülerinnen und Schülern mathematisch problematisieren und ihre mathematische Lösung im Vergleich mit der realen Umsetzung diskutieren. Hieran kann man den Schülerinnen und Schüler den Stellenwert der Mathematik im Alltag verdeutlichen. Im Anschluss an die Extremwertaufgaben schließen sich die Rekonstruktionsaufgaben an, die ebenfalls nach obigen Prinzipien eingeführt und behandelt werden sollen.

4 Didaktische und Methodische Überlegungen

In der heutigen Stunde steht das Herstellen eines Anwendungszusammenhangs im Vordergrund. Die Schülerinnen und Schüler sollen zu Beginn die bisher überwiegend innermathematisch erarbeiteten Sachverhalte in eine realitätsorientierte Problemstellung übertragen und

195 vgl. HESSISCHES KULTUSMINISTERIUM. Rahmenplan Mathematik für den gymnasialen Bildungsgang G9 (Sekundarstufe II) [2003], S. 47

196 hier ist besonders der Begriff der Ableitung einer Funktion hervorzuheben

197 vgl. HESSISCHES KULTUSMINISTERIUM. Rahmenplan Mathematik für den gymnasialen Bildungsgang G9 (Sekundarstufe II) [2003], S. 48

anwenden können. Anwendungsbezogene Aufgaben stellen interessante Herausforderungen an die Schülerinnen und Schüler dar[198]. Die Schülerinnen und Schülern sollen sich in der Stunde in die Rolle einer Designabteilung eines Unternehmens versetzen und die aufgeworfene Problemstellung in arbeitsgleicher Gruppenarbeit[199] lösen. Hiervon verspreche ich mir eine zusätzliche Motivation der Schülerinnen und Schüler für das Thema, die auf diesem Wege aus ihrer Rolle als Lernende ausbrechen und in eine andere Rolle schlüpfen können[200]. Die am Ende stehende Präsentation soll von den Schülerinnen und Schüler dabei so gestaltet werden, dass sie auch von Laien verstanden werden kann. Auch dies ermöglicht einen Perspektivenwechsel und damit eine höhere Motivation der Schülerinnen und Schüler („Lernen durch Lehren").

Demzufolge werde ich zu Beginn der Stunde den Schülerinnen und Schüler eine Geschichte erzählen, in der eine Firma eine neue Verpackung für ihr Produkt sucht und sich deswegen an die Designabteilung, also die Schülerinnen und Schüler, mit der Bitte wendet, eine Lösung für dieses Problem zu finden[201]. Hierbei sind einige Nebenbedingungen wie maximale Größe der verwendeten Pappe und die Form der Verpackung vorgegeben. Ebenso wird hierbei die Fragestellung („Die Schachtel soll ein möglichst großes Volumen besitzen.") vorgegeben. Das stellt aber in diesem Fall keine Einschränkung dar, sondern dient nur der besseren Strukturierung des Unterrichts, da die Schülerinnen und Schüler in dieser Stunde erkennen sollen, dass solche Probleme mit den ihnen bekannten Mitteln der Kurvendiskussion lösbar sind. Eine offenere Aufgabenstellung, bei der die Schülerinnen und Schüler die Fragestellung selber entwickeln konnten, wäre auch denkbar gewesen, wäre in diesem Fall der Einführung in das Thema weniger zielführend gewesen und hätte auch zu keiner anderen Fragestellung geführt. Wenn die Methode den Schülerinnen und Schüler aber geläufig ist, sollen in späteren Stunden entsprechend offenere Ansätze gewählt werden.

Nach der Formulierung der Problemstellung sollen die Schülerinnen und Schüler in einer schüleraktiven Phase versuchen, das Problem in Gruppenarbeit durch Basteln verschiedener Schachteln zu lösen. Dies dient dazu, dass die Schülerinnen und Schüler das Problem plastisch und haptisch besser erfassen können. Das Ergebnis soll von den Schülerinnen und Schüler grafisch per Overlay-Technik präsentiert werden. Hierzu habe ich entsprechende Folien vorbereitet. Die Präsentation soll derart erfolgen, dass eine Gruppe ihre Vorgehensweise und ihr Ergebnis exemplarisch präsentiert und die anderen Gruppen dies, in erster Linie durch ihre Ergebnisse, ergänzen. Anhand der sich dadurch ergebenden Grafik können die Schülerinnen und Schüler erkennen, dass es sich hierbei um eine Funktion des Volumens in Abhängigkeit der Größe x handelt, die ein Maximum haben muss. Diese Aufgabenstellung wurde dabei von mir so gewählt, dass das Maximum nicht auf einen ganzzahligen Wert von x fällt. Die Schülerinnen und Schüler sollen an dieser Stelle erkennen, dass zur Lösung des Problems einfaches Ausprobieren nicht zielführend ist und die Notwendigkeit zur Mathematisierung besteht. Damit rückt der Mathematisierungsprozess in den Mittelpunkt.

Die Schülerinnen und Schüler stellen nun in der Folge in Gruppenarbeit die Nebenbedin-

198 vgl. LEUDERS, T. Mathematik-Didaktik [2005], S. 148

199 Die Zusammensetzung der Gruppen erfolgte aus Gründen der Zeitoptimierung schon in der vorherigen Stunde unter Berücksichtigung der Heterogenität der Lerngruppe.

200 vgl. AEBLI, H. Zwölf Grundformen des Lehrens [1983], S. 373ff.

201 vgl. MEYER, H. Unterrichtsmethoden II. [2003], S. 123.

1) Ich weiß nicht, wie ich anfangen soll.

- Sie müssen die Größen a, b und c durch x ausdrücken und in die Gleichung V (a, b, c) = a · b · c einsetzen
- Tipp: Sie müssen dazu die Größe des Pappbogens berücksichtigen.

2) Ich habe Hilfe 1 gelesen, weiß aber trotzdem nicht weiter.

$$a = 41 - 2x$$
$$b = 29 - 2x$$
$$c = x$$

3) Ich habe eine Funktion V(x) aufgestellt, weiß aber nicht weiter.

- Sie müssen die Klammern auflösen!
- Sie erhalten dann folgende Funktion V(x): $V(x) = 4x^3 - 140x^2 + 1189x$

4) Ich habe Hilfe 3 gelesen, weiß aber trotzdem nicht, wie es weitergeht.

- Untersuchen sie die Funktion V(x) auf Extremstellen!
- Stichwort: Erste Ableitung!

5) Ich habe ein Ergebnis, bin mir aber nicht sicher, ob es stimmt!

- Die Funktion $V(x) = 4x^3 - 140x^2 + 1189x$ besitzt zwei Extremstellen:
  - Einen Hochpunkt bei $x_{HP} \approx 5{,}58$
  - Einen Tiefpunkt bei $x_{TP} \approx 1{,}75$

Für die ganz Schnellen!

- Bestimmen Sie das Volumen der Schachtel (Funktionswerte von V (x) für Hoch- und Tiefpunkt.
- Was fällt Ihnen bei dem Volumen für den Tiefpunkt auf?
- Überlegen Sie, welche Werte für x einen Sinn in der Realität ergeben!
- Überlegen Sie, welche Werte für x keinen Sinn in der Realität ergeben!
- Tipp: Denken Sie dabei auch an die realen Abmessungen des Pappbogens!

Abbildung 43: Tippkarten

gungen auf, schließen davon auf die gesuchte Zielfunktion und führen für diese eine Untersuchung auf Extremstellen durch. Um der oben angedeuteten Heterogenität des Kurses Rechnung zu tragen, habe ich zur Unterstützung der Schülerinnen und Schüler entsprechende Hilfekarten vorbereitet, auf denen wesentliche Schritte in Form von gestuften Lernhilfen angegeben sind. Wichtig ist hierbei der Mathematisierungsprozess, der hinter dieser Problematik steht. Der für den Unterricht entscheidende Schritt besteht in erster Linie darin, den mathematischen Hintergrund im Rahmen der Analysis zu beleuchten. Das Herstellen von Zusammenhängen zwischen Realität und Mathematik wird durch die gewählte Form der Präsentation der Aufgabe interessant gestaltet. Für die Schüler stellt diese Form der Aufgabenstellung trotzdem noch eine Herausforderung dar. Der dabei an die Schüler gestellte Anspruch ist nicht zu unterschätzen. Bereits erarbeitete Sachverhalte müssen hier in recht komplexer Weise von den Schülern angewandt werden. Dennoch bin ich der Meinung, dass für Schüler, die diese Aufgabe verstanden haben, Zusammenhänge wesentlich besser und länger präsent sind als bei eher überwiegend innermathematischer Behandlung des Stoffes. Dadurch ist der Aufbau eines vielfältigen Verständnisses von Mathematik möglich. Nachdem die Schülerinnen und Schüler die Extremstellen (Höhe der Schachtel) und die dazugehörigen Funktionswerte (Volumen der Schachtel) berechnet haben, soll wieder eine Gruppe exemplarisch ihre Vorgehensweise präsentieren.

Wichtig sind auch die Interpretation der erhaltenen Ergebnisse und der Vergleich mit der Realität. Die Schülerinnen und Schüler sollen hierbei die berechneten Werte in den realen Kontext einordnen. Als didaktische Reserve bleibt in dieser Stunde die Interpretation der weiteren Ergebnisse (zum Beispiel Diskussion des Tiefpunktes). Sollte dazu keine Zeit mehr bleiben, erfolgt die Diskussion dazu in der Folgestunde. Als Hausaufgabe erhalten die Schülerinnen und Schüler den Auftrag verschiedene Verpackungen aus ihrem häuslichen Umfeld zu sammeln und darauf zu untersuchen, ob bei diesen auf ein optimales Volumen geachtet wurde. Dem soll sich dann in der nächsten Stunde eine Diskussion über Gründe für eine Abweichung von dem optimalen Volumen anschließen.

5. Fachkompetenzen

Das Didaktische Zentrum der Stunde liegt in der mathematischen Modellierung eines Verpackungsproblems. Dazu stellen die Schülerinnen und Schüler in Gruppenarbeit reale Verpackungsmodelle her und bestimmen deren Volumen. In einer Präsentationsphase stellen die Schülerinnen und Schüler ihre Ergebnisse vor und tragen diese in ein gemeinsames Koordinatensystem ein. Dabei erkennen die Schülerinnen und Schüler, dass das Volumen der Verpackungen durch eine Funktion beschrieben und somit das Verpackungsproblem durch eine Kurvendiskussion (Mathematisierung des Problems) gelöst werden kann. Nachdem die Schüler die zugehörige Zielfunktion aufgestellt und gelöst haben, findet eine Diskussion über die Sinnhaftigkeit und den Realitätsbezug der Ergebnisse statt.

5.1 Allgemeine mathematische Kompetenzen

Die Schülerinnen und Schüler sollen...

- ein Problem mathematisch lösen (K2), indem sie die Volumenfunktion für eine Schachtel aufstellen und mittels Funktionsuntersuchung das maximale Volumen einer Schachtel berechnen,
- mathematisch modellieren (K3), indem sie den mathematischen Hintergrund der Thematik erkennen und ihre Ergebnisse in den realen Kontext einordnen,
- mathematische Darstellungen verwenden (K4), indem sie das Volumen ihrer selbst gebauten Schachteln bestimmen und in ein Koordinatensystem eintragen,
- mit symbolischen, formalen und technischen Elementen der Mathematik umgehen (K5), indem sie den Term der gesuchten Zielfunktion aufstellen und eine Funktionsuntersuchung (Extremwertbestimmung) dieser Zielfunktion durchführen,
- kommunizieren (K6), indem sie ihre Diskussionsfähigkeit über mathematische Problemstellungen und Lösungswege mit anderen Schülerinnen und Schüler trainieren und mathematische Zusammenhänge und Verfahren adressatengerecht präsentieren.

5.2 Soziale Kompetenzen

Die Schülerinnen und Schüler sollen…

- eine Aufgabenstellung in kooperativer und kommunikativer Zusammenarbeit bearbeiten und ein gemeinsames Ergebnis erstellen,
- eigenständiges Arbeiten an mathematischen Problemstellungen (hier am Beispiel „Verpackungsproblem“) üben,
- ihre Diskussionsfähigkeit über mathematische Problemstellungen und Lösungswege mit anderen Schülerinnen und Schüler trainieren.

5.3 Methodische Kompetenzen

Die Schülerinnen und Schüler sollen...

- Strategien entwickeln, ein Problem mathematisch zu erfassen und zu lösen,
- die „Overlay“- oder „Stacking“-Methode (Stapeln von Datensätzen) anhand dem Stapeln von OHP-Folien kennenlernen,
- mathematische Zusammenhänge und Verfahren adressatengerecht präsentieren.

6 Verlaufsplan[202]

Phase	Inhalt	Sozialform	Medien
Einstieg	Geschichte als Einstiegsimpuls	LV	Folie, OHP
Problem-stellung I	Eine Schachtel mit maximalem Volumen wird gesucht	LV	Folie, OHP
Erar-beitung I	Schülerinnen und Schüler erarbeiten in Gruppenarbeit reale Schachtelmodelle und bestimmen deren Volumen.	GA	Pappe, Schere, Tesafilm
Sicherung I	Schülerinnen und Schüler präsentieren ihre Ergebnisse.	SV	Folie, OHP
Problem-stellung II	Schülerinnen und Schüler erkennen, dass das Volumen eine Funktion mit einem Maximum ist.	UG	Folie, OHP
erster möglicher Stundenausstieg			
Erar-beitung II	Schülerinnen und Schüler stellen in Gruppenarbeit die Zielfunktion auf und lösen diese.	GA	Heft, Hilfe-karten
Sicherung II	Schülerinnen und Schüler präsentieren ihre Ergebnisse	SV	Tafel, OHP, Folie
gewünschter Stundenausstieg			
Didaktische Reserve	Diskussion über die Sinnhaftigkeit weiterer Ergebnisse	UG	Tafel, OHP, Folie
Hausaufgabe	Untersuchung realer Verpackungen	EA	Heft

Weiteres Material auf CD-ROM unter dem Stichwort „Karton"

202 LV – Lehrervortrag, SV - Schülervortrag, UG – Unterrichtsgespräch, GA – Gruppenarbeit, EA – Einzelarbeit, OHP – Over-Head-Projektor

Carsten Henkel

Bootsbau und Mathematik

Kanu
ein Gesamtergebnis aus
Gruppenergebnissen fügen
Stützstellen glätten

Parameteraufgabe mit Stützstellen

Das Zentrum der geplanten Stunde ist die Untersuchung einer Biegelinie, wie sie beispielsweise im Bootsbau auftritt, mit dem Ziel, sie stückweise mit Hilfe ganzrationaler Funktionen dritten Grades zu modellieren. Die Schülerinnen und Schüler bestimmen dazu in fünf Gruppen zunächst mit Hilfe eines provisorischen Entwurfsbrettes enaktiv die Biegelinie. Nach einer Aufteilung der Gesamtlinie in Abschnitte, die den Gruppen zugewiesen werden, sind die Steigungen an den je zwei Stützpunkten der Abschnitte zu messen, mit den Gruppen der Nachbarabschnitte abzustimmen und die linearen Gleichungssysteme (4x4) aufzustellen, mit deren Hilfe die Koeffizienten der Funktionen bestimmt werden können.

1 Lerngruppenbeschreibung

Seit Beginn des Schuljahres 2008/2009 erteile ich in der Klasse 11b, teilweise in Doppelsteckung mit meinem Mentor vier Stunden Mathematikunterricht pro Woche. Die Mathematikstunden finden im zweiten Halbjahr am Montag in der fünften und sechsten Stunde und am Donnerstag jeweils in der ersten und zweiten Stunde statt. In der Doppelstunde am Montag haben die Schüler[203] wegen der ungünstigen Stundenplanlage oft Konzentrationsprobleme und es ist schwierig, sie zu motivieren. Die Lerngruppe setzt sich aus 12 Mädchen und 11 Jungen zusammen. Ein Schüler befindet sich seit Beginn des Schulhalbjahres in Neuseeland. Zu der Klasse gehören auch zwei Schüler und eine Schülerin, die im vergangenen Jahr nicht in die Klassenstufe 12 versetzt wurden. Die Lerngruppe besteht in dieser Konstellation erst seit Beginn des Schuljahres, allerdings war von Anfang an ein angenehmes Klassenklima vorhanden. Siebzehn Schüler besuchten vorher den gymnasialen Zweig der Schule, wobei mit Ausnahme einer Schülerin alle zuvor schon in einer Klasse waren. Eine Schülerin kommt aus dem Realschulzweig der Schule. Sie hat wie in einigen anderen Fächern auch in Mathematik Schwierigkeiten beim Verstehen fachlicher Inhalte und Zusammenhänge.

Die Schülerin, die die Klasse wiederholt, fehlte im ersten Halbjahr wegen einer Erkrankung über einen längeren Zeitraum. Auch im laufenden Halbjahr haben sich bereits zahlreiche nachträglich entschuldigte Fehlstunden angesammelt. Die Schülerin ist volljährig. Die beiden

203 Der Terminus Schüler wird im Folgenden für beide Geschlechter verwendet.

männlichen Schüler, die die Klasse wiederholen, fehlen ebenfalls häufig und bringen nur nach ausdrücklicher Aufforderung schriftliche Entschuldigungen.

Die meisten Schüler der Klasse hatten in der Mittelstufe sehr häufige Lehrerwechsel im Fach Mathematik. Es fehlen z. T. Grundkenntnisse bei den Themenbereichen Bruchrechnung, Terme und Gleichungen sowie Funktionen. Es hat sich herausgestellt, dass insbesondere Partner- und Gruppenarbeitsphasen geeignet sind, um individuelle Hilfen zu geben.

In der letzten Klassenarbeit mit Schwerpunktthema Funktionsuntersuchung, die gemeinsam mit der Parallelklasse geschrieben wurde, hat sich erfreulicherweise eine deutliche Steigerung bei den schriftlichen Leistungen gezeigt.

Ein Schüler der Klasse hat in der Sekundarstufe I eine Klasse übersprungen und verfügt über eine weit überdurchschnittliche mathematische Begabung. Dieser Schüler ist in Phasen zentral gesteuerten Unterrichts und nicht differenzierter Einzelarbeit oft unterfordert und beschäftigt sich mit anderen Themen oder versucht, seine Nachbarn in Diskussionen über mathematische Themen zu verwickeln. Er meldet sich häufig und kann komplizierte Sachverhalte klar und richtig darstellen. Leider können viele Schüler diese Beiträge zumeist nicht nutzen, so dass ich dann gezwungen bin, seine Meldungen zurück zu stellen.

Eine Schülerin und zwei Schüler haben einen guten bis sehr guten Leistungsstand und sind gelegentlich unterfordert. Ich komme dieser Gruppe durch differenzierte Aufgabenstellungen besonders in Gruppenarbeitsphasen entgegen oder versuche durch offene Problemstellungen ihr Interesse zu wecken.

Zwei Schülerinnen sind am Anfang des Halbjahres von Auslandsaufenthalten zurückgekehrt und hatten Wissensdefizite bezüglich der Inhalte des ersten Halbjahres. Beide arbeiten jedoch kontinuierlich mit, stellen oft Fragen und haben den Anschluss an den Lernstand der Gruppe weitgehend wieder hergestellt.

Eine Gruppe von drei Schülerinnen und fünf Schülern zeigt Interesse am Fach Mathematik, arbeitet kontinuierlich im Unterricht mit, fertigt regelmäßig die Hausaufgaben an und erbringt zum Teil wertvolle mündliche Beiträge. Die schriftlichen Leistungen dieser Gruppe liegen im guten bis durchschnittlichen Bereich. Vier Schülerinnen versuchen, dem Unterricht zu folgen und den Anschluss nicht zu verlieren, weisen aber ein sehr niedriges Arbeitstempo auf. Ihre Schwierigkeiten sind häufig auf Probleme mit einfachen Rechentechniken, wie z.B. Umstellen von Gleichungen, Lösen linearer Gleichungssysteme, Faktorisierung von Summen oder Bruchrechnung zurückzuführen. Auch diese Schülerinnen nehmen Gruppenarbeit mit differenzierten Aufgaben gerne an, da sie ihr persönliches Arbeitstempo beibehalten können und Unterstützung von Mitschülern erhalten. Ihre schriftlichen Leistungen sind ausreichend bis mangelhaft.

Um die erforderliche Differenzierung[204] des Unterrichtsangebotes zu verbessern, habe ich im Februar dieses Jahres eine feste Gruppeneinteilung durch die Schüler selber vornehmen lassen, die bis zum Ende des Schuljahres Bestand haben soll. Ich versuche seitdem, so oft wie möglich

204 LEUDERS, T. Mathematik-Didaktik [2005], S. 301

in Übungs- und Wiederholungsphasen mehrere Aufgaben mit unterschiedlichem Schwierigkeitsgrad und abgestuften Hilfen anzubieten. Diese werden dann in den festen Arbeitsgruppen[205] bearbeitet.

2 Lernmöglichkeiten und Kompetenzen

2.1 Sachkompetenzen

- Die Schülerinnen und Schüler sollen erarbeiten, dass glatte Biegelinien durch stückweise Interpolation mit Hilfe ganzrationaler Funktionen modelliert werden können (K3),
- Es soll geübt und wiederholt werden, ein LGS zur Bestimmung der Parameter einer ganzrationalen Funktion aufzustellen (K5).

2.2 Methodenkompetenzen

- In der Gruppenarbeitsphase soll die selbstständige Übertragung des bisher gelernten auf einen neue Problemsituation geübt werden,
- Die Schülerinnen und Schüler müssen bei der Gruppenarbeit zusätzlich darauf achten, dass die Gruppen kooperativ zusammenarbeiten, damit ein sinnvolles Gesamtergebnis erzielt wird.

3 Einordnung in den Lehrplan und den Unterrichtsgang

Bisher wurden im zweiten Halbjahr in einer ausführlichen Unterrichtseinheit zum Thema Funktionsuntersuchungen ganzrationale, rationale und teilweise auch trigonometrische Funktionen betrachtet. Im Anschluss daran haben die Schüler sich mit Extremwertproblemen und der Berücksichtigung von Nebenbedingungen auseinandergesetzt. Vor dem Beginn der Einheit zum Thema Funktionsbestimmung wurden zusätzlich Anwendungsaufgaben aus der Praxis mit unterschiedlichen Schwierigkeitsgraden bearbeitet und die gruppenweise erarbeiteten Lösungen von den Schülern präsentiert. Wir arbeiten nun seit ca. zwei Wochen am Thema Funktionsbestimmung. Dabei war, wie im ersten Abschnitt bereits angedeutet, das fachliche Problem aufgetreten, dass ein wesentlicher Teil der Schüler die Lösung linearer Gleichungssysteme (LGS) nicht beherrschte. Nachdem durch überschaubare Anwendungsaufgaben zunächst deutlich gemacht wurde, wie im Zusammenhang mit dem Thema LGS auftreten, wurde deren Behandlung mit einer Teilgruppe wiederholt und geübt.

205 BARZEL, B.; BÜCHTER, A., et al. Mathematik-Methodik [2007], S. 84 und HEPP, R.; MIEHE, K. Kooperatives Lernen trainieren. In: Unterricht Physik [2004], S. 8

4 Fachliche Aspekte

4.1 Interpolation mit Splines

Soll der Verlauf einer Interpolationskurve durch mehrere gegebene Stützpunkte $(x_0|y_0)$; $(x_1|y_1)$; $(x_2|y_2)$; ... wie die Biegelinie einer elastischen Latte verlaufen, kann das Problem mit Hilfe abschnittsweise unterschiedlicher kubischer Polynome (Splines[206]) gelöst werden, wie in einem Artikel[207] in der Zeitschrift ‚Der mathematische und naturwissenschftliche Unterricht" von Kroll, Stachniss-Carp und Weller beschrieben wird. Das dort vorgestellte Lösungsverfahren geht bei gegebener Steigung m im Punkt $(x_0|y_0)$ von den drei Randbedingungen $p_1(x_0) = y_0$; $p'_1(x_0) = m$; $p''_1(x_0) = 0$ und der zur Bestimmung einer ganzrationalen Funktion 3. Grades notwendigen vierten Bedingung $p_1(x_1) = y_1$ aus. Die zweite Ableitung ist gleich null, da vor dem ersten Stützpunkt keine Kraft auf das elastische Kurvenlineal ausgeübt wird und daher bis zu diesem Punkt keine Krümmung auftritt (Die Krümmung ist proportional zur zweiten Ableitung). Es wird in der Folge ein Polynom bestimmt, das die Stützpunkte $(x_0|y_0)$ und $(x_1|y_1)$ verbindet. Mit dessen Hilfe kann nun die Steigung m im Punkt $(x_1|y_1)$ und schrittweise alle weiteren Polynome berechnet werden.

Voraussetzung für diese Vorgehensweise ist die Verfügbarkeit eines CAS für jeden Schüler, die sichere Beherrschung der rechnerischen Grundlagen bei der Aufstellung und Lösung entsprechender LGS und ein Zeitrahmen im Umfang von sicherlich zwei bis drei Doppelstunden.

Im Gegensatz zu dieser Lösungsvariante kann das Problem für den Analysis-Unterricht der Klassenstufe 11 weiter vereinfacht werden, wenn eine Biegelinie in ausreichend genauer graphischer Darstellung vorliegt und die Steigungswerte an den Stützpunkten mit Hilfe von Steigungsdreiecken näherungsweise graphisch ermittelt werden.

An jeder Stützstelle erhalten die Schüler so zwei Bedingungen für die zu bestimmende Funktion. Jeder Abschnitt wird von zwei Stützstellen $(x_i|y_i)$ und $(x_{i+1}|y_{i+1})$ begrenzt, es ergeben sich also vier Bedingungen pro Abschnitt:

$$p_i(x_i) = y_i; (x_i) = m_i; p_i(x_{i+1}) = y_{i+1}; p'_i(x_{i+1}) = m_{i+1}$$

Es kann daher eine ganzrationale Funktion dritten Grades bestimmt werden. Wenn die Zusatzbedingung, dass die zweite Ableitung und damit, zusammen mit der ersten Ableitung, die Krümmung der Kurven auch gleich sein soll, erhalten die Schüler sogar sechs Bedingungen für jede zu bestimmende Funktion und es muss im allgemeinen Fall sogar eine Funktion fünften Grades bestimmt werden. Auf diese Zusatzbedingung wird in der geplanten Stunde jedoch nur kurz eingegangen, wenn Schüler von sich aus auf die Problematik hinweisen.

4.2 Lernvoraussetzungen

Um die Aufgabenstellung erfolgreich bearbeiten zu können, müssen die Schülerinnen und Schüler wissen, dass bei der bisher erarbeiteten Methode der Interpolation von n Stützpunkten

206 OLDENBURG, R. Splines - FAQs und NAQs. In: MNU [2004], S.214-216

207 KROLL, W.; STACHNISS-CARP, S., et al. Interpolation mit Splines. In: MNU [2004], S. 266-270

mit Hilfe einer ganzrationalen Funktion vom Grade *n-1* im Allgemeinen eine mehr oder weniger ‚wellige" Ausgleichslinie entsteht. Weiter sollten sie wissen, wie sie mit Hilfe der Koordinaten der Stützpunkte und den Werten der Ableitung an den Stützstellen ein LGS aufstellen können, mit dessen Hilfe sie eine ganzrationale Funktion bestimmen können.

Vorausgesetzt wird zusätzlich, dass die Schüler einsehen, dass ein Bootsrumpf hinreichend glatt sein muss, um wenig Strömungswiderstand zu erzeugen.

5 Didaktische Überlegungen

Die gewählte Aufgabenstellung bietet die Möglichkeit, handlungsorientierte Unterrichtsanteile mit neueren Inhalten der Analysis unter Anwendung gerade gelernter Methoden der Funktionsbestimmung zu verknüpfen. Schülerinnen und Schüler der elften Jahrgangsstufe können die Fertigkeiten, die ihnen mit der Differentialrechnung neu zur Verfügung stehen, in einem handwerklich-technischen Kontext anwenden.

Die Problemstellung eignet sich zusätzlich in idealer Weise für eine kooperative Bearbeitung durch mehrere Gruppen, da sie sich auf jeweils gleiche Werte für die erste Ableitung an den Stützstellen einigen müssen. Weiterhin erfolgt ein Rückbezug zum Kernproblem der Differentialrechnung, bei der die Steigung einer Tangente an den Graphen einer Funktion zu bestimmen ist. Hier müssen die Schüler erkennen, dass sie mit Hilfe der graphisch ermittelten Steigungswerte zusätzliche Bedingungen für die Ableitungsfunktionen erhalten. Mit deren Hilfe können Sie ein LGS aufstellen, um die Koeffizienten der interpolierenden Polynome zu berechnen.

Im bisherigen Unterricht hat die Lerngruppe, wie auch unter Abschnitt 1 beschrieben, auf praxisbezogene Anwendungsaufgaben, die kooperativ zu bearbeiten waren, immer positiv reagiert. Wenn die Problemstellung zusätzlich durch enaktive Handlungsanteile zugänglich ist, werden auch die in Abschnitt 1 genannten Schülerinnen und Schüler aktiviert, die sich sonst im Fachunterricht sehr zurückhalten. Es werden jedoch auch die leistungsfähigen Schüler angesprochen, da nach der Zeichnung der Biegelinie zunächst nicht klar ist, wie diese mathematisch modelliert werden kann. Die Lerngruppe muss an dieser Stelle drei Schritte bewältigen:

Als erstes müssen die Schülerinnen auf den Gedanken kommen, die Linie stückweise zu rekonstruieren. Als nächstes muss die Erkenntnis entstehen, dass die Einzelfunktionen an den Stützstellen nicht nur gleiche Werte haben müssen, sondern dass dort auch mindestens die Werte der ersten Ableitungen übereinstimmen müssen. Falls an dieser Stelle von Schülern der Hinweis kommt, dass für einen glatten Übergang auch die zweite Ableitung gleiche Werte haben sollte, werde ich die Richtigkeit dieser Beobachtung bestätigen. Ich werde allerdings auch deutlich machen, dass diese zusätzliche Forderung zunächst zurückgestellt werden muss, um das Problem überschaubar zu halten.

Der letzte Schritt besteht in der Idee, die Werte der Ableitungen an den Stützstellen mit Hilfe der graphisch bestimmten Tangentensteigungen an den Stützpunkten zu bestimmen. Dieser eigentlich selbstverständliche Schritt ist für viele Schüler der Lerngruppe aus zwei Gründen nicht nahe liegend: Bei der Beobachtung von Gruppenarbeitsphasen der letzten Stunden hat sich herausgestellt, dass sie zwar routiniert Ableitungsfunktionen bestimmen können. Der ursprüngliche Zusammenhang der Ableitung einer Funktion an einer Stelle mit dem Problem der Tangentensteigung ist jedoch bei vielen bereits wieder in Vergessenheit geraten. Auch deshalb bietet sich dieser elementare Weg zur Bestimmung von Splines als Wiederholung und Brückenschlag zum Ausgangsproblem der Differentialrechnung an. Weiterhin ist bei den Schülerinnen und Schülern die Vorstellung tief verankert, dass im Kontext mathematischer Untersuchungen stets absolute Exaktheit vorausgesetzt wird. Daher ist es nicht selbstverständlich, die Werte der Ableitungsfunktion auf graphischem Wege zu ermitteln, um anschließend mit diesen Werten einen Funktionsterm zu bestimmen.

Falls als alternative Lösungsstrategie vorgeschlagen wird, mit Hilfe quadratischer Funktionen vorzugehen, habe ich eine Folie vorbereitet, die deutlich macht, dass die Interpolation mit quadratischen Funktionen noch nicht `gut genug` ist. Ich werde die Schüler mit Hilfe dieser Darstellung anspornen, eine ‚bessere' Lösungsfunktion zu suchen. Die Fragestellung eignet sich auch gut als ‚Expertenaufgabe' (abschnittsweise unterschiedliche 2. Ableitung).

6 Methodische Planungsaspekte

Der Einstieg in die geplante Stunde wird durch einen motivierenden und informierenden Impuls geleistet, der an die Vorstunde anknüpft und direkt zum Thema hinführt. An dieser Stelle bereits eine innermathematische Problemstellung mit Blickrichtung auf die Bestimmung von Splinefunktionen zu platzieren ist nach meiner Einschätzung ohne vorherige Klärung der grundlegenden Begriffe verfrüht. Weiterhin werden kubische Splines typischerweise im Zusammenhang mit Anwendungsproblemen verwendet und lassen sich daher schwer innermathematisch motivieren. Ein handlungsorientierter Zugang würde die Gründe, die für eine Verwendung von Splinefunktionen bei der Interpolation von Biegelinien sprechen, unmittelbar deutlich machen. Dagegen spricht der verhältnismäßig hohe Zeitaufwand einer solchen Einführung in das Thema.

Die Klärung des Grundproblems und die Überleitung zur Aufgabenstellung kann am effektivsten durch ein kurzes Unterrichtsgespräch in Verbindung mit einer OHP-Folie geleistet werden.

Gegen die Arbeit mit entsprechender Software im Informatikraum der Schule spricht einerseits, dass die den Schülern inzwischen gut vertraute DGS GeoGebra eine Interpolation mit Splinefunktionen (noch) nicht leistet. Das CAS Maple verfügt zwar über diese Möglichkeit, viele Schüler haben jedoch Probleme mit der Bedienung dieser komplexen Software. Hauptsächlich spricht jedoch gegen die weitere Bearbeitung des Interpolationsthemas mit Maple, dass die Lösung den Schülern geliefert wird, ohne dass sie gezwungen sind, sich mit den Details auseinander zu setzen. Für die von mir vorgesehenen Schritte bei der gewünschten kooperativen Erarbeitung des Themas scheint also keine verfügbare Software zu existieren.

Die ,'Welligkeit" einer ganzrationalen Funktion, deren Graph durch eine gegebene Anzahl von Stützpunkten verläuft, wird daher mit Hilfe einer Graphik auf OHP-Folie veranschaulicht werden.

Das provisorische „Entwurfsbrett" mit dem Kabelbinder als Kurvenlineal (Straklatte) ermöglicht einen handlungsorientierten Zugang zum Thema Biegelinie. Dieser ist auch durch einen längeren Lehrervortrag mit Unterstützung durch bildhafte Darstellungen nicht zu ersetzen und für die Schüler zweifellos attraktiver.

Die Entscheidung für den Einsatz gestufter Hilfen dient hauptsächlich dazu, vor Beginn der eigentlichen Erarbeitung der Bedingungen zur Aufstellung der LGS einen möglichst einheitlichen Lernstand der Einzelgruppen herzustellen. Ein alternativer Einsatz z.B. der Methode Placemat erfordert zum einen einen hohen Zeitaufwand, um die Ergebnisse und Ideen der Gruppen zu sammeln und sichern und zum anderen haben Schüler mit deutlich abweichenden Assoziationen zum Thema nur sehr kurz Gelegenheit, an den Erkenntnisstand der restlichen Lerngruppe anzuschließen.

Ein besonders wichtiger Aspekt bei der Planung der Stunde war die Kooperation zwischen den Einzelgruppen mit dem Ziel, ein sinnvolles Gesamtergebnis für die Lerngruppe herzustellen. Aus diesem Grund habe ich auch nicht die klassische Bestimmungsmethode für kubische Splines gewählt, sondern die Aufgabenstellung so modifiziert, dass eine simultane Bearbeitung durch alle fünf Gruppen ermöglicht wird.

7 Geplanter Verlauf [208]

Phase	Inhalt / Lernaktivitäten	Sozialform	Medien
Einstieg in die Stunde	Bilder zum Thema Bootsbau, Konstruktionszeichnung	UG	OHP, Folie 1
Einstieg in das Thema	Klärung des Problems, Begriffe: Kurvenlineal, Straklatte, Spline L. stellt Aufgabenstellung vor, Schüler zeichnen Biegelinie	LV, GA	OHP, Folie 2, Konstruktionsbretter mit Stützpunkten auf AB 1, Nadeln, Kabelbinder als Kurvenlineal
Erarbeitung 1	Entwicklung der Ideen: 1. Biegelinie stückweise zu beschreiben / berechnen 2. Steigung an den Stützstellen als weitere Bedingung 3. Steigung graphisch ermitteln	GA	Konstruktionsbretter, gestufte Hilfen
Sicherung 1, 1. möglicher Ausstieg	Ideen / Lösungsschritte festhalten Bei Ausstieg: Stundenfazit	UG	Tafel
Organisatorische Klärung	Zuordnung der Abschnitte zu den Gruppen mit Hilfe von Farben	UG	OHP
Erarbeitung 2	Schüler messen die Steigung an Stützpunkten, Gruppen einigen sich auf gleiche Steigungswerte, LGS für die Einzelabschnitte aufstellen	GA	Diskussion, AB, Konstruktionsbrett mit Biegelinie
Sicherung 2, 2. möglicher Ausstieg	Schriftliche Fixierung der LGS	GA	AB 2
Reserve	Schüler lösen das LGS von Gruppe 1 (reduziert auf 2x2)	Einzelarbeit, HA	Arbeitsmappe, Heft

Weiteres Material auf CD-ROM unter dem Stichwort „Bootsbau"

208 UG – Unterrichtsgespräch, LV – Lehrervortrag, GA – Gruppenarbeit, OHP – Overheadprojektor, AB – Arbeitsblatt, HA – Hausaufgabe

Christian Dockhorn

Realitätsbezug
Analytische Geometrie
Lösungen beurteilen

Befinden sich zwei Flugzeuge auf Kollisionskurs?

Geraden im Raum (vektoriell)

In dieser Stunde sollen die Schüler aufgrund vorgegebener Koordinaten beurteilen, ob für zwei Flugzeuge die Gefahr einer Kollision besteht. Hierzu sollen die Schüler Methoden aus der Analytischen Geometrie anwenden, die sie im Mathematikunterricht der Sekundarstufe II kennen gelernt haben. Darüber hinaus sollen sich die Schüler mit anderen vorgegebenen Lösungen desselben Problems beschäftigen, um diese hinsichtlich ihrer Richtigkeit beurteilen zu können.

1 Zur Lerngruppe und Rahmenbedingungen

Der Grundkurs im Fach Mathematik der Jahrgangsstufe 12 besteht aus 23 Schülern. Das Leistungsvermögen der Lerngruppe ist insgesamt als hoch anzusiedeln. Diese von mir im Unterricht gewonnene Einschätzung wurde durch das gute Ergebnis des Kurses bei einer Vergleichsarbeit unter den insgesamt vier Grundkursen im Fach Mathematik bestätigt, bei der dieser Kurs am besten abgeschnitten hat.

Zu Beginn des Halbjahres wurde von allen Schülern des Kurses der Taschenrechner CASIO fx-991 ES angeschafft. Dieses Modell gehört in Bezug auf die Klassifizierung im Landesabitur zur Kategorie der so genannten „wissenschaftlichen Rechner", hat allerdings viele Funktionen, die über das Maß dessen hinausgehen, was die Schüler von denjenigen wissenschaftlichen Rechnern kennen, mit denen sie in der Sekundarstufe I gearbeitet haben. Die Anschaffung dieses Geräts hat für den Mathematikunterricht in dieser Lerngruppe erhebliche Konsequenzen: Teilweise zeitaufwändige – jedoch didaktisch wenig ergiebige – Arbeitsprozesse können von den Schülern an das Gerät delegiert werden. In Bezug auf das Thema der laufenden Unterrichtseinheit und der heutigen Stunde macht sich dies vor allem darin bemerkbar, dass die Schüler die Lösung spezieller Linearer Gleichungssysteme – genauer: eindeutig lösbarer Linearer Gleichungssysteme mit zwei Gleichungen in zwei Variablen und mit drei Gleichungen in drei Variablen – vom Taschenrechner vornehmen lassen können. Die Schüler sind den Einsatz des Rechners in dieser Hinsicht gewohnt und schätzen die genannten speziellen Rechnerfunktionen. Im Unterricht wird so an geeigneten Stellen Zeit eingespart, um vor allem Anwendungszusammenhänge zu behandeln und den Unterricht problemorientierter zu gestalten. In den Vordergrund des Unterrichts rückt somit nicht mehr die bloße Durchführung rechnerischer Verfahren, sondern deren verständige Anwendung.

Das Lösen von Problemen kann somit häufig Unterrichtsgegenstand sein. Auch in der heutigen Stunde ist ein realitätsbezogenes Problem zentraler Unterrichtsinhalt. Die Schüler sind gewohnt, sich mit Problemen selbstständig und in Gruppen auseinander zu setzen. Die Ergebnisse von Problemlöseprozessen in Gruppenarbeitsphasen sind in der Regel verwertbar und gut aufzugreifen.

Das zweite Halbjahr des laufenden Schuljahres ist durch den frühen Ferienbeginn relativ kurz. Hinzu kommt, dass in den letzten beiden Unterrichtswochen des Halbjahres kein Mathematikunterricht in der Lerngruppe stattfinden kann, da in diesem Zeitraum die Kursfahrten der Jahrgangsstufe 12 und eine Klassenfahrt meinerseits mit meiner Klasse 7A nach Sylt stattfinden. Aus diesem Grund hatte ich mich dazu entschlossen, mit dem Stoff des zweiten Halbjahres bereits nach den Weihnachtsferien zu beginnen, um zeitliche Engpässe am Ende des Schuljahres zu vermeiden. So erklärt es sich, dass wir mit den Inhalten der Analytischen Geometrie bereits weiter fortgeschritten sind, als es das Datum erwarten lässt.

Gemäß einer Befragung am Ende des ersten Kurshalbjahres will etwa die Hälfte der Schüler des Kurses im Fach Mathematik eine schriftliche Abiturprüfung ablegen, so dass viele Schüler ein Interesse daran haben, sich mit der formal korrekten Verschriftlichung mathematischer Inhalte zu befassen.

2 Zur Einordnung der Stunde und der Unterrichtseinheit in den bisherigen und zukünftigen Unterrichtsverlauf

Der Lehrplan Mathematik[209] sieht für das zweite Kurshalbjahr der Jahrgangsstufe 12 das Thema „Lineare Algebra / Analytische Geometrie“ vor. Zentral zur Bearbeitung der Inhalte dieses Themas ist der verständige Umgang mit Vektoren zur Beschreibung geometrischer Objekte – insbesondere in Realitätskontexten. So wurden im Unterricht Vektoren eingeführt, indem eine Klasse von Pfeilen gleicher Länge und Richtung zu einer Pfeilklasse zusammengefasst wurde. Die Schüler haben gelernt, wie man mit Vektoren rechnet. Hier sind im Kontext der heutige Stunde vor allem die Addition zweier Vektoren und die Multiplikation eines Vektors mit einer Zahl zu nennen. Außerdem wurde erarbeitet, was man unter einer Linearkombination von Vektoren versteht und was es bedeutet, wenn zwei Vektoren kollinear sind. Bei der Erarbeitung all dieser Verfahren und Begriffe wurde neben der rechnerischen Behandlung auf Visualisierung Wert gelegt. Die Schüler haben darüber hinaus die Eigenschaften Lineare Abhängigkeit bzw. Lineare Unabhängigkeit kennen gelernt. In diesem Kontext haben die Schüler erstmals erfahren, wie Vektorrechnung gewinnbringend eingesetzt werden kann, um Probleme aus dem Bereich der Navigation zu lösen.

In den beiden vergangenen Doppelstunden haben sich die Schüler mit Parameterdarstellungen von Geraden beschäftigt. Dieser zentrale Kursinhalt wurde den Schülern zunächst in der zwei-

209 vgl. HESSISCHES KULTUSMINISTERIUM. Lehrplan Mathematik - gymnasialer Bildungsgang [2003], S. 55 ff.

dimensionalen Ebene nähergebracht. Dies bietet den Vorteil, dass hier schwierige Zusammenhänge besser visualisiert werden können als im dreidimensionalen Raum. Es wurde besprochen, wie aus zwei gegebenen Punkten eine Geradengleichung in Parameterform aufgestellt werden kann, wie überprüft wird, ob ein gegebener Punkt auf einer Geraden liegt (die so genannte Punktprobe) und ob und gegebenenfalls in welchem Punkt sich zwei gegebene Geraden schneiden. Letzteres müssen die Schüler auch in der heutigen Stunde erarbeiten, allerdings erstmals für Geraden im Raum. Dies ist nicht nur als bloße Analogie zum Arbeiten in der zweidimensionalen Ebene zu sehen. Schnittprobleme von Geraden im Raum beinhalten dadurch, dass ein Lineares Gleichungssystem von drei Gleichungen in zwei Variablen zu lösen ist, eine qualitativ höhere Anforderung an die Schüler. Hinzu kommt, dass zwei Geraden im Dreidimensionalen windschief zueinander verlaufen können. Das bedeutet, dass sie keinen Schnittpunkt aufweisen, obwohl sie nicht zueinander parallel sind. Dieser Fall hat kein Analogon beim Schnitt von Geraden im Zweidimensionalen.

Die heutige Stunde stellt den Einstieg in die Analytische Geometrie des Raumes dar. Die Systematisierung der Erkenntnisse dieser Einstiegsphase mündet in einer der Folgestunden in einem Verfahren zur systematischen Untersuchung der Lagebeziehung zweier gegebener Geraden im Raum.

3 Didaktische Überlegungen

Der Inhalt „Lagebeziehung von Geraden im Raum" soll in diesem Kurs nicht rein innermathematisch behandelt werden. Die Vorzüge von realitätsbezogenem Mathematikunterricht sind in der Literatur an vielen Stellen ausgeführt[210] und sollen hier nicht aufgelistet werden. Zusätzlich zu den in der Literatur genannten Aspekten gilt es zu bedenken, dass realitätsorientierte Aufgaben Gegenstand des Landesabiturs im Fach Mathematik sein werden. Sie sind es bereits in der ersten Landesabiturkampagne 2007 gewesen und es existieren mehrere Aussagen von Mitgliedern der Aufgabenkommission für Mathematik, dass der Stellenwert derartiger Fragestellungen in folgenden Abiturkampagnen steigen wird. So dient die Behandlung realitätsbezogener Aufgaben nicht zuletzt der Prüfungsvorbereitung.

Ich habe mich dazu entschieden, einen Realitätsbezug zur Flugsicherung herzustellen, nämlich in Form der Fragestellung, ob sich zwei Flugzeuge, von denen jeweils die Positionen zu zwei verschiedenen Zeitpunkten bekannt sind, auf Kollisionskurs befinden oder nicht. Eine komplett ausgearbeitete Unterrichtseinheit zum Thema „Parameterdarstellungen von Geraden und Ebenen" unter dem Aspekt der Flugsicherung findet man in der Literatur ausgearbeitet.[211] An anderer Stelle wird jedoch darauf hingewiesen, dass das Thema Flugsicherung nicht nur zur problemorientierten Durchführung einer ganzen Unterrichtseinheit dienen, sondern – je nach Fähigkeiten und Bedürfnissen der Lerngruppe – auch für realitätsbezogene Einschübe herangezogen werden kann.[212]

210 vgl. beispielsweise BLUM, W. Anwendungsbezüge im Mathematikunterricht. In: Trends und Perspektiven [1996]

211 vgl. HENN, H.-W.; MAASS, K. Materialien für einen realitätsbezogenen Mathematikunterricht [2003], S. 178-202

212 vgl. KLIKA, M.; TIETZE, U.-P., et al. Didaktik der Analytischen Geometrie und Linearen Algebra [2000], S. 169 f.

Im Tower werden von den Fluglotsen über Radar folgende Positionskoordinaten erhoben.

Situation 1:
Flugzeug A:
12:34 Uhr (-30 | 80 | 100)
12:35 Uhr (-10 | 50 |110)
Flugzeug B:
12:34 Uhr (414 | -238,2 | 85,2)
12:35 Uhr (374 | -225,2 | 97,2)

Situation 2:
Flugzeug C:
17:54 Uhr (-30 | 80 | 100)
17:55 Uhr (-10 | 50 | 110)
Flugzeug D:
17:54 Uhr (-12 | 46 | 234)
17:55 Uhr (4,4 | 22,8 | 212)
Müssen die Fluglotsen eingreifen?

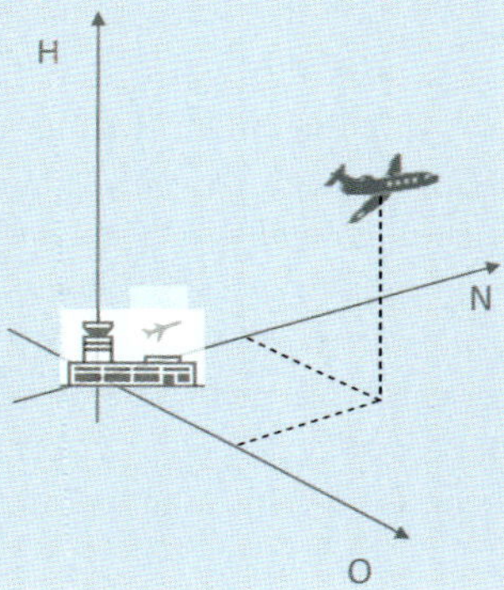

Abbildung 44: Material 2

Ich habe mich dafür entschieden, den zuletzt genannten Weg zu gehen, da ich befürchte, dass eine kontinuierliche und langanhaltende Behandlung nur eines Realitätskontextes einerseits zu Abnutzungserscheinungen und somit Motivationsschwierigkeiten bei den Schülern führen könnte. Außerdem würde die Behandlung nur eines Realitätskontextes möglicherweise zu einem eingeengten Bild von Mathematik führen, da der Tatsache, dass die Analytische Geometrie vielerlei Realitätsbezüge zulässt, im Unterricht nicht Rechnung getragen werden würde.

4 Methodische Überlegungen

Zentraler Unterrichtsgegenstand der heutigen Stunde sind zwei Situationen aus der Flugsicherung, bei denen es aufgrund vorliegender Positionskoordinaten von Flugzeugen jeweils zu beurteilen gilt, ob Kollisionsgefahr besteht. Diese Situationen sollen von den Schülern in einer ersten Erarbeitungsphase beurteilt werden. Die Schüler sollen hier in Gruppe zusammen arbeiten, um sich bei diesem neuartigen geometrischen Problem gegenseitig unterstützen zu können. Es folgt ein Schülervortrag über die Beurteilung der Situationen. Gegebenenfalls kann auf die Besprechung der zweiten Situation aus Zeitgründen zunächst verzichtet werden. Diese muss dann in einer der kommenden Stunden nachgeholt werden. Die Problemlösung soll an die Tafel geschrieben werden. Hier können eventuell auftretenden Fehler (auch formaler Art) am einfachsten mit der Lerngruppe diskutiert und korrigiert werden. Sollte es zur Besprechung der zweiten Situation schon in dieser Stunde kommen, ist es möglich, zunächst den vertikalen

Höhenunterschied der Flugzeuge am Punkt ihres minimalen Abstandes zu bestimmen. Die folgenden Überlegungen würden dann Gegenstand der kommenden Stunde sein.

Wie beurteilst du diese Lösung?

1) Fluglotse Alfons beurteilt Situation 1 so:

Flugzeug A bewegt sich auf der Geraden

$$g_A: \vec{x} = \begin{pmatrix} -30 \\ 80 \\ 100 \end{pmatrix} + s \begin{pmatrix} 20 \\ -30 \\ 10 \end{pmatrix}$$

Flugzeug B bewegt sich auf der Geraden

$$g_B: \vec{x} = \begin{pmatrix} 414 \\ -238{,}2 \\ 85{,}2 \end{pmatrix} + s \begin{pmatrix} 40 \\ -13 \\ -12 \end{pmatrix}$$

Untersucht man die Geraden auf einen Schnittpunkt, so

entsteht das LGS $\left| \begin{array}{c} -30 + 20s = 414 + 40t \\ 80 - 30s = -238{,}2 - 13t \\ 100 + 10s = 85{,}2 - 12t \end{array} \right|$, das

ich in $\left| \begin{array}{c} 20s - 40t = 444 \\ -30s + 13t = -318 \\ 10s + 12t = -14{,}8 \end{array} \right|$ umformen kann.

Für das Gleichungssystem $\left| \begin{array}{c} 20s - 40t = 444 \\ -30s + 13t = -318{,}2 \end{array} \right|$

liefert mein Rechner die Lösung s = 7,4 und t = -7,4. Diese beiden Lösungen sind unterschiedlich. Es kann also keine Kollision stattfinden und die Flugsicherung muss nicht eingreifen.

Abbildung 45: Beispiel Material 3

Die Lösung des Problems erfordert es, dass Rechenverfahren unter dem Einsatz des erwähnten Taschenrechners stets verständig vor dem Hintergrund des realitätsbezogenen Kontextes durchgeführt werden. Dies ist für die Schüler eine anspruchsvolle Tätigkeit, die ein tiefes Verständnis der mathematischen Inhalte und Rechenverfahren voraussetzt. Dieses Verständnis gilt es, an dieser Stelle aufzubauen bzw. zu vertiefen. Methodisch soll dies dadurch bewerkstelligt werden, dass den Schülern rechnerische Lösungen der von ihnen bearbeiteten Probleme vorgelegt werden, die zu falschen Ergebnissen führen.

Die Aufgabe für die Schüler besteht nun darin, die Fehler zu benennen und zu beschreiben, welche falschen Vorstellungen den gemachten Fehlern zugrunde liegen. Diese Arbeitsphase dient neben der Vertiefung bzw. des Aufbaus des Verständnisses der durchgeführten Rechnungen auch der Beschäftigung mit der schriftlichen Dokumentation von Problemlösungen, wie sie von denjenigen, die sich in Mathematik einer schriftlichen Abiturprüfung unterziehen, verlangt wird. Zudem werden die Schüler dazu angehalten, sich aktiv mit für diese Art von Problemen typischen Fehlern auseinander zu setzen. Diese geistig aktive Form der Auseinandersetzung mit Fehlern wird in der neueren fachdidaktischen Literatur[213] aus lernpsychologischen Gründen gefordert, damit Schüler typische Fehlerquellen erkennen und in ähnlichen Situationen angemessen reagieren können. Die Bearbeitung der fehlerhaften Lösungen kann – sollte die Problemlösung längere Zeit in Anspruch nehmen – ganz oder teilweise von den Schülern zu Hause vorgenommen werden.

Ein abschließendes Arbeitsblatt beinhaltet vier Aufgaben, bei denen nach Schnittpunkten von gegebenen Geraden gesucht werden soll. Hier treten alle denkbaren Lagebeziehungen auf, so dass die gewonnenen Resultate als Ausgangspunkt der Erarbeitung eines Verfahrens zur systematischen Untersuchung zweier Geraden hinsichtlich ihrer Lagebeziehung benutzt werden können. Dies wird Gegenstand einer der kommenden Stunden sein.

213 vgl. LEUDERS, T. Mathematik-Didaktik [2005], S. 45f.

5 Kompetenzen

Das didaktische Zentrum der Unterrichtsstunde besteht darin, dass die Schüler eine Realsituation – in diesem Fall aus dem Bereich der Flugsicherheit – mit Hilfe erlernter Methoden der Vektorrechnung mathematisch modellieren um zu – im Kontext der realen Situation – relevanten Schlussfolgerungen zu kommen. Darüber hinaus sollen die Schüler andere fehlerhafte Lösungen der Problemstellung analysieren und beurteilen.

5.1 Sachkompetenz und Methodenkompetenz

Die Schüler sollen

- eine vorgegebene Problemstellung mathematisch lösen;
- ein in Bezug auf die Sachsituation geeignetes mathematisches Modell bilden können;
- mit Hilfe von Methoden der Analytischen Geometrie zu Schlussfolgerungen kommen, die vor dem Hintergrund der Realsituation relevant sind;
- andere Lösungen der Problemstellung verstehen und in Bezug auf ihre Korrektheit hin analysieren.

5.2 Soziale Kompetenz

In dieser Stunde erhalten die Schüler die Möglichkeit, durch Bearbeitung einer Fragestellung in Gruppenarbeit und die Präsentation der Ergebnisse ihre sozialen Kompetenzen, insbesondere ihre Kommunikations- und Kooperationsfähigkeiten, weiterzuentwickeln.

6 Geplanter Unterrichtsverlauf[214]

Phase	Inhalt	Sozialform	Medien
Einstieg	Motivation (Material 1 auf OH-Folie) Austeilen der Problemstellung (Material 2)	UG	Folie, OHP
Erarbeitung 1	Problemlösung	GA	Arbeitsblatt, Hefte
Sicherung 1	Eine Gruppen präsentiert die Ergebnisse ihrer Arbeit	UG, SV	Tafel. Für Situation 2: Modellflugzeuge
Problematisierung	„Andere Fluglotsen kommen zu anderen Ergebnissen." Austeilen der fehlerhaften Lösungen (Material 3)	UG	AB
Vertiefung (evtl. HA)	Schüler bearbeiten die fehlerhaften Problemlösungen	EA	AB, Hefte
Sicherung 2	Die Fehler in den Lösungen werden benannt und beschrieben	UG	Folie, OHP
Hausaufgabe	Arbeitsblatt mit weiteren Problemen aus der Flugsicherung (Material 4)		AB

Weiteres Material auf CD-ROM unter dem Stichwort „Flugsicherung"

214 UG – Unterrichtsgespräch, , GA – Gruppenarbeit, SV – Schülervortrag, EA – Einzelarbeit, OHP – Overheadprojektor, AB – Arbeitsblatt, HA - Hausaufgabe

SpiderCam Lagebeziehungen
experimentelle Gruppenarbeit

Matthias Block

Mit einer Spidercam über dem Fussballfeld

Ebenen und Geraden

Das Zentrum der heutigen Stunde besteht aus der praktischen Anwendung und Visualisierung der analytischen Geometrie und linearen Algebra mit Hilfe eines Modells, das für die Schülerinnen und Schüler einen großen Alltagsbezug darstellt. Hierbei sollen von den Lernenden selbst formulierte Fragestellungen im Zusammenhang mit Ebenen und Geraden untersucht werden.

1 Lerngruppenanalyse

Der Leistungskurs Mathematik der zwölften Jahrgangsstufe besteht aus 6 Schülerinnen und 8 Schülern. Ich unterrichte diesen Kurs seit diesem Halbjahr in Doppelsteckung. Dadurch ist es möglich, dass ständig ein reger Austausch über den Unterricht stattfinden kann. In diesem Kurs habe ich schon häufig unterrichtet, denn ich habe bereits im ersten Halbjahr in dieser Lerngruppe hospitiert.

Die Schülerinnen und Schüler haben mich als Lehrkraft voll akzeptiert und ich unterrichte in diesem Kurs sehr gerne. Das Verhältnis zwischen mir und der Lerngruppe lässt sich als freundlich beschreiben und während des Unterrichts herrscht eine entspannte, konstruktive Arbeitsatmosphäre. Die Lernenden scheuen sich nicht, Fragen an mich und an die Mitschüler zu stellen.

Die Beteiligung der Schülerinnen und Schüler ist im Allgemeinen gut, die Lernenden sind an mathematischen Fragestellungen interessiert. Bei einigen sind für die Motivation innermathematische Problem- oder Fragestellungen ausreichend, bei anderen hingegen ist es notwendig, den Alltagsbezug und die Relevanz des Themas zu erwähnen und hervorzuheben.

Auch wenn es sich bei diesem Kurs um einen Leistungskurs handelt, sind die Leistungen der Schülerinnen und Schüler als heterogen einzustufen. Es gibt eine Spitze aus einer Schülerin und zwei Schülern, die sowohl mündlich als auch schriftlich sehr gute Leistungen erbringen. Es sind aber auch zwei Schülerinnen im Kurs, die nur schwach befriedigende bzw. ausreichende Leistungen erbringen. Das liegt zu einem großen Teil an der Arbeitshaltung, so werden von diesen Lernenden teilweise keine oder nur unvollständige Hausaufgaben angefertigt, was sich selbstverständlich auch auf die Leistung und das Verständnis im Unterricht auswirkt.

Die Lernenden sind es gewohnt, in Gruppen zu arbeiten und sich die Ergebnisse gegenseitig zu präsentieren.

2 Lernmöglichkeiten und Didaktisches Zentrum

Das didaktische Zentrum der heutigen Stunde besteht aus der praktischen Anwendung und Visualisierung der analytischen Geometrie und linearen Algebra mit Hilfe eines Modells, das für die Schülerinnen und Schüler einen großen Alltagsbezug darstellt. Hierbei sollen von den Lernenden selbst formulierte Fragestellungen im Zusammenhang mit Ebenen und Geraden untersucht werden.

Beim Arbeiten mit dem Modell ist Kommunikation und Kooperation von enormer Bedeutung, da mehrere Personen notwendig sind, um die Kamera zu bewegen bzw. zu positionieren.

2.1 Sachkompetenzen

Die Schüler sind in dieser Unterrichtsstunde angehalten,

- ein Problem im Zusammenhang mit Punkten und Ebenen und Geraden im dreidimensionalen Raum zu bearbeiten, dessen Lösung die Anwendung von heuristischen Hilfsmitteln, Strategien und Prinzipien erfordert (K2),
- eine mathematische Fragestellung zu modellieren und die Ergebnisse einer Modellierung zu interpretieren und zu verallgemeinern (K3),
- in mehreren Schritten mathematisch zu argumentieren und Zusammenhänge, Ordnungen und Strukturen zu erläutern (K1).

2.2 Methodenkompetenzen

In dieser Unterrichtsstunde sollen die Schüler

- ein mathematisches Problem am Modell in der Gruppe lösen,
- ihre Überlegungen, Lösungswege und Ergebnisse präsentieren.

2.3 Soziale Kompetenzen

Die methodischen Aspekte dieser Stunde (Gruppenarbeit und Präsentation) bieten Möglichkeiten zur Ausbildung und Erweiterung sozialer Kompetenzen:

- Entwicklung von Kooperations- und Kommunikationsfähigkeit durch Gruppenarbeit,
- Erweiterung der Kommunikationsfähigkeit durch Präsentation vor der Gruppe.

3 Lernstand und Einordnung der Stunde in den Unterrichtszusammenhang

In diesem Halbjahr steht das Thema Analytische Geometrie und Lineare Algebra auf dem Programm. Nach der Behandlung von Geraden wurden in der letzten Woche Ebenen eingeführt. Die Schülerinnen und Schüler sind mit den drei Darstellungsformen Parameter-, Koordinaten- und Normalenform vertraut und sind in der Lage, mit dem algebrafähigen Taschenrechner Gleichungssysteme zu lösen. Auch Skalar- und Kreuzprodukte sind ihnen bekannt.

Das Arbeiten mit dem Modell der Spidercam dient zum einen der Visualisierung und der praktischen Anwendung des bisher Gelernten, zum anderen aber auch dazu, neue Sachverhalte zu entdecken, zu modellieren und zu mathematisieren. Für viele Schülerinnen und Schüler dieses Kurses soll es auch der Motivation dienen und zeigen, dass Mathematik auch im Alltag zu finden ist und spannend sein kann.

In der vorherigen Stunde, am Donnerstag, wurde das Modell bereits gebaut. Zur Motivation haben die Lernenden einen Film gesehen, in dem die Funktionsweise und die Möglichkeiten der Spidercam gezeigt wurden.

Anschließend haben die Schülerinnen und Schüler in drei Gruppen jeweils ein Modell eines Fußballplatzes gebaut und mit Stativmaterial aus der Physiksammlung ein funktionsfähiges Spidercamsystem installiert. Dann wurde jedes Modell mit einem Koordinatensystem versehen, so dass man die Kameraposition und deren Bewegungen mathematisch beschreiben konnte.

Im Anschluss daran haben sich die Schülerinnen und Schüler mit der Steuerung der Kamera vertraut gemacht, indem sie einige einfache Aufgaben gelöst haben. Jedes der vier Seile wurde besetzt, und dann sollten die Lernenden gemeinsam vorgegebene Punkte ansteuern, rechnerisch die Länge der Seile bestimmen und diese mit den gemessenen Werten vergleichen.

In dieser Stunde haben die Schülerinnen und Schüler also bereits erste Erfahrungen mit dem Modell gesammelt und sind sich der Funktionsweise des Systems bewusst.

4 Didaktische und methodische Überlegungen

Die Spidercam ist eine Kamera, die an vier Seilen über einem Sport- oder Fernsehevent installiert ist und in drei Dimensionen frei bewegt werden kann. Das Prinzip ist in Abbildung 46 zu erkennen.

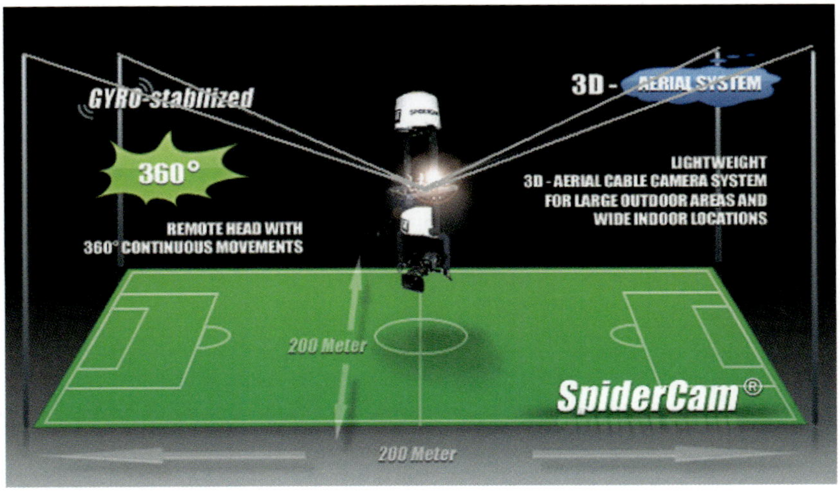

Abbildung 46: Prinzip der Spidercam

Dadurch sind Aufnahmen aus allen Perspektiven möglich, die den Zuschauer unmittelbar an den Ort des Geschehens heranbringen und spektakuläre Aufnahmen zeigen. So ist es zum Beispiel bei Fußballübertragungen in der letzten Zeit oft passiert, dass man den Anstoß zu Beginn des Spiels im Fernsehen direkt von oben beobachten konnte. Da sich viele Schülerinnen und Schüler aus diesem Kurs für Fußball interessieren und zwei Schüler und eine Schülerin auch aktiv Fußball im Verein spielen, habe ich mich dazu entschlossen, mit dem Modell eines Fußballplatzes bzw. -stadions zu arbeiten.

Mit Hilfe dieses Modells sollen im Laufe der nächsten Stunden auch viele bereits behandelte Sachverhalte wiederholt und visualisiert werden.

Sehr anschaulich kann man die Länge bzw. den Betrag von Vektoren überprüfen, Geraden können als Kamerabewegungen interpretiert werden, Winkel zwischen dreidimensionalen Vektoren können berechnet und am Modell gemessen werden.

Bei einigen Aufgaben dient das Modell dabei lediglich der Anschauung des dreidimensionalen Raumes. Der Bezug zu der Kamera und dem Sport ist bei einigen Aufgaben daher nicht so stark gegeben oder fachlich zu anspruchsvoll. So ist es an manchen Stellen notwendig, Schüsse mit dem Fußball als Geraden anzunähern, um das Niveau in einem für die Schülerinnen und Schüler angemessenen Rahmen zu halten.

Die heutige Stunde stellt also eine von mehreren Stunden dar, in denen die Lernenden mit dem Modell arbeiten. Dabei steht heute das gemeinsame Erarbeiten neuer Lösungsstrategien im Mittelpunkt.

Für die Schülerinnen und Schüler wird durch das Arbeiten mit dem Modell der Spidercam ein unmittelbarer Bezug zu ihrer Lebenswelt hergestellt, so dass ich von einer hohen Motivation, sich mit mathematischen Fragestellungen in diesem Zusammenhang zu beschäftigen, ausgehe.

4.1 Einstieg

Als Einstieg in die Stunde soll eine Information über den Ablauf und das Ziel der Stunde dienen. Dabei erfahren die Schülerinnen und Schüler, dass sie sich an Hand des Modells mit Fragestellungen im Zusammenhang mit Ebenen und Geraden beschäftigen sollen. Im Unterrichtsgespräch soll dabei an der Tafel eine Liste von möglichen Problemstellungen entstehen, von denen sich jede Gruppe jeweils eine aussuchen soll.

Dabei erwarte ich folgende oder ähnliche Problemstellungen:

- Was kann passieren, wenn sich zwei, drei oder mehr Ebenen schneiden?
- Wie groß ist der Abstand eines Punktes zu einer Ebene?
- Unter welchem Winkel schneiden sich zwei Ebenen?
- Wie müssen die Seile gesteuert werden, damit die Kamera eine bestimmte Bewegung (z.B. Gerade) ausführt?

In dem Fall, dass die Schülerinnen und Schüler wider Erwarten keine oder zu wenig eigene Ideen haben, werde ich ihnen Vorschläge machen und die Liste an der Tafel ergänzen.

4.2 Erarbeitung

Die Lernenden sollen in der heutigen Stunde in den gleichen Gruppen arbeiten, in denen sie in der vorherigen Stunde bereits das Modell aufgebaut und kennen gelernt haben. Die Gruppen sind so eingeteilt, dass sich in jeder Gruppe einer der Schüler befindet, der sehr gute Leistungen erbringt. Auf diese Weise ist gewährleistet, dass auch die schwächeren Schülerinnen und Schüler in die Erarbeitung eingebunden sind und mit hoher Wahrscheinlichkeit von allen drei Gruppen gute Ergebnisse zu erwarten sind. In der Erarbeitungsphase sollen sich die Schülerinnen und Schüler eigenständig mit ihrer Problemstellung befassen. In dieser Zeit werde ich die Gruppen beobachten und den Lernenden bei Problemen helfen.

Am Ende der Arbeitsphase sind die Schülerinnen und Schüler angehalten, eine Präsentation zu erstellen, mit deren Hilfe sie den anderen ihre Arbeit näher bringen und erklären können. Dazu stehen den Schülern Plakate zur Verfügung, die sie gestalten sollen. Dabei ist es den Schülern überlassen, in welchem Umfang sie ihren Arbeitsprozess auf dem Plakat dokumentieren und mit welchen anderen Mitteln sie arbeiten möchten.

4.3 Sicherung

Die Präsentation der Gruppenarbeiten soll am Modell erfolgen, dabei sollen die Lernenden mit Hilfe des Modells und des gestalteten Plakates kurz erläutern, woran sie gearbeitet haben und wie ihre Lösungsstrategie aussieht.

Funktionen für die Seillängen aufstellen

Ein Spieler rennt quer über das ganze Spielfeld, wie auf dem Bild zu sehen von Punkt A zu Punkt B.

Der Regisseur möchte ihn die ganze Zeit direkt von oben filmen und schickt daher die Kamera direkt über ihn und verfolgt ihn in genau 10m Höhe.

Der Techniker drückt den Joystick in die entsprechende Richtung, die Rechenarbeit für die Steuerung der Seile übernimmt der Computer.

Welches Seil muss wie schnell verlängert bzw. verkürzt werden?
Stellt eine Funktion für jedes Seil auf und zeichnet sie mit Hilfe des Taschenrechners.

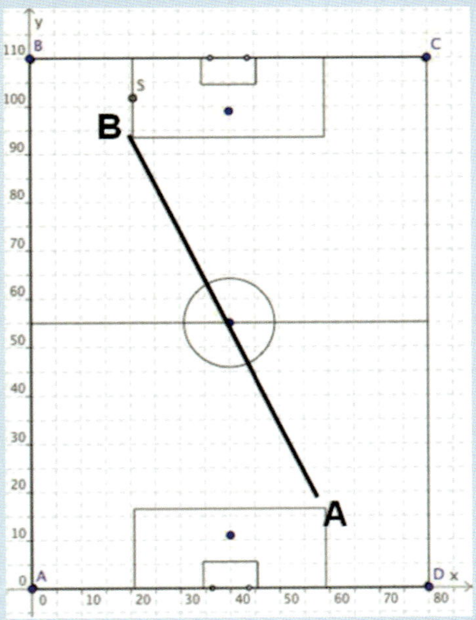

Abbildung 47: Beispielaufgabe

Dabei ist es auch durchaus in Ordnung, wenn die Schülerinnen und Schüler keine fertig gerechneten Beispiele vortragen, sondern lediglich ihre Gedankengänge und Lösungsansätze präsentieren. Zur Anwendung bzw. Vertiefung der Ansätze habe ich Aufgaben vorbereitet, die in den nächsten Stunden bearbeitet werden sollen. Dabei werden eventuell noch unklare Sachverhalte aufgegriffen und erklärt.

Falls die Fragestellungen der Schülerinnen und Schüler in eine ganz andere Richtung zielen, ist es aber auch möglich diese Aufgaben zur Erarbeitung neuer Sachverhalte zu verwenden.

Ausgehend von den kurzen Präsentationen erhoffe ich mir Impulse für den weiteren Verlauf des Unterrichts und das zukünftige Arbeiten mit dem Modell. Die Präsentationen bieten auch denjenigen Schülerinnen und Schülern, die sonst im Unterricht etwas stiller sind, die Möglichkeit, ebenfalls ihren Beitrag zum Unterrichtsgeschehen zu leisten.

Ich habe mich bewusst für diese offenen Arbeitsaufträge entschieden, weil ich davon ausgehe, dass der Anblick des Modells eine solch motivierende und aktivierende Wirkung hat, dass die Schülerinnen und Schüler von sich aus Problemstellungen entwickeln können, die sie an Hand des Modells untersuchen können. An dieser Stelle wäre es schade, wenn man ihrer Kreativität bei der Mathematisierung von realen Dingen Grenzen setzen würde.

Alternativ würde sich beim Arbeiten mit dem Modell das Lernen an Stationen anbieten. Interessant hierbei ist, dass die Lernenden dann Stationen wählen könnten, an denen Neues entwickelt werden soll, aber auch solche, an denen bereits behandelter Stoff wiederholt und visualisiert wird.

Ein Ausstieg ist jeweils nach einer Präsentation einer Gruppe möglich. Wenn eine Gruppe eine interessante Fragestellung bearbeitet hat, die im Kurs unter den Schülerinnen und Schülern eine lebhafte Diskussion auslöst, wäre es schade, diese zu unterbrechen, damit alle Gruppen ihre Ergebnisse präsentieren können. Wenn es sich anbietet, steht eine der vorbereiteten Aufgaben als didaktische Reserve oder Hausaufgabe zur Verfügung.

5 Geplanter Unterrichtsverlauf[215]

Phase	**Inhalt**	**Sozialform**	**Medien**
Einstieg	Information über Thema und Ablauf der Stunde	UG	Tafel
	Sammeln von Fragestellungen im Zusammenhang mit Ebenen und Geraden, die mit Hilfe des Modells bearbeitet werden können. Als Alternative stehen vorbereitete Problemstellungen bereit.	UG	Tafel, AB
Erarbeitung	Die Schülerinnen und Schüler arbeiten in Kleingruppen an den selbst entwickelten Fragestellungen. Dabei halten sie auf Plakaten ihren Arbeitsprozess fest	GA	Modell, Plakate, AB
Sicherung	Präsentation der Gruppenarbeiten.	GA, UG	Modell, Plakate
Didaktische Reserve / HA	Aufgaben	GA	

Weiteres Material auf CD-ROM unter dem Stichwort „Spidercam"

215 UG – Unterrichtsgespräch, , GA – Gruppenarbeit, AB – Arbeitsblatt, HA - Hausaufgabe

Holzmodelle
Tripelspiegel
dreidimensional

Karin Helle

Von Katzenaugen und Rückstrahlern

Ein besonderer Geradenverlauf (Retroreflexion)

Im didaktischen Zentrum der Stunde steht das Anliegen, die Schülerinnen und Schüler anzuregen, die Retroreflexion von Licht am Tripelspiegel mathematisch zu beschreiben und vektorgeometrisch zu erklären.

1 Angaben zur Lerngruppe

Seit dem zweiten Halbjahr der Jahrgangsstufe 11 unterrichte ich den Grundkurs 13m4 im Fach Mathematik in Eigenverantwortung. Der Mathematikunterricht findet in der Jahrgangsstufe 13 vierstündig statt. Die Lerngruppe setzt sich aus 13 Schülerinnen und fünf Schülern zusammen. Zu Beginn des letzten Schuljahres sind drei Jugendliche aus dem Leistungskurs und ein Schüler, der das Schuljahr wiederholt, neu hinzugekommen. Sie haben sich in der Zwischenzeit gut in den Kurs integriert und beteiligen sich rege am Unterrichtsgespräch.

Die Gruppe zeigt sich mir gegenüber aufgeschlossen und lernbereit. Es herrscht eine angenehme, durch Leistungsbereitschaft und Interesse gekennzeichnete Lernatmosphäre, in der sich auch leistungsschwächere Schülerinnen und Schüler nicht scheuen, ihre Fragen zu formulieren und Schwierigkeiten offen zu benennen.

Die Leistungsbereitschaft dieser Lerngruppe ist insbesondere im mündlichen Bereich gut. Alle Lernenden beteiligen sich am Unterrichtsgeschehen und bringen ihre Ideen ein. Während die stärkeren Schülerinnen und Schüler schnell mathematische Zusammenhänge begreifen und eigene Lösungsansätze entwickeln, benötigen die schwächeren oft viel Zeit und zusätzliche Hilfestellung beim Nachvollziehen eines mathematischen Sachverhaltes (vgl. Methodische Überlegungen). Der schriftliche Leistungsstand des Kurses spiegelt diese Heterogenität wider. Die schriftlichen Leistungen von etwa einem Drittel der Kursteilnehmer liegen im ‚guten‘ bis ‚sehr guten‘ Bereich, während der Großteil der Jugendlichen Leistungen im Bereich ‚befriedigend’ bis ‚ausreichend’ erbringt. Ich erachte deshalb eine Binnendifferenzierung in der geplanten Stunde für sinnvoll, um gerade die schwächeren Schülerinnen und Schüler mit der komplexen Problemstellung nicht zu überfordern. Dadurch könnten ein negatives fachspezifisches Selbstkonzept, Angst und Aversion gegenüber der Mathematik hervorgerufen, ihre Motivation negativ beeinflusst und jegliches eigenständiges Problemlösen blockiert werden (vgl. Methodische

Überlegungen).[216] Des Weiteren bietet eine Differenzierung der Aufgabenstellung in der Erarbeitungsphase II (vgl. ebd.) die Möglichkeit, die ‚Leistungsspitzen' des Kurses entsprechend ihren Fähigkeiten zu fördern. Als besonders motivationsfördernd hat sich die Arbeit an realitätsbezogenen Problemstellungen erwiesen, was auch in dieser Stunde gewinnbringend genutzt werden soll (vgl. ebd.).

In den vorangegangenen Stunden dieser Unterrichtseinheit wurde deutlich, dass viele Kursteilnehmer Schwierigkeiten haben, sich in die vektorielle Raumgeometrie einzufinden. Dies zeigte sich bereits bei dem Skizzieren von Schrägbildern, sowie bei der Einführung von Geraden im Raum und trifft für die leistungsschwächeren sowie -stärkeren Schülerinnen und Schüler gleichermaßen zu. Ein Grund hierfür liegt darin, dass es den Lernenden schwer fällt zu begreifen, dass bei der Projektion des dreidimensionalen Raumes unendlich viele verschiedene Punkte zum gleichen Bildpunkt gehören. Ein Holzmodell des dreidimensionalen kartesischen Koordinatensystems hat sich diesbezüglich von Beginn der Einheit an als hilfreich erwiesen und kann deshalb auch in der geplanten Stunde bei Bedarf eingesetzt werden (vgl. Methodische Überlegungen). Zu den vorherrschenden Unterrichts- und Sozialformen gehört neben dem fragend-entwickelnden Unterrichtsgespräch mit unterstützendem Einsatz von Tafel und Overheadprojektor insbesondere die Gruppenarbeit. Die Lernenden sind es gewohnt, sich neue Sachverhalte gemeinsam mit ihren Mitschülern zu erarbeiten, weshalb diese Arbeitsform auch in dieser Stunde ihren Platz haben soll (vgl. ebd.).

2 Didaktische Überlegungen

2.1 Zum Thema der Stunde

Als Ausgangspunkt für die Stunde dient ein Effekt, der bei Katzen zu beobachten ist: Deren Augen reflektieren das Licht weitgehend unabhängig von ihrer Orientierung in die Richtung zurück, aus der sie angestrahlt werden.[217] Da Rückstrahler, wie sie z.B. an Fahrrädern zu finden sind, das gleiche Phänomen zeigen, nennt man diese deshalb auch Katzenaugen. Sie sind nach dem Prinzip von Tripelspiegel-Arrays aufgebaut und enthalten eine Vielzahl von kleinen totalreflektierenden Prismen.[218] Zahlreiche dreiseitige Pyramiden sind in einem flächigen Array angeordnet und besitzen jede die Form einer von einem Quader abgeschnittenen Ecke, wobei die drei sich in einer Ecke treffenden Flächen jeweils senkrecht aufeinander stehen. Als mathematisches Modell für dieses physikalische Phänomen dient also der Tripelspiegel, der mit Hilfe der drei paarweise zueinander orthogonalen Koordinatenebenen beschrieben werden kann.[219] Die Reflexion von Lichtstrahlen an jeder dieser Spiegelflächen wiederum lässt sich mathema-

216 vgl. KLIKA, M.; TIETZE, U.-P., et al. Didaktik der Analytischen Geometrie und Linearen Algebra [2000], S. 112.

217 Der Effekt ist durch eine anatomische Besonderheit dieser nachtaktiven Tiere bedingt. Katzen besitzen hinter ihrer Retina eine retroreflektierende Schicht – das sogenannte Tapetum cellulosum lucidum –, die das Licht, das die Netzhaut bereits passiert hat, nochmals zurück spiegelt. vgl. http://de.wikipedia.org/wiki/Tapetum_lucidum.

218 Bei der Totalreflexion handelt es sich um ein bei Licht beobachtbares Wellen-Phänomen. Sie tritt an der Grenzfläche zweier transparenter Medien (hier: Luft-Kunststoff) auf und bewirkt, dass unter bestimmten Bedingungen Licht an der Grenzfläche vollständig reflektiert wird.

219 Vgl. hier und im Folgenden BARTH, E. Anschauliche analytische Geometrie [1997], S. 151f.

tisch als die Spiegelung einer Geraden an einer Koordinatenebene modellieren. Bei geeigneter Wahl des Koordinatensystems lässt sich dann wie folgt zeigen, dass der einfallende Strahl nach dreifacher Spiegelung[220] entgegengesetzt parallel das System wieder verlässt:

Der Lichtstrahl mit dem Richtungsvektor $\vec{v} = \begin{pmatrix} v_1 \\ v_2 \\ v_3 \end{pmatrix}$ wird durch die Reflexion an z.B. der y-z-Ebene so reflektiert, dass das Vorzeichen seiner ersten Komponente ‚wechselt'.

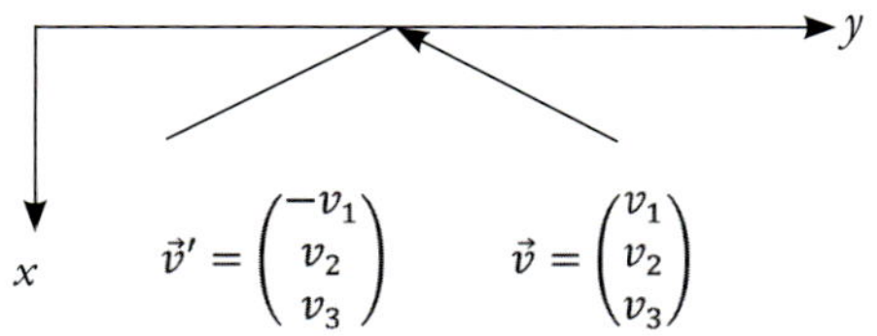

In der Abbildung links ist der Blick von ‚oben' auf die x-y-Ebene bei Spiegelung an der y-z-Ebene zu sehen.

Bei der der Spiegelung an der x-z-Ebene wechselt entsprechend v_2 das Vorzeichen und schließlich bei der dritten Reflexion an der x-y-Ebene wechselt v_3 das Vorzeichen. Damit ergibt sich für den Richtungsvektor des austretenden Lichtstrahls $\begin{pmatrix} -v_1 \\ -v_2 \\ -v_3 \end{pmatrix} = -\vec{v}$. Erfolgen die Spiegelungen in einer anderen Reihenfolge, so ergibt sich dieselbe Richtungsumkehr. [221]

Der auf dem Arbeitsblatt 1 dargestellte konkrete Fall stellt sich demnach wie folgt dar:

Ein Laserstrahl, der vom Punkt P(3/10/8) in Richtung des Vektors $\vec{v} = \begin{pmatrix} -1 \\ -2 \\ -2 \end{pmatrix}$ auf den Tripelspiegel geschickt wird, verläuft zunächst auf der Geraden g_1: $\vec{x} = \begin{pmatrix} 3 \\ 10 \\ 8 \end{pmatrix} + \alpha \begin{pmatrix} -1 \\ -2 \\ -2 \end{pmatrix}$.

Betrachtet man nun die drei Spurpunkte von g_1 bzw. deren zugehörige Parameterwerte, so ergibt sich $\boldsymbol{a_1 = 4}$ für den Spurpunkt S_{yz} mit der y-z-Ebene, $\boldsymbol{a_2 = 5}$ für S_{xz} mit der x-z-Ebene und $\boldsymbol{a_3 = 4}$ für den Spurpunkt S_{xy} mit der x-y-Ebene. Da $\boldsymbol{a_1}$ den kleinsten positiven Parameterwert hat, trifft deshalb der Strahl dort zum ersten Mal auf die Spiegelfläche (y-z-Ebene) und wird reflektiert.[222]

Wählt man nun den Spurpunkt S_{yz} als Aufpunkt für die Gerade, die den an dieser Spiegelfläche reflektierten Strahl beschreibt, so ergibt sich die Geradengleichung g_2: $\vec{x} = \begin{pmatrix} 0 \\ 4 \\ 2 \end{pmatrix} + \beta \begin{pmatrix} 1 \\ -2 \\ -2 \end{pmatrix}$ Der Vorzeichenwechsel der ersten Komponente des Richtungsvektors ergibt sich dabei durch die

220 Trifft der einfallende Strahl senkrecht auf einen der drei Spiegel wird er unmittelbar zurück reflektiert; trifft er parallel zu einem der drei Spiegel auf, tritt er nach zweimaliger Reflexion parallel zum einfallenden Strahl aus dem System aus (Effekt des Doppelspiegels).

221 Vektoralgebraisch lässt sich dies ebenfalls durch die Berechnung des Spiegelpunktes P' anhand einer offenen Vektorkette über den Lotpunkt eines beliebigen Geradenpunktes P in der Spiegelebene nachweisen.

222 Berechnet man an dieser Stelle bereits die Koordinaten der jeweiligen Spurpunkte, so kann man auch anhand derer entscheiden, welche Ebene zuerst durchstoßen wird, da beispielsweise der Spurpunkt S(–2I 0 I–2) zum Parameter $a_2 = 5$ außerhalb des positiven Oktanten liegt und somit auch außerhalb des Systems ‚Tripelspiegel'.

Spiegelung an der y-z-Ebene. Die Geradengleichungen, auf denen die reflektierten Strahlen nach Spieglung an den übrigen zwei Ebenen verlaufen, berechnen sich analog. Der Lichtstrahl verlässt schließlich den Tripelspiegel auf der Geraden g_4: $\vec{x} = \begin{pmatrix} 2 \\ 0 \\ 2 \end{pmatrix} + \beta \begin{pmatrix} 1 \\ 2 \\ 2 \end{pmatrix}$ in Gegenrichtung zum einfallenden Strahl. Bei jeder der drei Spiegelungen ändert demnach eine der Komponenten des Richtungsvektors das Vorzeichen, so dass ein- und ausfallender Strahl kollinear sind.

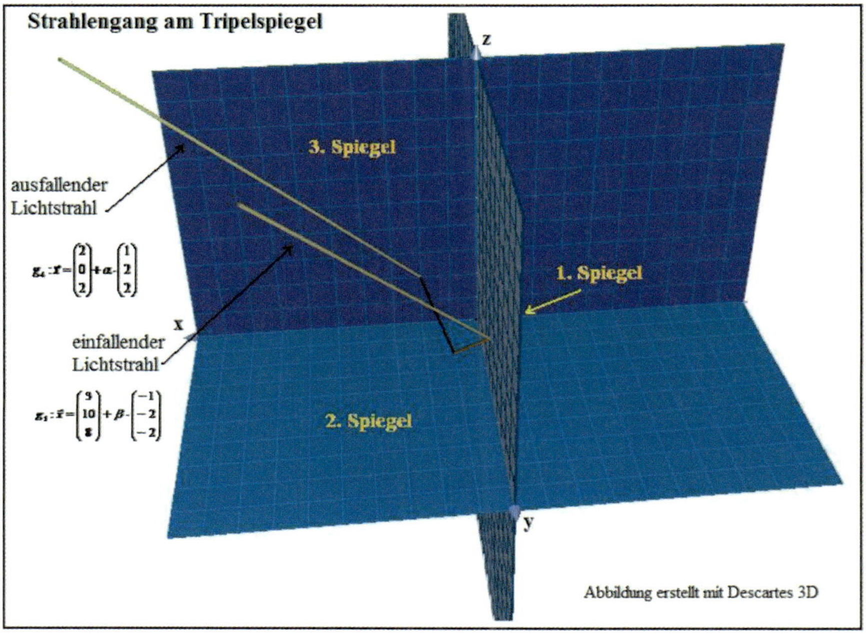

Abbildung 48: Strahlengang am Tripelspiegel

2.2 Allgemeine Didaktische Überlegungen

Das Themengebiet ‚Lineare Algebra / Analytische Geometrie' ist vom Schulcurriculum für die Jahrgangsstufe 13.1 vorgesehen. Der Lehrplan verweist auf die starke Anwendungsrelevanz dieses Komplexes, aus der heraus theoretische Konzepte und Anfänge einer mathematischen Theorie entwickelt werden können. „Die Begriffe und mathematischen Sätze ... [sollen] als Werkzeuge verstanden [werden], deren Bedeutung mehr in der Nützlichkeit liegt, geometrische Fragestellungen oder Problemstellungen aus anderen Gebieten zu beschreiben, zu erklären und zu lösen."[223] Des Weiteren soll der Mathematikunterricht in der gymnasialen Oberstufe die „Originalität und Produktivität durch ungewöhnliche Fragestellungen"[224] fördern und durch mathematisches Modellieren die „Fokussierung auf Themen [ermöglichen], die in einem engen

223 vgl. HESSISCHES KULTUSMINISTERIUM. Lehrplan Mathematik - gymnasialer Bildungsgang [2003], S. 53.

224 vgl. ebd., S. 3.

sachlichen Zusammenhang mit der von den Schülerinnen und Schülern täglich erlebten Umwelt und auch mit anderen Unterrichtsfächern stehen.“[225]

In diesem Zusammenhang ist die Wahl des Themas für die geplante Stunde zu verstehen. Das Phänomen der Lichtreflexion am realen Katzenauge und den gleichnamigen Rückstrahlern am Fahrrad ist den Schülerinnen und Schülern aus dem Alltag bekannt. Die Retroreflexion des Lichts widerspricht zunächst dem aus dem Physikunterricht der Mittelstufe bekannten Reflexionsgesetz an ebenen Spiegeln und regt daher zum Nachdenken über den Aufbau von Rückstrahlern an. Dieser Effekt dient in der geplanten Stunde als Motivation für die Reaktivierung und Reorganisation von Kenntnissen der Elementar- und Vektorgeometrie, um den Strahlengang bei Spiegelungen an zueinander orthogonalen Flächen vektoriell zu beschreiben. Im didaktischen Zentrum der Stunde steht daher das Anliegen, die Schülerinnen und Schüler anzuregen, die Retroreflexion von Licht am Tripelspiegel mathematisch zu beschreiben und zu erklären, und sie gleichermaßen für die Mathematik in ihrer Umwelt zu sensibilisieren. In dieser Hinsicht leistet die geplante Stunde einen Beitrag zur Allgemeinbildung der Lernenden, indem sie die Grunderfahrung ermöglicht, „... natürliche Erscheinungen und Vorgänge mit Hilfe der Mathematik [wahrzunehmen], [zu] verstehen und unter Nutzung mathematischer Gesichtspunkte [zu] beurteilen“.[226] Der vom Lehrplan geforderte Fächerübergriff erfolgt zur Physik: Der im Demonstrationsexperiment zu beschreibende physikalische Effekt motiviert eine mathematische Auseinandersetzung mit dem Phänomen der Dreifachspiegelung an paarweise orthogonal zueinander stehenden Ebenen. Die genauere Betrachtung eines realen Katzenauges stellt zunächst die Ausgangssituation dar, anhand derer über das reale Modell des Tripelspiegels die Erstellung eines mathematischen Modells erfolgen soll. Dies veranlasste mich insbesondere eine alternative Herangehensweise zur geometrischen Untersuchung des Strahlengangs am Tripelspiegel zu verwerfen. Der auf dem Mond aufgestellte Präzisionstripelspiegel zur Entfernungsbestimmung Erde-Mond hätte hier ebenfalls als Grundlage zur Anwendung vektorieller Geometrie dienen können.[227] Bei diesem Ausgangsproblem wäre allerdings die Entwicklung des realen Modells entfallen, welches in der geplanten Stunde durch das Demonstrationsexperiment anhand des Katzenauges von den Schülerinnen und Schülern selbst entwickelt werden soll (vgl. Methodische Überlegungen).[228] Zudem ist durch die offensichtliche Präsenz von Katzenaugen im Alltag ein direkter und schülernaher Anwendungsbezug gegeben.

In Bezug auf die Kompetenz ‚Mathematisch Modellieren' (K3)[229] liegt der Schwerpunkt der Stunde weniger in den ersten Phasen des Modellbildungskreislaufs als vielmehr in der Phase des Deduzierens[230], in der innerhalb des mathematischen Modells mittels der Vektorgeometrie eine mathematische Lösung ermittelt werden soll. Das Ziel der Stunde ist schließlich die Übertragung des mathematischen Resultats in die Realität, d.h. eine vektorgeometrische Erklärung

225 vgl. ebd., S. 5.

226 vgl. KONFERENZ DER KULTUSMINISTER DER LÄNDER. Bildungsstandards im Fach Mathematik für den Mittleren Schulabschluss [04.12.2003], S. 6.

227 vgl. HAAS, N.; MORATH, H. Anwendungsorientierte Aufgaben für die Sekundarstufe II [2005], S. 76.

228 Dies entspricht der ersten Phase des Modellbildungsprozesses, in der die reale Situation (das Auge der Katze, welches Licht – im Wesentlichen – in die Richtung, aus der es angestrahlt wird, zurück reflektiert und deshalb leuchtet) abstrahiert und vereinfacht wird. vgl. LEUDERS, T. Mathematik-Didaktik [2005], S. 157.

229 vgl. KONFERENZ DER KULTUSMINISTER DER LÄNDER. Bildungsstandards im Fach Mathematik für den Mittleren Schulabschluss [04.12.2003], S. 7ff.

230 vgl. LEUDERS, T. Mathematik-Didaktik [2005], S. 157.

der Retroreflexion am Katzenauge durch den Nachweis der Kollinearität der Richtungsvektoren der die Lichtstrahlen repräsentierenden Geraden nach dreifacher Spiegelung an den Koordinatenebenen. Die Kompetenz ‚Mit Mathematik symbolisch/formal/technisch umgehen' (K5)[231] kommt ebenfalls in dieser Phase zum Tragen, in der die Lernenden die mathematischen Werkzeuge, die ihnen aus der Vektorgeometrie zur Verfügung stehen, gezielt auswählen und einsetzen müssen.[232] An dieser Stelle des Modellierungskreislaufs sind Vereinfachungen des gewählten deskriptiven Modells notwendig, die im Sinne einer didaktischen Reduktion zu verstehen sind und in einer späteren Validierungsphase[233] wieder aufgegriffen werden können (vgl. Einbettung der Stunde in die Unterrichtseinheit).

Abbildung 49: Holzmodell des kartesischen Koordinatensystems

Ein Holzmodell des dreidimensionalen Koordinatensystems kann bei auftretenden Schwierigkeiten, die bei der Ermittlung der mathematischen Lösung zu erwarten sind, eingesetzt werden. Das Modell ermöglicht die Visualisierung der zentralen Ideen *Spiegelung und Reflexion*. Insbesondere aufgrund der Tatsache, dass bei der Reflexion nur diejenigen Teile einer Halbgeraden betrachtet werden, die auf der gleichen Seite der Spiegelebene verlaufen, kann die Betrachtung des Spiegel- bzw. Originalbildes auf der anderen Seite der Ebene bei der Ermittlung der mathematischen Lösung hilfreich sein (vgl. Angaben zur Lerngruppe).

Innermathematisch erfolgt hier im Sinne eines Spiralcurriculums eine Vernetzung mit der aus der Mittelstufe bekannten Spiegelung im ebenen Fall. Die gewählte Problemstellung bietet den entscheidenden Vorteil, dass die wesentliche Erkenntnis des Vorzeichenwechsels der entsprechenden Komponenten des (Richtungs-) Vektors bei der Spiegelung an einer Koordinatenebene auch im zweidimensionalen Fall nachvollzogen werden kann. Somit ist für die geplante Stunde eine Binnendifferenzierung möglich, die es insbesondere den Leistungsschwächeren erlaubt, durch die Übertragung ihrer Ergebnisse in der Ebene auf die entsprechenden Gesetzmäßigkeiten im Raum zu schließen.

231 vgl. KONFERENZ DER KULTUSMINISTER DER LÄNDER. Bildungsstandards im Fach Mathematik für den Mittleren Schulabschluss [04.12.2003], S. 7ff.

232 Dies entspricht dem Anforderungsbereich II der Kompetenz K5. Vgl. ebd., S. 15.

233 So handelt es sich bei dem Laserstrahl eigentlich um ein Strahlenbündel, Strahlen sind nur Halbgeraden mit eingeschränkten Parameterwerten, Koordinatenebenen sind keine undurchlässigen Spiegelflächen etc. vgl. LEUDERS, T. Mathematik-Didaktik [2005], S. 157.

2.3 Einbettung der Stunde in die Unterrichtseinheit

In den vorangegangenen Stunden wurden Parameterdarstellungen von Geraden behandelt sowie deren Spurpunkte bzw. Durchstoßpunkte mit den Koordinatenebenen berechnet. Die Schülerinnen und Schüler haben zuvor sowohl das Rechnen mit Vektoren geübt als auch einfache Objekte des dreidimensionalen Anschauungsraums mit Hilfe von Vektoren beschrieben.

Die geplante Stunde soll nun die verschiedenen Begriffe und erlernten Berechnungsverfahren zusammenführen. Dies soll anhand eines komplexen Problems, nämlich der geometrischen Beschreibung des Strahlengangs am Tripelspiegel erfolgen. Aufgrund des gewählten didaktischen Zentrums der Stunde können zuvor vernachlässigte Aspekte im mathematischen Modell in einer Validierungsphase in der folgenden Unterrichtsstunde thematisiert werden. Dies bietet zudem die Möglichkeit, die Bedeutung des Parameters in der vektorgeometrischen Parameterdarstellung von Geraden zu wiederholen und zu vertiefen. Daran anschließend sollen weitere Lagebeziehungen von Geraden im Raum thematisiert werden.

3 Lernmöglichkeiten und Kompetenzen[234]

3.1 Fachkompetenzen

Die Schülerinnen und Schüler sollen

- *mathematisch modellieren*, indem sie die besondere Eigenschaft von Katzenaugen beschreiben und den Tripelspiegel als Grundbaustein eines Retroreflektors erkennen; innerhalb des Modells eine mathematische Lösung ermitteln und diese interpretieren (K3).
- *mit symbolischen, formalen und technischen Elementen der Mathematik umgehen*, indem sie das dreidimensionale Koordinatensystem und Vektoren bzw. Geraden[235] als mathematische Werkzeuge auswählen und einsetzen (K5).
- *kommunizieren*, indem sie Überlegungen, Lösungswege bzw. Ergebnisse verständlich erläutern (K6).

3.2 Sozialkompetenzen

In der Unterrichtsstunde können die Schülerinnen und Schüler ihre Kompetenzen hinsichtlich der Kommunikation und Kooperation weiterentwickeln, indem sie

- üben, kooperativ in Kleingruppen zu arbeiten und sich gegenseitig Hilfestellung zu geben.
- üben, innerhalb der Gruppe verschiedene Erklärungsansätze zu diskutieren und sich auf ein Ergebnis zu einigen.

---

234 vgl. KONFERENZ DER KULTUSMINISTER DER LÄNDER. Bildungsstandards im Fach Mathematik für den Mittleren Schulabschluss [04.12.2003], S. 7ff.

235 vgl. HESSISCHES KULTUSMINISTERIUM. Lehrplan Mathematik - gymnasialer Bildungsgang [2003], S. 53.

3.3 Methodenkompetenzen

Die Schülerinnen und Schüler sollen

- das Holzmodell des dreidimensionalen Koordinatensystems zur Erarbeitung der mathematischen Lösung nutzen,
- die Folienpräsentation von Ergebnissen üben.

4 Methodische Überlegungen

In dieser Stunde dient die Lichtreflexion am Katzenauge als Anlass, ein Modell für den Verlauf des Strahlengangs am Tripelspiegel mit Hilfe der vektoriellen Geometrie zu erstellen. Der Modellierungsprozess soll dabei in mehreren Schritten zunehmender Abstraktion erfolgen, da ich dies bei der Komplexität des realen Modells für angebracht halte.[236]

Zum **Stundeneinstieg** wird ein Foto präsentiert, das eine Person und eine Katze zeigt, die von einer Lichtquelle angestrahlt werden. Nach der Beschreibung der besonderen Eigenschaft des Katzenauges durch die Schülerinnen und Schüler werde ich diesen Effekt in einem Laserdemonstrationsexperiment nachstellen. Anhand einer kontrastiven Vorführung der Lichtreflexion an einem Spiegel und einem ‚Katzenauge', wie es an Fahrrädern zu finden ist, soll eine Verbindung zu dem zuvor beschriebenen Foto hergestellt werden. Außerdem soll die Demonstration dazu anregen, in das Innere eines solchen Reflektors zu ‚schauen'. Ich werde die Kursteilnehmer deshalb auffordern, in einer Art Murmelphase, die die Überleitung zur **Erarbeitungsphase I** darstellt, mit ihren Mitschülern zu diskutieren, welcher Aufbau einen solchen Effekt erzeugt.[237]

Da diese Phase des Unterrichts bewusst offen gewählt wurde und entscheidend von dem Vorwissen der Lerngruppe abhängt, sind an dieser Stelle mehrere weitere Vorgehensweisen denkbar. Ist der Tripelspiegel als Baustein des Retroreflektors bereits bekannt oder wird als solcher beschrieben, kann unmittelbar zur Mathematisierung der Problemstellung übergegangen werden. Ist dies nicht der Fall und sollten sich hier erhebliche Schwierigkeiten ergeben und die Lernenden selbst keine Idee zum möglichen Aufbau des Reflektors haben, werde ich ‚aufgebrochene' Katzenaugen bereithalten. Eine Demonstration am Holzmodell des dreidimensionalen kartesischen Koordinatensystems wäre ebenfalls an dieser Stelle denkbar und würde der Verdeutlichung des Strahlenverlaufs im Raum dienen. Daran anschließend sollen im Plenum die Annahmen für das mathematische Modell genannt und stichwortartig an der Tafel festgehalten werden (**Sicherungsphase I**). Dies dient zum einen der Bewusstmachung des Modellbildungskreislaufs und bietet zum Anderen gerade den Leistungsschwächeren die Möglichkeit einer Strukturierung der komplexen Problemstellung. In der **Erarbeitungsphase II** werden die Lernenden aufgefordert, die gemachten Beobachtungen vektoralgebraisch zu untersuchen. Dazu biete ich ihnen zwei verschiedene Arbeitsblätter an, die sie in Gruppenarbeit bearbeiten sollen.

236 Büchter und Leuders verweisen in diesem Zusammenhang auf konkrete Darstellungen zur Strukturierung eines Problems und stellen fest, „dass die Frage, wie ein Problem grafisch oder mental repräsentiert wird, ... mitentscheidend [ist] für die zu erwartenden Lösungsansätze." vgl. BÜCHTER, A.; LEUDERS, T. Mathematikaufgaben selbst entwickeln [2005],. S. 41f.

237 Dies entspricht der Phase des Mathematisierens im Modellbildungskreislauf. vgl. LEUDERS, T. Mathematik-Didaktik [2005], S. 157.

Aufgabe 1

Ein Laserstrahl wird vom Punkt $P\langle 3|10|8\rangle$ aus in Richtung des Vektors $\vec{v} = \begin{pmatrix} -1 \\ -2 \\ -2 \end{pmatrix}$ geschickt und trifft auf die y-z-Ebene, von der er reflektiert wird.

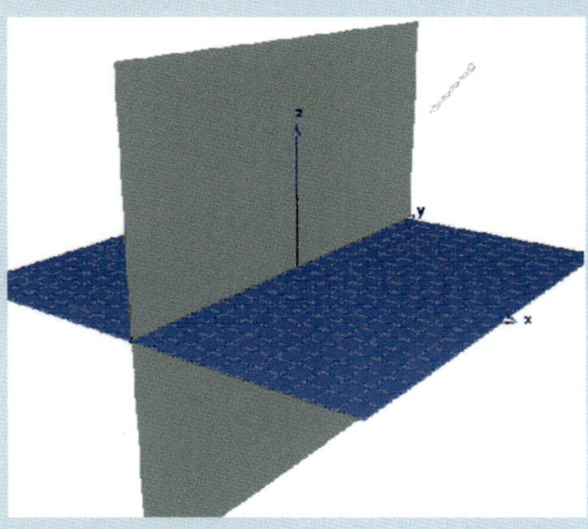

a) Bestimmt die Geradengleichung, die den an der y-z-Ebene reflektierten Strahl beschreibt!

b) Der an der y-z-Ebene reflektierte Strahl trifft nun nacheinander auf die beiden anderen Koordinatenebenen. Beschreibt den weiteren Verlauf des Lichtstrahls mit Hilfe von Geradengleichungen.

Abbildung 50: Auszug aus dem Arbeitsblatt 1

Um das selbstständige Arbeiten zu fördern, werden die Gruppen angehalten, selbst zu entscheiden, welche konkrete Problemstellung sie bearbeiten wollen. Das zweite Arbeitsblatt reduziert die Problemstellung zunächst auf den zweidimensionalen Fall und beschränkt sich auf die Betrachtung eines Vektors, während auf dem ersten Arbeitsblatt die Beschreibung des Strahlengangs im Raum anhand von Geradengleichungen erfolgen soll. Um in der **Sicherungsphase II** eine übersichtliche und zügige Präsentation der Ergebnisse zu gewährleisten, werde ich an einzelne Gruppen schon während der Erarbeitungsphase Folien verteilen.

Sollte die Erarbeitungsphase II viel Zeit in Anspruch nehmen, wäre ein möglicher erster Stundenausstieg bereits nach der Ermittlung der Komponenten eines reflektierten (Richtungs-) Vektors an einer Koordinatenebene denkbar. Die gemachten Beobachtungen könnten dann am Holzmodell verallgemeinert und so auf die Dreifachspiegelung übertragen werden. Andernfalls soll nach der Präsentation der Folien das mathematische Resultat in Bezug auf die reale Situation interpretiert werden, was optional auch in der **Hausaufgabe** erfolgen kann.

5 Verlaufsplan[238]

Phase	Inhalt	Sozialform	Medien
Einstieg	• Begrüßung • Lehrperson legt Foto auf: Schülerinnen und Schüler beschreiben, was ihnen auffällt	LI / SÄ	Folie, Overheadprojektor
	• Formulieren der besonderen Eigenschaft von Katzenaugen	SÄ	Tafel
	• Demonstrationsexperiment: ein Schüler beschreibt, was beim Anstrahlen eines Spiegels / eines Retroreflektors zu sehen ist • Lehrperson fragt nach Verbindung zu Foto: Schülerinnen und Schüler identifizieren Reflektor mit Katzenauge	LA / SÄ	Laser, Spiegel, Reflektor
Erarbeitung I	• Diskussion der Frage, welcher Aufbau einen solchen Effekt erzeugt	Murmelphase (GA)	(optional: aufgebrochene Reflektoren)
Sicherung I	• Schülerinnen und Schüler stellen ihre Ideen vor • Festhalten der Modellannahmen	SA UG	Tafel
Erarbeitung II (Minimalziel: Betrachtung der Spiegelung an einer Ebene)	• Schülerinnen und Schüler zeigen mit Hilfe der vektoriellen Geometrie, dass sich die Vorzeichen der (Richtungs-) Vektoren bei Spiegelung ändern	GA	Arbeitsblatt 1 + 2
Sicherung II (Maximalziel)	• Schülerinnen und Schüler nennen mathematisches Resultat und übertragen dies auf die reale Ausgangssituation	UG	Tafel

238 LA - Lehreraktivität, LI – Lehrerimpuls, SÄ – Schüleräußerungen, SA – Schüleraktivität, UG – Unterrichtsgespräch, GA – Gruppenarbeit

Dr. Wolfgang Neß

Mögliche Gliederung für eine Unterrichtsreflexion

Erster Gesamteindruck – ohne Details (Würden Sie die Std. so noch einmal halten?)
Gliederung meiner folgenden Reflexion (Schritte nur benennen)
1. Vergleich Planung – Verlauf 2. Analyse der Methodenwahl 3. Lehrerverhalten 4. Fördermaßnahmen 5. Erörterung möglicher Alternativen 6. Ausblick
Zu 1. [Vergleich Planung – Verlauf] Sehr kurze Analyse der einzelnen Phasen – nur bei Besonderheiten!
Einstieg: Erarbeitung 1 & Sicherung 1: Erarbeitung 2 & Sicherung: Abschluss & HA:
Zu 1. Angemessene Lernziele erreicht?
Sozialkompetenzen: *Methodenkompetenzen:* *Selbstkompetenz:* *Sachkompetenzen:*

Zu 1. Schüleraktivität?
Einstieg Erarbeitung & D. Erarbeitung 2 & D. Schluss
Zu 1. Ergebnisse gesichert?
Heft? Blatt? AB?
Zu 1. Zeiteinteilung?
Ist die Lernzeit effektiv genutzt worden? Zu viele kognitiven Phasen?
Zu 2. [Analyse der Methodenwahl] Geeignete Methodenwahl?
Zu 2. Richtiger Medieneinsatz?
Zu 3. [Lehrerverhalten] Lernförderndes Lehrerverhalten?
War die Stunde für die Schülerinnen und Schüler erkennbar strukturiert? War den Schülerinnen und Schülern zu jeder Zeit klar, was sie zu tun haben?
Zu 3. Verbesserungen im Vergleich zum vorigen UB?
Zu 4. Fördermaßnahmen
Zu 5. [Erörterung möglicher Alternativen] Alternativen?

Zu 6. [Ausblick] Empfehlung für die weitere Unterrichtsarbeit?
Zu 6. Abschluss: Zielperspektive für mich und meine fortschreitende Lehrerpersönlichkeit (was mache ich nächstes Mal besser bzw. das will ich ändern): Beispiele: Gesprächsführung, Fragetechnik, Impulse.

„Unterricht ist grundsätzlich nicht durch einen Entwurf festlegbar, weil er ein dynamischer sozialer Prozess ist, dem man durch keine noch so gründliche Vorplanung Fesseln anlegen kann". Guter Unterricht erweist sich erst „im Zusammenspiel von vorausschauender Planung, den Bemühungen, den Entwurf situationsgerecht umzusetzen, und der Fähigkeit der Lehrenden, mit Anweichungen umzugehen". „Pädagogisches Handeln beruht ganz wesentlich auf der Fähigkeit, vorab gemachte Pläne an die Bedingungen der Situation anzupassen oder zu modifizieren"

DASCHNER, P.; DURDEL, A. Kursbuch Referendariat [2002], S.62

Claudia Bohn

Ein kleiner Blick auf gängige Methoden

1 Plakate (Poster)

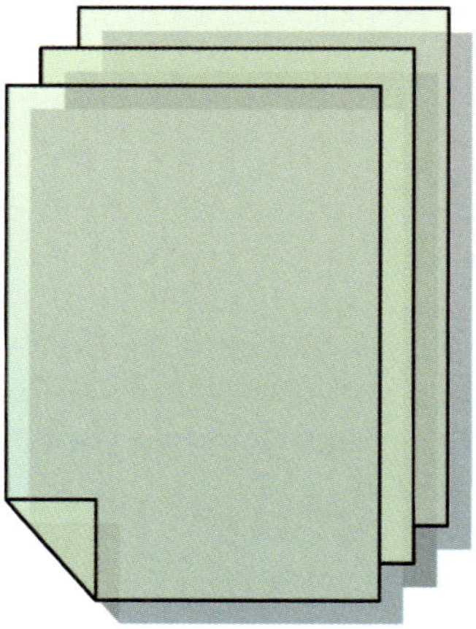

Das Erstellen von Plakaten bzw. Postern ist eine Möglichkeit zum Festhalten und zur Präsentation von Gruppenarbeiten.

Es bietet sich immer dann an, wenn man damit folgende Ziele verfolgt:

- eine Vielfalt von Ergebnissen soll einander gegenübergestellt und anschließend darüber diskutiert werden (dazu muss die zugrunde liegende Aufgabe verschiedene Lösungswege ermöglichen),
- die Ergebnisse sollen längerfristig in der Klasse aushängen (als „Nachschlagewerk"),
- die verschiedenen Aspekte eines abgeschlossenen Themas sollen strukturiert und für alle sichtbar dargestellt werden (z. B. in einer MindMap).

Das Erstellen von Plakaten bzw. Postern sollte aber ebenfalls gelernt sein. Dazu bietet es sich an, mit den Schülerinnen und Schülern konkrete Tipps und Kriterien zur Erstellung von Plakaten zu erarbeiten (z.B. anhand erster, kleinerer Versuche).

Ein Beispiel für eine Kriterienliste zur Plakaterstellung könnte sein:

Inhalt:

- Informationsgehalt groß
- Vollständigkeit der Informationen
- begründete Argumentationen
- klare, gut verständliche Darstellung
- Definition/Klärung von Fachbegriffen
- (Quellenangaben)

Gestaltung:

- ansprechende Gestaltung
- Hervorheben von Wichtigem
- Gliederung visuell passend zum Inhalt
- Verwendung korrekter Zeichen und Symbole
- Beschriftung von Zeichnungen, Graphiken, …
- möglichst Verwendung von Druckbuchstaben
- gute Lesbarkeit auch aus Entfernung

Allgemeine Tipps:

- Weniger ist meist mehr – Schlüsselwörter und Stichpunkte sind besser als lange Texte
- Farben gezielt und sparsam einsetzen
- Bilder sagen häufig mehr aus als Worte

Die Plakate können dann im Plenum z. B. in Vorträgen vorgetragen werden. Dabei empfiehlt sich aber folgende Vorgehensweise:

- Plakate mit optimalen Ergebnissen erst zum Schluss präsentieren lassen;
- bei themengleichen Plakaten nur Vergleich zu den vorigen Vorträgen (welche Gemeinsamkeiten gibt es und welche Unterschiede?);
- „Publikum" durch entsprechende Fragen mit einbinden;
- Für mehr Aktivität bei den Schülerinnen und Schülern sorgt die Präsentation der Plakate im Museumsrundgang.

Literatur:

BARZEL B. / BÜCHTER A. / LEUDERS T.: Mathematik Methodik, 2007, Berlin, Cornelsen Scriptor

BRENNER G. / BRENNER K.: Fundgrube Methoden I, 2005, Berlin, Cornelsen Scriptor

MATTES W.: Methoden für den Unterricht, 2002, Braunschweig, Schöningh-Verlag

BUDNIAK J. / OBERREUTER S., SchülerInnen lernen präsentieren, Rheinmünster 2005

2 Museumsrundgang (oder auch Galeriegang)

Der Museumsrundgang ist eine Methode zur Präsentation von Gruppenergebnissen. Dabei können diese Gruppenergebnisse erstellte Modelle oder auch Plakate sein. Die vorangegangene Gruppenarbeit kann arbeitsteilig (jede Arbeitsgruppe bearbeitet ein anderes Teilthema) oder auch arbeitsgleich (alle Arbeitsgruppen bearbeiten die gleiche Aufgabe) gewesen sein.

Nachdem die Arbeitsgruppen ihre Plakate aufgehängt bzw. ihre Modelle ausgestellt haben, verbleibt immer eine Schülerin / ein Schüler der Arbeitsgruppe als „Museumsführer" bei den Arbeitsergebnissen der Gruppe und erläutert diese (eventuell nur bei Bedarf) für die „Museumsbesucher", also die Mitschülerinnen und Mitschüler anderer Arbeitsgruppen. Die „Museumsführer" sollten nach einer vorgegebenen Zeit jeweils wechseln, damit jedes Gruppenmitglied mindestens einmal die Arbeitsergebnisse der eigenen Gruppe präsentiert, aber auch genug Zeit hat, alle anderen Arbeitsergebnisse anzuschauen und erklärt zu bekommen.

„Erste Runde“ des Museumsrundgangs (gleichfarbige Kreise stehen für Mitglieder einer Arbeitsgruppe, jeweils Schülerin bzw. Schüler mit der Nr. 1 ist Museumsführerin bzw. Museumsführer):

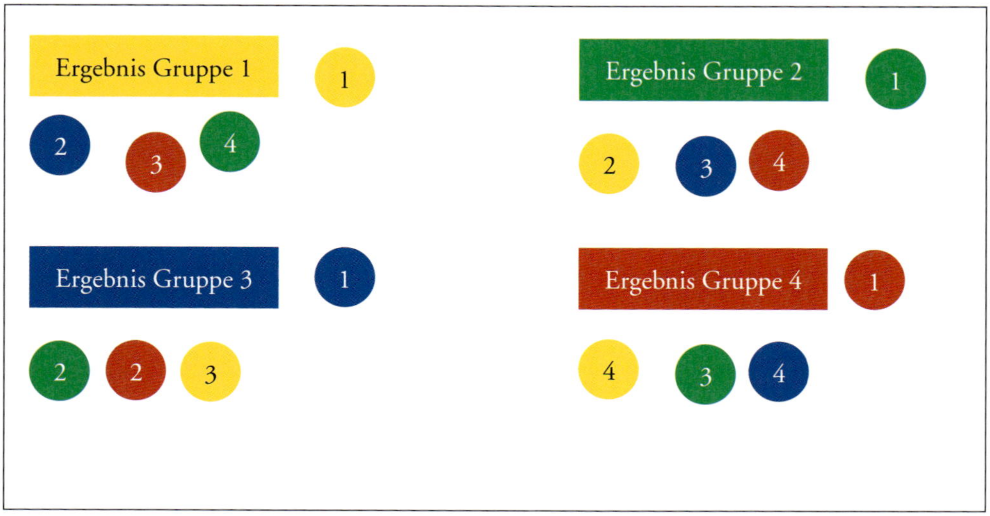

Nach einer bestimmten Zeit (hängt davon ab, wie lang die Präsentation der Ergebnisse dauert) beginnt eine neue Runde mit jeweils Schülerin bzw. Schüler mit der Nr. 2 als Museumsführerin bzw. Museumsführer:

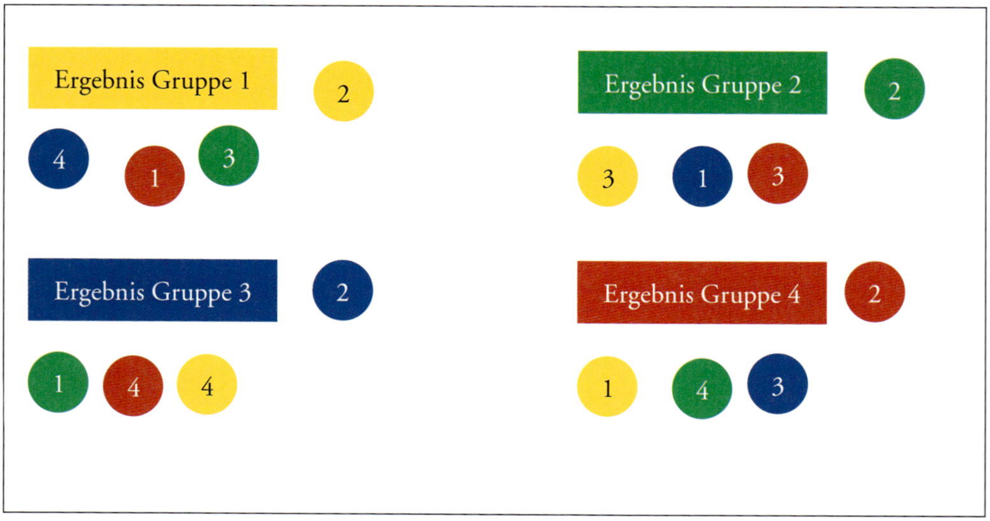

Damit der Museumsrundgang auch bei arbeitsgleichen Gruppen nicht nur oberflächlich vollzogen wird, sollte man ein Bewertungssystem einführen, damit die Arbeitsergebnisse von den Mitschülerinnen und Mitschülern hinsichtlich Verständlichkeit, Vollständigkeit, Übersichtlichkeit und Effektivität (des Lösungsweges bzw. des Modells) bewertet werden. Dies kann dann im sich anschließenden Plenum diskutiert werden.

Der Vorteil dieser Methode liegt darin, dass jede/jeder in der Gruppe für die Ergebnisse seiner Arbeitsgruppe zuständig ist und sich somit niemand der Gruppenarbeit entziehen kann. Jedes Gruppenmitglied hat die gleiche Verantwortung.

Literatur:

BARZEL B. / BÜCHTER A. / LEUDERS T.: Mathematik Methodik, 2007, Berlin, Cornelsen Scriptor

BRENNER G. / BRENNER K.: Fundgrube Methoden I, 2005, Berlin, Cornelsen Scriptor

3 Lernzirkel, Stationenlernen, Lerntheke

Lernzirkel (oder auch Stationenlernen, Lernstraße, Lernparcours, Lerntheke) ist eine Form des offenen Unterrichtens, die ursprünglich aus dem Grundschulbereich stammt und inzwischen Eingang in die Realschulen und Gymnasien gefunden hat.

Bezieht man sich auf die Bedeutung des Wortes „Station" im Stationenlernen, welches Haltepunkt, Stillstehen bzw. Aufenthalt bedeutet, dann geht es bei dieser Methode darum, Ruhepunkte zur Beschäftigung mit mathematischen Inhalten zu schaffen.

Grundidee des Stationenlernens: Ein Thema wird in Teilgebiete untergliedert, diese Teilgebiete werden an Stationen, die sich selbstständig bearbeiten lassen, ansprechend aufbereitet.

Dabei kann man sowohl den Einstieg in ein Thema – ausgehend vom Vorwissen der Schülerinnen und Schüler – als auch die vertiefte Auseinandersetzung oder das Üben und Wiederholen von Inhalten in einem Stationenlernen aufbereiten.

Die Stationen lassen sich an Gruppentischen aufbauen und die Schülerinnen und Schüler gehen dann von Station zu Station oder man baut die Stationen vorne am Lehrerpult oder auf den Fensterbänken auf und die Schülerinnen und Schüler holen sich das jeweilige Material an ihren Platz und bringen es anschließend – falls erforderlich – wieder zurück. Dieser Aufbau entspricht dann eher einer Lerntheke.

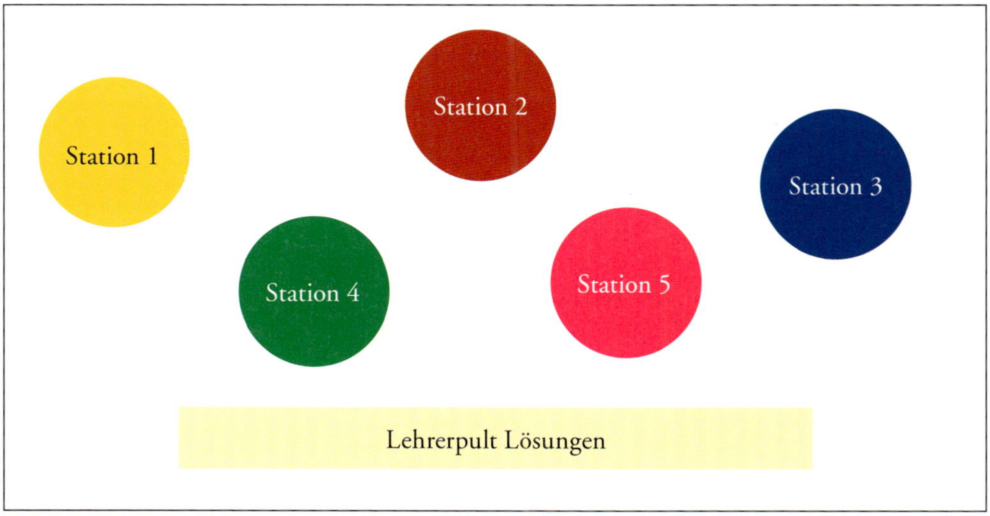

Beispiel für Stationenlernen

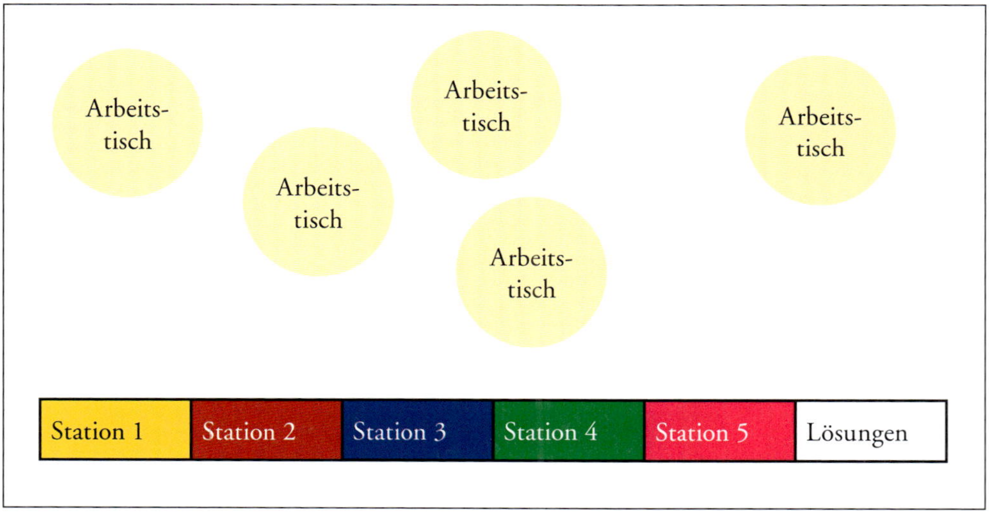

Beispiel für Lerntheke

Dabei sollten folgende Kriterien berücksichtigt werden:

- Die Struktur des Lernzirkels sollte übersichtlich sein und den Schülerinnen und Schülern erläutert werden. Hierbei bieten sich vor allem Laufzettel an, auf denen die einzelnen Stationen kurz dargestellt werden.
- Es sollten verschiedene Sozialformen eingesetzt werden.
- Für alle Schülerinnen und Schüler sollten Erfolgserlebnisse möglich sein.
- Die Aufgabenstellungen müssen klar und präzise sein, damit die Schülerinnen und Schüler selbstständig arbeiten können.
- Die Lösungen sollten überprüfbar sein. Entweder werden sie an der Station ausgelegt oder man kann sie am Lehrertisch einsehen.

- Es sollten unterschiedliche Lernebenen berücksichtigt und verschiedene Lerneingangskanäle angesprochen werden.

Die Vorteile dieser Methode liegen darin, dass die Schülerinnen und Schüler selbstständig arbeiten, durch die Aufgabenstellungen und die Gestaltung der Stationen Binnendifferenzierung möglich ist und die Lehrperson die Möglichkeit hat, Schülerinnen und Schüler gezielt zu beobachten und dann individuell zu fördern.

Allerdings erfordert diese Methode auch viel Zeit, eine genaue Planung und Mut zur Umsetzung. Man sollte Schülerinnen und Schüler erst langsam an diese Methode heranführen.

Literatur:

BAUER B.: Schülergerechtes Lernen in der Sekundarstufe I: Lernen an Stationen, 1997, Berlin, Cornelsen Scriptor

BAUER B.: Lernen an Stationen, in: PRAXIS SCHULE, 2/2000

BAUER B.: Lernen an Stationen, in PÄDAGOGIK, 7-8/1998

BRENNER G. / BRENNER K.: Fundgrube Methoden I, 2005, Berlin, Cornelsen Scriptor

GRAF E.: Lernen in Stationen, in: Friedrich Jahresheft 1997

MATTES W.: Methoden für den Unterricht, 2002, Braunschweig, Schöningh-Verlag

PARADIES L. / LINSER H.-J.: Differenzieren im Unterricht, 2005, Berlin, Cornelsen Scriptor

POTTHOFF W. : Lernen und üben mit allen Sinnen - Lernzirkel in der Sekundarstufe, 1996, Freiburg

RÜBSAM P-M.: Lernen an Stationen in der Sekundarstufe I, Trigonometrie, 1999, Berlin, Cornelsen Scriptor

SCHLOTTKE W. / SCHMIDT H.J.: Stationenlernen „Rund um den Kreis“, 2004, Köln, Aulis Verlag Deubner

SCHLOTTKE W. / SCHMIDT H.J.: Stationenlernen „Rund um den Kreisumfang“, 2005, Köln, Aulis Verlag Deubner

SCHMIDT H.J.: Stationenlernen „Satz des Pythagoras“, 2004, Köln, Aulis Verlag Deubner

www.semrs.aa.bw.schule.de/statione.htm

www.gymnasium-ochtrup.de/projekte/umwelt9/methode.html

www.stauff.de/methoden/dateien/index.htm

4 Ich – Du – Wir (Think – Pair – Share)

Bei der Ich – Du – Wir – Methode soll zunächst eine intensive individuelle Auseinandersetzung mit einem Problem gefördert werden. Im Anschluss daran können dann die Ideen in einem geschützten Rahmen zuerst mit einem Partner/einer Partnerin besprochen und gegebenenfalls dann korrigiert und ergänzt werden, bevor sie dann in einer Kleingruppe oder im Plenum gesammelt und verglichen werden.

ICH-Phase

Diese Phase verläuft in „Stillarbeit", damit jede/r konzentriert und in Ruhe an dem gestellten Problem arbeiten kann ohne durch Ideen anderer beeinflusst oder gestört zu werden.
Wichtig ist hier eine genaue Zeitvorgabe, die einzuhalten ist, damit die Schülerinnen und Schüler diese Zeit auch effektiv nutzen. Dabei müssen noch keine fertigen Ergebnisse erstellt werden, wichtig ist, dass sich jede/r für sich eine Grundlage erarbeitet, worum es bei dem gestellten Problem geht und Ansätze zur Lösung des Problems überlegt. In dieser Phase ist jede Schülerin/jeder Schüler gefordert und muss sich der Aufgabe stellen.

DU-Phase

In dieser Phase werden die Gedanken, die sich jede/r in der ICH-Phase gemacht hat, mit einem Partner/einer Partnerin ausgetauscht. Sollten Fragen entstanden sein, kann man diese mit dem Partner/der Partnerin klären.

Das Gespräch mit einem Mitschüler/einer Mitschülerin erlaubt, eigene Antworten in einem geschützten Raum „auszuprobieren" und zu hinterfragen. Damit gewinnen auch zurückhaltende Schülerinnen und Schüler mehr Selbstvertrauen ihre Beiträge in einer sich anschließenden Gruppenarbeit oder im Plenum vorzutragen.

In dieser Phase wird vor allem die Kompetenz Mathematisch kommunizieren und bei entsprechenden Aufgaben auch die Kompetenz Mathematisch argumentieren trainiert und verfeinert.

WIR-Phase

In dieser Phase werden entweder zwei oder drei Partnergruppen zu einer Arbeitsgruppe zusammengefasst oder man arbeitet im Klassenplenum.

Die Ergebnisse der Partnerarbeitsphase werden gesammelt und verglichen. Dabei kommen (im optimalen Fall) viele verschiedene Ansätze zusammen.

Diese Methode eignet sich prinzipiell für die Bearbeitung jeder hinreichend offenen Aufgabe, die verschiedene Zugänge und verschiedene Lösungswege ermöglicht.

Ihr Vorteil liegt darin, dass alle Schülerinnen und Schüler aktiv werden, die Kommunikation systembedingt gefördert wird, viele Lösungsansätze zustande kommen und zurückhaltende Schülerinnen und Schüler sich nach der Partnerarbeitsphase eher zutrauen ihre Arbeitsergebnisse zu präsentieren.

Literatur:

BARZEL B. / BÜCHTER A. / LEUDERS T.: Mathematik Methodik, 2007, Berlin, Cornelsen Scriptor

BRÜNING L. / SAUM T.: Erfolgreich unterrichten durch Kooperatives Lernen, 2008, Essen, Neue Deutsche Schule.

5 Gruppenpuzzle

Das Gruppenpuzzle ist eine Methode des kooperativen Lernens. Sie ist in den 80er Jahren in Süddeutschland entwickelt worden. Oft findet man auch den englischen Begriff JigSaw (von engl.: saw, die Säge). Bei dieser Methode wird ein Thema in möglichst gleichwertige Teile (Puzzleteile) zerlegt bzw. zersägt.

Die Teilnehmer aus (möglichst) gleich großen Arbeitsgruppen (Stammgruppen) teilen sich diese Teile auf und jedes Gruppenmitglied wird Experte für ein Teilthema.

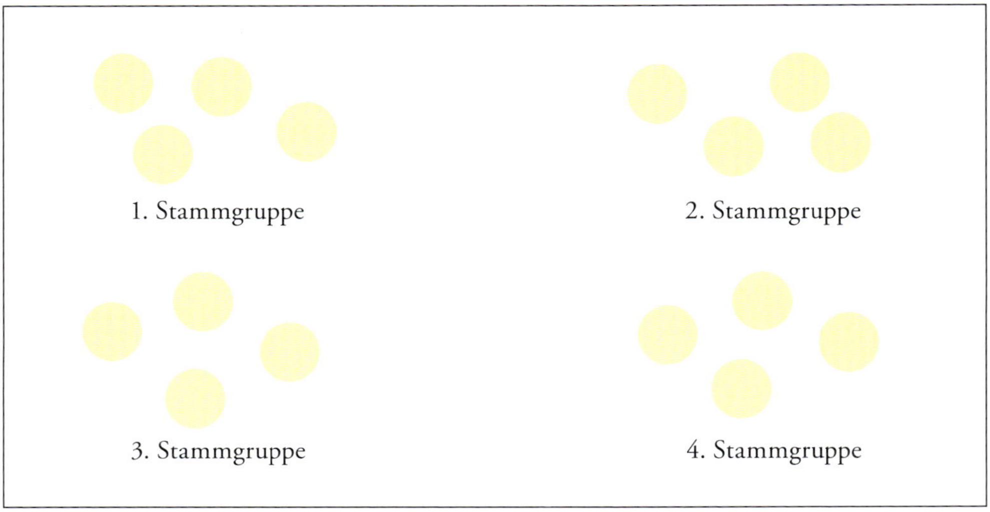

Stammgruppen

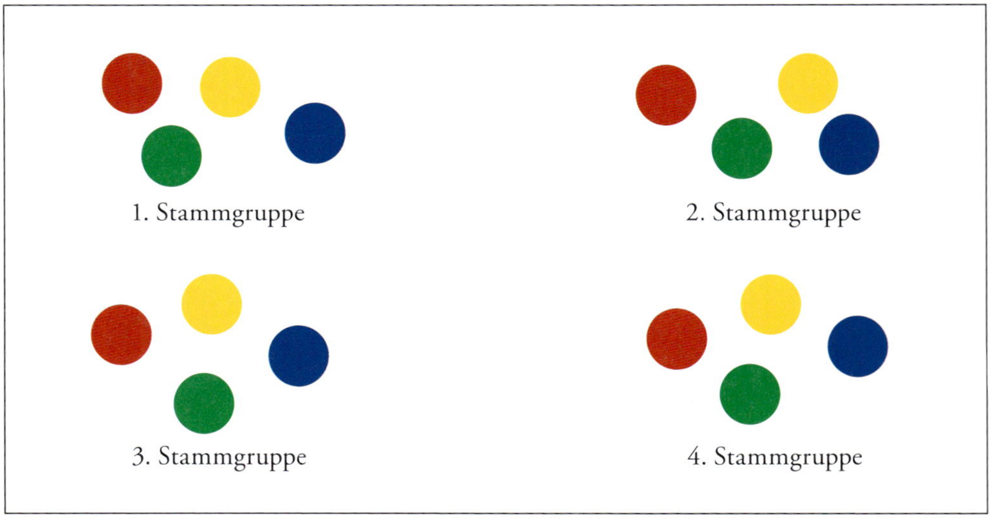

Aufteilung der Thementeile auf die Experten

Jede Stammgruppe löst sich vorübergehend auf und die *„Experten für ...“* setzen sich zusammen. Sie bilden sich anhand von entsprechenden Arbeitsblättern und Materialien selbstständig zu Experten aus. Dafür sollten die Arbeitsanweisungen möglichst konkret formuliert sein. Bei der Erarbeitung helfen sich alle Gruppenmitglieder gegenseitig die Inhalte richtig zu verstehen. Für das spätere „Erklären“ der Inhalte in ihren Stammgruppen erstellen die Experten Handouts bzw. machen sich entsprechende Notizen.

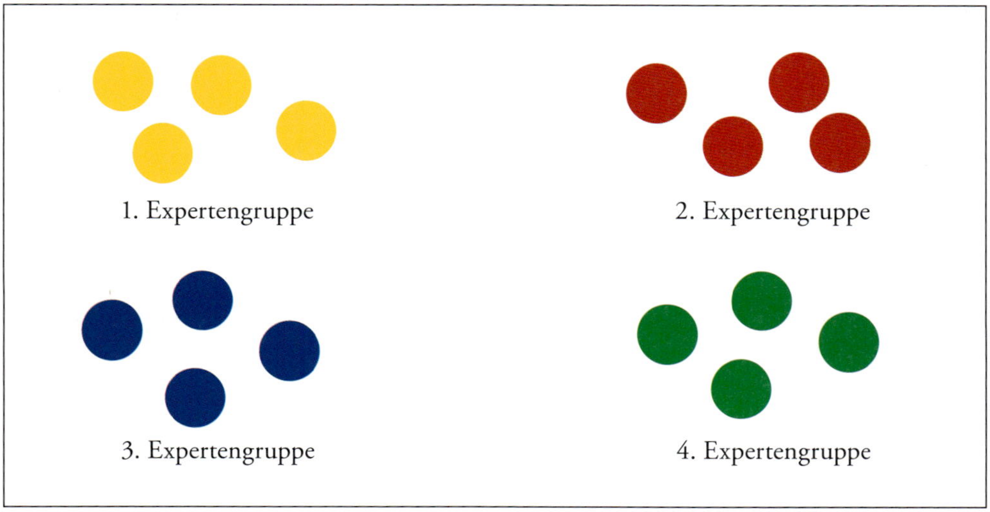

Expertengruppen

Anschließend kehren die Experten in ihre Stammgruppen zurück. Reihum trägt jeder Experte nun sein Wissen den anderen vor und somit werden die einzelnen Teile zu einem Puzzle zusammengefügt. Zum Schluss sollten alle alles wissen, dafür sind die einzelnen Experten zuständig.

Man kann nun anhand gemeinsam zu lösender Kontrollaufgaben überprüfen, ob auch alle Gruppenmitglieder die Inhalte alle verstanden haben.

Der Vorteil dieser Methode liegt darin, dass jede/jeder in der Gruppe für die Wissensvermittlung seines Expertenthemas zuständig ist und sich somit niemand der Gruppenarbeit entziehen kann. Jedes Gruppenmitglied hat die gleiche Verantwortung.

Tipp: Man kann die Gruppen zu Beginn mit Spielkarten einteilen

- Vier Farben (Herz/Karo/Kreuz/Pik) = Stammgruppen,
- Bilder (Bube/Dame/König/Ass/...) = Expertengruppen

Literatur:

SLIWKA, A. (1999). Drei Methoden zum Gruppenlernen. Zeitschrift Lernwelten, 2/99, S. 71 ff.

BRENNER G./ BRENNER K.: Fundgrube Methoden I, 2005, Berlin, Cornelsen Scriptor

MATTES W.: Methoden für den Unterricht, 2002, Braunschweig, Schöningh-Verlag

6 Experimentieren im Mathematikunterricht

Experimentieren kann man nicht nur im naturwissenschaftlichen Unterricht, sondern auch in Mathematik. Dies bietet sich immer dann an, wenn für die Beantwortung einer Frage ein experimenteller Ablauf geplant, systematisch durchgeführt und ausgewertet werden kann.

So kann man z. B. innermathematische Fragen (z. B. Hängt der Umfang vom Durchmesser eines Kreises ab?) oder auch außermathematische Fragestellungen (Ist der Zerfall von Bierschaum eine exponentielle Funktion?) experimentell untersuchen.

Durch diese Vorgehensweise wird der Unterricht handlungsorientiert gestaltet, es findet „Lernen mit allen Sinnen" statt. Das problemlösende Denken und das Verstehen von Gesetzmäßigkeiten wird bei den Schülerinnen und Schülern gefördert.

Folgender Ablauf sollte dabei eingehalten werden:

Fragestellung

Der Ausgangspunkt für jedes Experiment ist das Interesse an einer Erkenntnis. Als Fragestellung formuliert dient dieses dann als roter Faden für die folgenden Phasen.

Beispiel: Zerfällt Bierschaum exponentiell?

Planung

Um den Schülerinnen und Schülern die Chance der intensiven Auseinandersetzung mit der Fragestellung nicht zu nehmen, sollte man die Schülerinnen und Schüler das Experiment in Partnerarbeit oder Kleingruppenarbeit selbst planen lassen.

Man kann diese Planung in einer kurzen Plenumsphase vorstellen lassen, damit gewährleistet ist, dass alle Paare bzw. Gruppen die anschließende Phase korrekt durchlaufen können.

Beispiel Bierschaum: Die Schülerinnen und Schüler entwickeln einen Versuchsaufbau zur Untersuchung der Fragestellung.

Durchführung

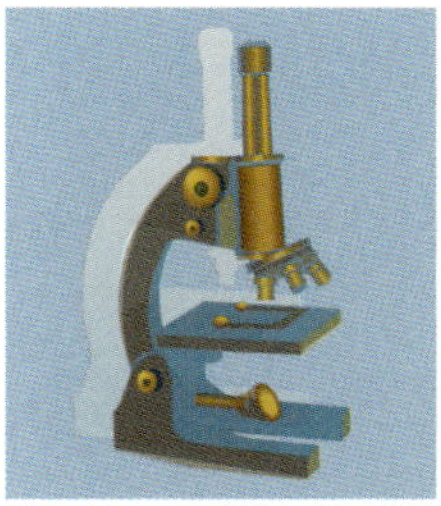

In dieser Phase wird das Experiment durchgeführt. Dabei sollte man die Schülerinnen und Schüler ermutigen eine Korrektur bzw. Modifikation der Durchführung vorzunehmen, wenn sie der Meinung sind, dass dadurch bessere bzw. mehr Ergebnisse gewonnen werden können. Dies entspricht ja auch der naturwissenschaftlichen Vorgehensweise.

Beispiel Bierschaum: Die Schülerinnen und Schüler führen den Versuch durch, modifizieren eventuell die Vorgehensweise und führen ihn ein zweites Mal durch. Sie erfassen die Messergebnisse in einer Tabelle und zeichnen aus den Werten einen Graphen für die Abhängigkeit der Bierschaumhöhe von der Zeit auf eine OHP-Folie.

Auswertung

Die Beobachtungen bzw. Messdaten werden im Plenum zusammengeführt, z.B. auf OHP-Folie, und anschließend verglichen und diskutiert, sodass man eine Antwort auf die ursprüngliche Fragestellung erhält. Dabei sollte man eine Reflexion über Planung und Durchführung nicht vergessen und auf Messfehler eingehen. Stark abweichende Ergebnisse sollten nicht „unter den Teppich gekehrt" werden, sondern man sollte gemeinsam überlegen, wie diese Abweichungen zustande kamen.

Beispiel Bierschaum: Die unterschiedlichen Graphen werden aufgelegt, miteinander verglichen und anhand der Ausgangsfrage analysiert. Die Durchführung wird kritisch hinterfragt, mögliche Messfehler werden diskutiert.

Für die Auswertung von Messergebnissen bietet es sich an, mit Tabellenkalkulation oder CAS zu arbeiten.

Literatur:

BARZEL B. / BÜCHTER A. / LEUDERS T.: Mathematik Methodik, 2007, Berlin, Cornelsen Scriptor

BRENNER G./ BRENNER K.: Fundgrube Methoden I, 2005, Berlin, Cornelsen Scriptor

MATTES W.: Methoden für den Unterricht, 2002, Braunschweig, Schöningh-Verlag

7 Kugellager

Das Kugellager, auch als Karussell-Diskussion oder Rundgespräch bekannt, ist ein zeitlich begrenzter, mündlicher Informationsaustausch über ein vorgegebenes Thema.

Die Methode bewirkt, dass alle Schülerinnen und Schüler tätig werden und zwar zur gleichen Zeit, so dass kein „Leerlauf" entstehen kann.

Durch diese Methode werden in Stillarbeit erarbeitete Ideen und/oder Ergebnisse erst einmal einem Partner vorgestellt. Das Wiedergeben und das Zuhören werden dabei geübt.

Im Prinzip kann man die Methode Think – Pair – Share (Ich – Du – Wir) im Kugellager umsetzen.

In der Austauschphase setzen oder stellen sich die Schülerinnen und Schüler in einen Doppelkreis, d. h. sie sitzen sich bzw. stehen in einem Innen- und einem Außenkreis gegenüber, so dass immer zwei Schüler bzw. Schülerinnen ein Tandem bilden:

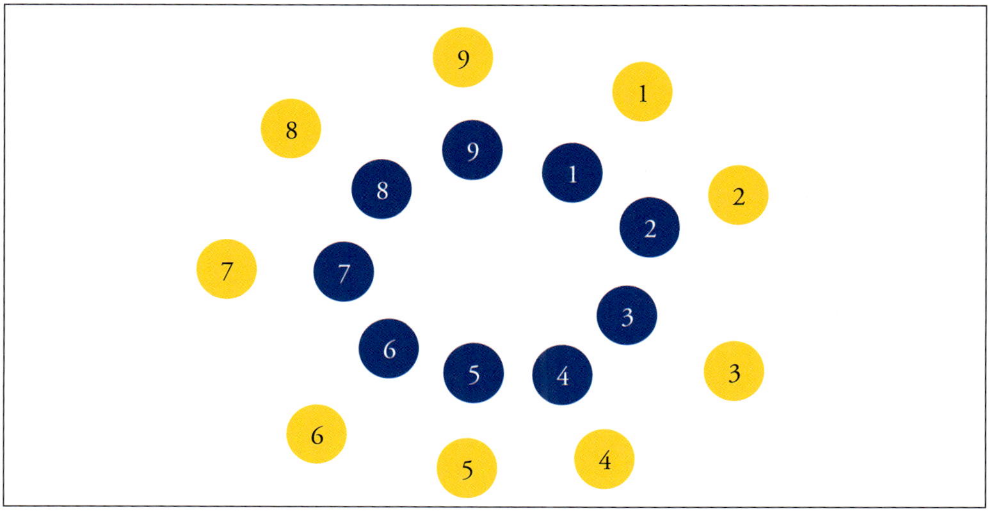

Die Lehrperson gibt vor, dass z.B. die im Außenkreis sitzenden Tandempartner bzw. Tandempartnerinnen zuerst ihre Ideen/Lösungsvorschläge vortragen. Nach dem Vortrag fassen die Tandempartner bzw. -partnerinnen im Innenkreis das Gehörte zusammen und fragen u. U. bei Unstimmigkeiten oder Fragen nach, wobei die Außenkreistandempartner bzw. –partnerinnen antworten und eventuell korrigieren, wenn die Zusammenfassung nicht zum Vortrag passt.

Nun rücken z.B. die Innenkreispartner bzw. -partnerinnen einen oder auch zwei Plätze nach rechts, so dass neue Lerntandems entstehen:

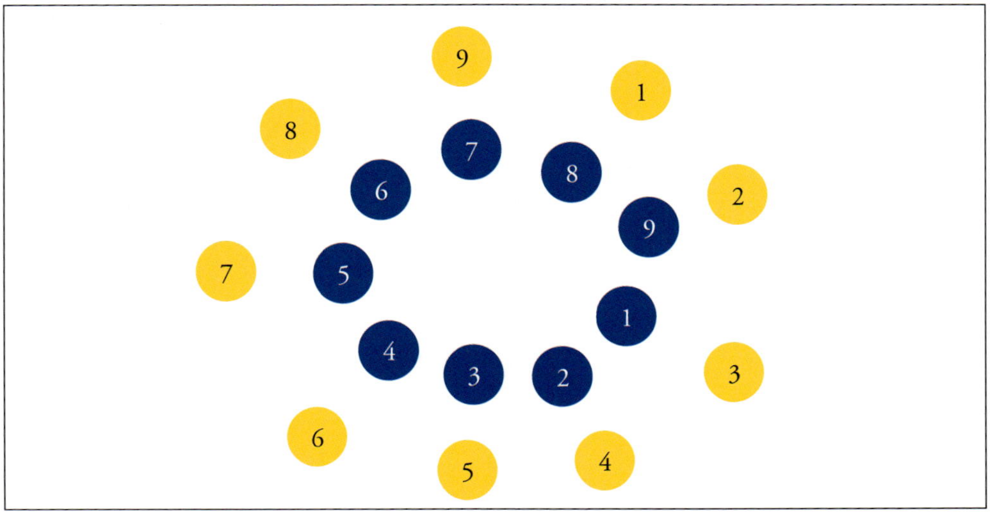

Die Innenkreispartner bzw. -partnerinnen dürfen nun ihre Ideen/Lösungsvorschläge äußern und die neuen Partner bzw. Partnerinnen hören zu und fassen dann das Gesagte zusammen, fragen nach und lassen sich gegebenenfalls korrigieren.

Das Ganze kann man – vor allem bei komplexeren Problemen – noch ein bis zweimal wiederholen, wobei immer abwechselnd der Außenkreis und dann der Innenkreis vorträgt.

Wichtig ist, dass für jede Runde eine Zeitvorgabe gemacht wird.

Literatur:

BRENNER G./ BRENNER K.: Fundgrube Methoden I, 2005, Berlin, Cornelsen Scriptor

KLIPPERT H.: Kommunikations-Training, Übungsbausteine für den Unterricht, 1995, Weinheim und Basel, Beltz-Verlag

8 Placemat („Platzdecken")

Die Methode Placemat ist im Prinzip eine Umsetzung der Methode Think – Pair – Share (Ich – Du – Wir), wobei die Phase PAIR (DU) nicht in Partnerarbeit, sondern in einer Kleingruppe und zwar schriftlich stattfindet.

Die Schülerinnen und Schüler setzen sich in Gruppen – Vierergruppen eignen sich dabei am besten – zusammen und erhalten ein Placemat (großer Bogen Papier, A3 oder größer). Bei einer Vierergruppe sieht dies folgendermaßen aus:

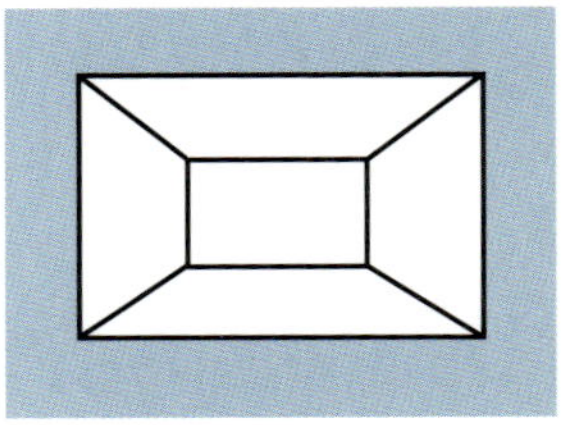

Bei Dreier- oder Fünfergruppen teilt man das Blatt entsprechend anders ein.

In der **THINK-Phase** erhält jede/r der Vierergruppe ein eigenes Feld im Außenbereich des Blattes und notiert sich darin die eigenen Gedanken/Lösungsmöglichkeiten zur Aufgabenstellung.

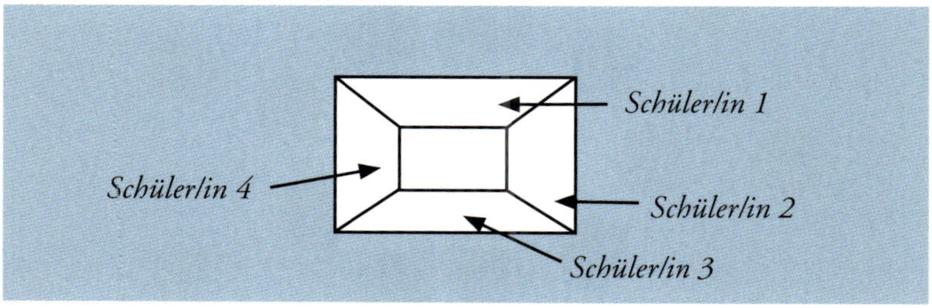

In der **Phase PAIR** tauschen alle Gruppenmitglieder ihre Ideen und Antworten aus, indem das Blatt (insgesamt drei Mal) im Uhrzeigersinn gedreht wird und jede/r die Notizen von jedem/r anderen lesen kann.

Daran schließt sich nun die **Phase SHARE** an. Die Gruppenmitglieder diskutieren über die Notizen und einigen sich auf ein Gruppen-Endergebnis, das in das mittlere Feld eingetragen wird und im Plenum präsentiert wird.

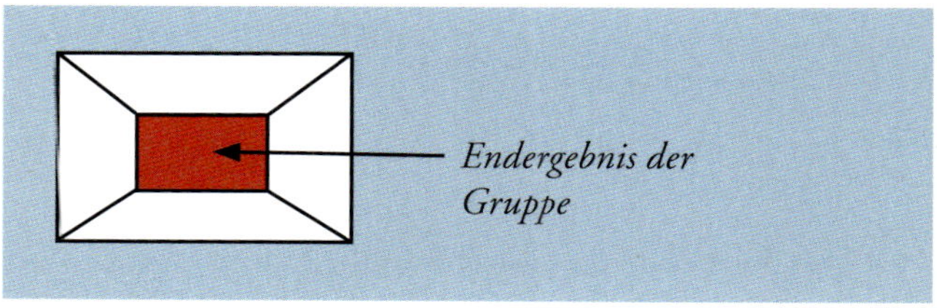

Es bietet sich an, in das mittlere Feld eine Folie zu legen, die dann beschrieben wird, so dass die Präsentation am Overhead erfolgen kann. Eine andere Möglichkeit ist, eine sehr große Placemat zu verwenden, das mittlere Feld auszuschneiden und dann als Plakat für die Präsentation zu verwenden.

Literatur:

BARZEL B. / BÜCHTER A. / LEUDERS T.: Mathematik Methodik, 2007, Berlin, Cornelsen Scriptor

BRÜNING L. / SAUM T.: Erfolgreich unterrichten durch Kooperatives Lernen, 2008, Essen, Neue Deutsche Schule

Literaturverzeichnis

AEBLI, H. Zwölf Grundformen des Lehrens. Eine allgemeine Didaktik auf psychologischer Grundlage. 1. Aufl. Klett-Cotta. Stuttgart [1983].

ATHEN, H.; GRIESEL, H., et al. Mathematik heute 8. Bildungsgang Gymnasium, Hessen. Schroedel. Hannover [1997].

BARTH, E. Anschauliche analytische Geometrie. 2. Aufl. Ehrenwirth. München [1997].

BARZEL, B. Ich bin eine Funktion [2000]. In: mathematik lehren. H. 98.

BARZEL, B.; BÜCHTER, A., et al. Mathematik-Methodik. Handbuch für die Sekundarstufe I und II. Cornelsen Scriptor. Berlin [2007].

BESSER, C. Unterrichtsvorbereitung. Im Rahmen des Didaktik-Forums Mathematik in der Rheinhardswaldschule am 24./25.09.08 [2008] auf der CD-ROM enthalten.

BLUM, W. Anwendungsbezüge im Mathematikunterricht [1996]. In: Trends und Perspektiven.

BLUM, W. Was wollen wir, was haben wir bisher erreicht? Zwischenbilanz zum Modellversuch Mathematik [2000]. In: Pro Schule. Jg. 2000. H. 3.

BLUM, W.; DRÜKE-NOE, C., et al. Bildungsstandards Mathematik: konkret. Sekundarstufe I: Aufgabenbeispiele, Unterrichtsanregungen, Fortbildungsideen ; mit CD-ROM. 2. Aufl. Cornelsen Scriptor. Berlin [2006].

BLUM, W.; KELLER, K., et al. Fortbildungshandreichung zu den Bildungsstandards Mathematik. Sekundarstufe I ; inklusive Arbeitsmaterialien und Unterrichtsvideos auf DVD. 1. Aufl. Amt für Lehrerbildung. Fuldatal [2008].

BLUM, W.; LEISS, D. Modellieren im Unterricht mit der Tanken-Aufgabe [2005]. In: mathematik lehren. H. 128.

BLUM, W.; TÖRNER, G. Didaktik der Analysis. Vandenhoeck & Ruprecht. Göttingen [1983].

BOVET, G.; K, V., et al. Leitfaden Schulpraxis. Pädagogik und Psychologie für den Lehrberuf. 4. Aufl. Cornelsen. Berlin [2006].

BRUDER, R.; LEUDERS, T., et al. Mathematikunterricht entwickeln. Bausteine für kompetenzorientiertes Unterrichten. 1. Aufl. Cornelsen-Scriptor. Berlin [2008].

BRÜNING, L.; K, T. Strategien zur Schüleraktivierung. 2. Aufl. Neue-Dt.-Schule-Verl.-Ges. Essen [2006].

BÜCHTER, A. Funktionale Zusammenhänge erkunden [2008]. In: mathematik lehren. H. 148.

BÜCHTER, A.; LEUDERS, T. Mathematikaufgaben selbst entwickeln. Lernen fördern - Leistung überprüfen. 2. Aufl. Cornelsen Scriptor. Berlin [2005].

CUKROWICZ, J. MatheNetz. Ausg. N, Gymnasium. 1. Aufl. Westermann. Braunschweig [2000].

DASCHNER, P.; DURDEL, A. Kursbuch Referendariat. 4., überarb. Aufl. Beltz. Weinheim [2002].

DEHLING, H.; HAUPT, B. Einführung in die Wahrscheinlichkeitstheorie und Statistik. Springer. Berlin [2003].

DRÜKE-NOE, C.; LEISS, D. Standard Mathematik von der Basis bis zur Spitze. Grundbildungsorientierte Aufgaben für den Mathematikunterricht. Amt für Lehrerbildung. Fuldatal [2004].

ELSCHENBROICH, H.-J.; SEEBACH, G. Geometrie erkunden [2007]. In: mathematik lehren. H. 144.

K, S.; Rolletschek, H. Was tue ich, wenn ...? Schwierige Situationen im Grundschulalltag. 1. Aufl. Oldenbourg. München [2007].

GREEN, N.; GREEN, K. Kooperatives Lernen im Klassenraum und im Kollegium. Das Trainingsbuch. 1. Aufl. Kallmeyer. Seelze-Velber [2005].

GREVING, J.; PARADIES, L. Unterrichts-Einstiege. Ein Studien- und Praxisbuch. 6. Aufl. Cornelsen Scriptor. Berlin [2007].

GRIESEL, H. Mathematik heute 8. Bildungsgang Gymnasium, Hessen. Schroedel. Hannover [1995].

GRIESEL, H. Mathematik heute 7. Bildungsgang Gymnasium, Hessen. Schroedel. Hannover [2002].

GRIESEL, H. Elemente der Mathematik 6. Bildungsgang Gymnasium, Hessen. Schroedel. Braunschweig [2006].

GRIESEL, H. Elemente der Mathematik. Mathematik mit neuen Technologien. Schroedel. Braunschweig [2007].

GROEBEN, A. von der. Verschiedenheit nutzen. Besser lernen in heterogenen Gruppen. 1. Aufl. Cornelsen-Scriptor. Berlin [2008].

HAAS, N.; MORATH, H. Anwendungsorientierte Aufgaben für die Sekundarstufe II. Schroedel. Braunschweig [2005].

HENN, H.-W.; MAASS, K. Materialien für einen realitätsbezogenen Mathematikunterricht. diVerl. Franzbecker. Hildesheim [2003].

HEPP, R.; MIEHE, K. Kooperatives Lernen trainieren. Hinweise und Empfehlungen für den Einstieg in kooperative Lernformen [2004]. In: Unterricht Physik. H. 84.

HERGET, W. Wahrscheinlich? Zufall? Wahrscheinlicher Zufall... [1997]. In: mathematik lehren. H. 85.

HERGET, W.; RICHTER, K. Wohlgenährte Schweinchen und das Casino von Monte Carlo [1997]. In: mathematik lehren. H. 85.

Hessisches Kultusministerium. Lehrplan Mathematik – Gymnasialer Bildungsgang. Jahrgangsstufen 5G bis 12G [2008] auf der CD-ROM enthalten.

HOLLAND, G. Geometrie in der Sekundarstufe. Didaktische und methodische Fragen. 2. Aufl. Spektrum Akad. Verl. Heidelberg [1996].

HUGENSCHMIDT, B.; TECHNAU, A. Methoden schnell zur Hand. 58 schüler- und handlungsorientierte Unterrichtsmethoden. 1. Aufl. Klett. Stuttgart [2002].

JAHNKE, T.; WUTTKE, H., et al. Analysis. [Grund- und Leistungskurs]. 1. Aufl. Cornelsen. Berlin [2009].

JANK, W.; MEYER, H. Didaktische Modelle. 9. Aufl. Cornelsen Scriptor. Berlin [2009].

KLIKA, M.; TIETZE, U.-P., et al. Didaktik der Analytischen Geometrie und Linearen Algebra. Mathematikunterricht in der Sekundarstufe II. Vieweg. Braunschweig [2000].

KLIPPERT, H. Stochastik, Pythagoras. Schülerheft. 1. Aufl. Klett. Stuttgart [2008].

KONFERENZ DER KULTUSMINISTER DER LÄNDER. Bildungsstandards im Fach Mathematik für den Mittleren Schulabschluss [04.12.2003].

KRAUTHAUSEN, G.; SCHERER, P. Einführung in die Mathematikdidaktik. 3. Aufl. Spektrum Akad. Verl. Heidelberg [2008].

KROLL, W.; Stachniss-Carp, S., et al. Interpolation mit Splines [2004]. In: MNU. Jg. 57. H. 5.

KÜTTING, H. Didaktik der Stochastik. BI-Wiss.-Verl. Mannheim [1994].

LAMBACHER-SCHWEIZER. Analysis. Grundkurs Gesamtband. 1. Aufl. Klett. Stuttgart [2000].

LAMBACHER-SCHWEIZER. Mathematik 7. Mathematisches Unterrichtswerk für das Gymnasium. Klett. Stuttgart [2002].

LAMBACHER-SCHWEIZER. Stochastik. Mathematisches Unterrichtswerk für das Gymnasium. 1. Aufl. Klett. Stuttgart [2003].

LEUDERS, T. Qualität im Mathematikunterricht in der Sekundarstufe I und II. 1. Aufl. Cornelsen-Scriptor. Berlin [2001].

LEUDERS, T. Mathematik-Didaktik. Praxishandbuch für die Sekundarstufe I und II. 2. Aufl. Cornelsen-Scriptor. Berlin [2005].

MAASS, K. Mathematisches Modellieren. Aufgaben für die Sekundarstufe I. 2. Aufl. Cornelsen-Scriptor. Berlin [2008].

MALLE, G. Zwei Aspekte von Funktionen. Zuordnung und Kovariation [2000]. In: mathematik lehren. H. 103.

MALLE, G. Vorstellungen vom Differenzenquotienten fördern [2003]. In: mathematik lehren. H. 118.

MATTES, W. Methoden für den Unterricht. 75 kompakte Übersichten für Lehrende und Lernende. 1. Aufl. Schöningh Verlag im Westermann Schulbuchverlag GmbH. Paderborn [2002].

MEYER, H. Unterrichtsmethoden I. Theorieband. 6. Aufl. Cornelsen Scriptor. Berlin [1994].

MEYER, H. Unterrichtsmethoden II. Praxisband. 10. Aufl. Cornelsen Scriptor. Berlin [2003].

MEYER, H. Was ist guter Unterricht? 1. Aufl. Cornelsen-Verl. Scriptor. Berlin [2004].

OERTER, R.; Montada, L., et al. Entwicklungspsychologie. 5. Aufl. Beltz. Weinheim [2002].

OLDENBURG, R. Splines - FAQs und NAQs [2004]. In: MNU. Jg. 57. H. 4.

PFEIFER, D. Strichlisten bei Laplace-Experimenten. Zum Paradox der ungleichmäßigen Verteilung [2006]. In: Stochastik in der Schule. Jg. 26. H. 3.

PÓLYA, G. Schule des Denkens. Vom Lösen mathematischer Probleme. 4. Aufl. Francke. Tübingen [1995].

RICHTER, G. Stochastik. Methodische und fachliche Hinweise für den Unterricht. 1. Aufl. Klett-Schulbuchverl. Stuttgart [1994].

SMART AUFGABENSAMMLUNG. Häufigkeit, Wahrscheinlichkeit. http://btmdx1.mat.uni-bayreuth.de/smart/sinus/ j05/haeufigkeit/haeufigkeit.pdf, [Stand] 09.02.2010.

STEFFENS, U.; LEHMANN, G., et al. PISA macht Schule. Konzeptionen und Praxisbeispiele zur neuen Aufgabenkultur. 1. Aufl. Inst. für Qualitätsentwicklung. Wiesbaden [2006].

UHER, B. Mathe-Welt: Satz des Pythagoras [1994]. In: mathematik lehren. H. 67.

Universität Bayreuth. SMART AUFGABENSAMMLUNG. http://btmdx1.mat.uni-bayreuth.de/smart/wp/, [Stand] 09.02.2010.

VOLLRATH, H.-J. Funktionales Denken [1989]. In: Journal für Mathematik-Didaktik. Jg. 10. H. 1.

WIEGAND, H.-G.; HOFE, R., vom. Mit Tabellen kalkulieren. Wie können Programme mit Tabellenkalkulation das Lernen unterstützen? [2006]. In: mathematik lehren. H. 137.

WINTER, H. Mathematik und Allgemeinbildung [1995]. In: Mitteilungen der Gesellschaft für Didaktik der Mathematik. H. 61.

WITTMANN, E. Grundfragen des Mathematikunterrichts. 6. Aufl. Vieweg. Braunschweig [1995].

ZECH, F. Grundkurs Mathematikdidaktik. Theoretische und praktische Anleitungen für das Lehren und Lernen von Mathematik. 10. Beltz. Weinheim [2002].

Liebe Kollegin,
lieber Kollege,

mit unserer neuen Best Practice-Reihe möchten wir Ideen, Methoden und Anregungen weitergeben, um unsere Schülerinnen und Schülern noch erfolgreicher bei ihrem langfristigen Kompetenzaufbau zu unterstützen. Das angestrebte Profil beinhaltet mathematische und allgemeine Kompetenzen zugleich. Für uns Lehrerinnen und Lehrer bedeutet dies, dass wir uns immer stärker als Impulsgeber für eigenständige Lernprozesse der Schülerinnen und Schüler sehen.

Um diese Reihe weiterzuentwickeln sind wir sehr an Ihren Erfahrungen und Einschätzungen interessiert. Im Namen des ganzen Redaktionsteams möchte ich Sie deshalb um Ihr Feedback bitten. Wir freuen uns auf konstruktive Kritik mit Verbesserungsvorschlägen und Anregungen für die kommenden Bände. Jede Rückmeldung werden wir gründlich prüfen und – soweit möglich – in unseren Entwicklungsprozess einbeziehen.

Bitte senden Sie uns Ihre Meinungen und Anregungen an:

feedback@freiburger-verlag.de

Einen Feedback-Link finden Sie auch auf der Internetseite www.freiburger-verlag.de im Bereich Lehren direkt bei der Buchvorstellung.

Unter allen namentlich gekennzeichneten Einsendungen, die uns bis zum Erscheinen des nächsten Bandes erreichen, verlosen wir drei Freiexemplare von Band 2.

Mit den besten Grüßen aus Rotenburg an der Fulda
Manfred Engel

PS: Gerne können Sie sich über die Erscheinung von Band 2 benachrichtigen lassen. Einfach eine Email an bestpractice@freiburger-verlag.de senden oder unter www.freiburger-verlag.de im Bereich „Service“ das Benachrichtigungs-Formular ausfüllen.